2026

한권으로 끝내는 합격 비법서

이용사

실기

이용사

실기

prologue

이용의 새로운 시대, 당신의 꿈에 날카로운 날을 세우다

최근 대한민국은 '바버샵'이라는 현대적 공간을 통해 이용 산업의 제2의 부흥기를 맞이하고 있습니다.

과거 중장년층의 전유물로 여겨졌던 이용 기술은 이제 전 세대를 아우르는 '토탈 그루밍' 문화로 확고히 자리 잡았으며,

단순한 커트를 넘어 클래식 면도와 섬세한 스타일링을 결합한 고도의 예술적 영역으로 진화하고 있습니다.

앞으로 이용사라는 직업은 인공지능이 대체할 수 없는 '개인 맞춤형 감성 서비스'로서 그 가치가 더욱 높아질 것이며,

나아가 'K-바버링'은 글로벌 시장에서도 독보적인 경쟁력을 갖춘 전문 직종으로 발전해 나아갈 것입니다.

이러한 시대적 흐름에 발맞추어, 본 교재는 2026년부터 새롭게 적용되는 국가기술자격 실기 시험 기준을 완벽하게

분석하여 한 권에 담아냈습니다. 본 수험서는 다음과 같은 합격 전략을 제시합니다.

첫째, NCS(국가직무능력표준) 기반의 표준 공정을 충실히 반영하여 감점 없는 완벽한 작업 순서를 도식화했습니다.

둘째, 기초적인 기구 소독법부터 실기시험에서 원하는 커트와 면도 방법에 이르기까지, 고해상도 실무 사진과 상세한 해설을

곁들여 독학으로도 충분히 숙련도를 높일 수 있게 구성했습니다.

셋째, 실기의 기본을 이론적 토대와 실기시험의 노하우를 접목하여, 단순한 동작 암기를 넘어 기술의 원리와 실기시험에서의

고득점의 방법을 깊이 있게 다루었습니다.

저자 유은선과 최문희는 이용의 가치가 새롭게 정립되는 지금, 대한민국 전역의 교육 현장에서 예비 이용사들이 자신의 꿈을

실현할 수 있도록 합격의 핵심 비결을 담은 이 교재를 집필하였습니다.

우리는 수험생 여러분이 요행이나 화려한 기교에 치우치지 않고, '기본을 원칙으로 배우는' 태도를 완벽히 습득하기를 바랍니다.

탄탄한 기본기 만이 흔들리지 않는 전문성이 완성될 수 있기 때문입니다. 이 책을 통해 익힌 원칙이 여러분을 합격의 길로

나아가 현장에서 신뢰받는 최고의 전문가로 이끌어줄 것이라 확신합니다.

가위를 잡은 당신의 손끝에서 한국 이용의 미래가 결정됩니다. 이 책이 여러분의 뜨거운 노력이 결실을 맺는 과정에서 든든한

등불이 되기를 진심으로 기원합니다.

저자 유은선 · 최문희

GUIDE

① 개요

이용에 관한 숙련기능을 가지고 현장업무를 수행할 수 있는 능력을 가진 전문기능인력을 양성하고자
자격제도를 제정

② 수행직무

손님의 머리카락 및 수염을 깎거나 다듬는 등의 방법으로 손님의 용모를 단정하게 하는 업무수행

③ 이용업의 미래가치

개인 이용 업소나 호텔, 공공건물, 예식장의 이용실, TV 방송국, 스포츠 센터, 개인 전속 이용사 등으로
활동하고 있다. 고객이 만족하는 개성미 창조와 고객에 대한 책임감, 공중위생의 안전관리 및 직업의식에
대한 자부심, 이용 기술의 계승발전 및 새로운 기술을 창조하여 국민 보건 문화의 일부분에 기여한다는
자부심을 가질 수 있으며 직업적 안정을 가질 수 있는 직종이다.

1) 이발사(이용사)의 진로

이발사(한국에서는 주로 이용사라고 불리며, 최근에는 바버 또는 헤어디자이너로도 불림)는 주로 남성
고객을 대상으로 머리카락 커트, 면도, 수염 정리, 염색, 파마 등의 서비스를 제공하는 직업이다.

- 이발사가 하는 일 (주요 업무)
헤어스타일 상담 및 결정: 고객의 얼굴형, 두상, 모발 상태, 라이프스타일을 고려하여 적합한 헤어스타일을
추천하고, 고객의 요구를 반영하여 최종 스타일을 결정한다.
커트 및 스타일링: 가위, 이발용 커트기(클리퍼), 빗 등의 도구를 사용하여 머리카락을 자르고 원하는 형태로
다듬는다.
면도 및 수염 관리: 면도칼과 비누 거품을 이용하여 고객의 수염을 면도하거나, 수염과 구레나룻을 정리한다.
모발 및 두피 관리: 샴푸, 린스, 트리트먼트 등을 사용하여 머리를 감기고 드라이어로 물기를 제거하며, 두피
및 모발 관리 서비스를 제공한다.
화학 시술: 고객의 요청에 따라 염색이나 파마 등의 화학적 시술을 진행한다.
고객 서비스 및 위생관리: 고객과의 관계를 구축하고 재방문을 유도하며, 공중위생관리법에 따라 영업장 내
소독 및 위생관리를 철저히 한다.

2) 이발사가 되는 과정 및 준비 방법

이발사로 일하기 위해서는 관련 자격증을 취득하고 면허를 발급받아야 한다.

- 정규 교육 과정
학력 조건은 특별히 요구되지 않으나, 직업전문학교, 사설 이용 학원 등에서 이용과 관련된 기술과 실기를
체계적으로 배울 수 있다.

- 관련 자격증 취득
이용사 자격증(국가기술자격 기능사): 한국산업인력공단에서 시행하는 필기시험(이용이론, 공중보건학 등)
과 실기시험(이용작업)에 합격해야 한다.
이용장 자격증(국가기술자격 기능장): 이용 분야의 최상위 숙련 기술을 갖추었음을 인정받는 자격이다.

- 면허증 발급
이용사 자격증을 취득한 후에는 관할 시·군·구청에 관련 서류를 제출하고 이용사 면허증을 발급받아야
정식으로 영업을 할 수 있다(공중위생관리법상 필수).

- 취업 및 경력 개발
숙련된 이발사를 보조하는 인턴(어시스턴트)으로 시작하여 현장에서 실무 기술을 익히는 방법도 있다.

3) 이용사직업의 전망
- 진로 (취업 분야)
* 개인 이용 업소(이발소/바버숍): 가장 일반적인 근무지입니다. 최근 젊은 감각의 바버숍(Barber Shop)
  이 인기를 얻으며 전문적인 남성 스타일링 공간으로 재탄생하고 있다.
* 호텔/예식장 이용실: 고급 서비스와 시설을 갖춘 곳에서 근무할 수 있다.
* TV 방송국, 스포츠센터: 특정 분야의 전속 이용사로 활동할 수도 있다.
* 개인 창업: 경력과 노하우를 쌓은 후에는 직접 자신의 이용 업소나 바버숍을 개업하여 운영할 수 있으며,
  자영업으로의 전환이 용이한 편이다.

- 직업전망
* 고용 감소 요인
  전통적인 이발소(이용실)의 수는 과거에 비해 감소하는 추세이다. 외모에 관심이 많은 남성 고객들이 미용실
  (헤어숍)을 이용하는 경우가 늘어나면서 이용 업소의 일자리에 부정적인 영향을 미치고 있다.

- 긍정적 요인 및 발전 가능성
* 바버숍 트렌드: 남성 전용의 전문적인 헤어 및 면도 서비스를 제공하는 '바버숍'의 성장으로 인해, 클래식하고 숙련된
  기술을 갖춘 전문 이발사에 대한 수요가 증가하고 있다.
* 외모 관심 증가: 남녀노소 외모에 대한 관심과 투자가 증가하면서, 특화된 스타일링 및 관리 서비스에 대한 니즈는
  꾸준하다.
* 기술 및 트렌드 습득의 중요성: 미용 트렌드가 빠르게 변화하므로, 새로운 기술(예: 페이드 커트, 포마드 스타일링 등)과
  행을 익히려는 지속적인 노력이 경쟁력을 높이는 데 중요하다.
* 직업 안정성: 기술과 고객을 상대하는 사교술, 그리고 스타일을 창조하는 감각이 뛰어나다면 노동 수요와 공급에 크게
  영향을 받지 않아 비교적 안정적인 직업으로 평가된다.
  종합적으로 볼 때, 전통적인 이발소의 형태는 축소될 수 있으나, 남성 전문 스타일링에 특화된 바버숍의 성장과 함께
  트렌드를 잘 따르는 숙련된 이발사의 역할과 수요는 계속될 것으로 보인다.

④ 이용사 실기 출제 기준

필 기	이용 및 모발관리	이용위생·안전관리, 이용 고객서비스, 모발관리, 기초이발, 이발 디자인의 종류, 기본면도, 기본 염·탈색, 샴푸·트리트먼트, 스캘프케어, 기본 아이론 펌, 기본 정발, 패션 가발, 공중위생관리
실 기	이용실무	기초이발, 단발형 이발, 짧은 단발형 이발, 기본 면도, 기본 염색, 기본 정발, 샴푸·트리트먼트, 기본 아이론 펌, 스캘프케어, 이용 위생·안전관리

⑤ 취득기준

① 시행처 : 한국산업인력공단 (Q-Net)
② 응시자격 : 제한 없음 (연령, 학력, 경력에 상관없이 누구나 응시 가능)
③ 합격 기준 : 필기 및 실기 각각 100점 만점 기준 60점 이상 득점 시 합격
③ 검정방법 및 상세 과목

● [필기시험] "이론적 토대를 다지는 과정"

과 목	이용이론, 공중보건학, 소독학, 피부학, 공중위생법규
방 법	객관식 4지 택일형 (총 60문항)
시 간	60분

● [실기시험] "원칙과 숙련도를 증명하는 과정"

과 목	이용작업 (소독, 커트, 면도, 스케일링 샴/트, 정발 아이론 펌)
방 법	작업형 실무 평가
시 간	약 2시간 10분

● 효과적인 교육 및 훈련기관 활용

자격증 취득을 위해서는 전문적인 훈련이 필수적이다. 전국 50여 개의 기술계 학원 및 직업전문학교에서 본인의 상황에 맞는 과정을 선택할 수 있다.

3개월 단기 집중 과정	기초기본 지식이 있거나 매일 집중 학습이 가능한 수험생에게 적합
6개월 표준 과정	이론과 실기를 병행하며 탄탄한 기본기를 다지고 싶은 입문자에게 권장
12개월 심화 과정	자격증 취득을 넘어 실무 현장에서 즉시 활용 가능한 고급 기술까지 마스터하고자 하는 경우

❻ [Step-by-Step] 이용사 자격증 취득 로드맵

Step One 1. 필기시험 정복 (기초 다지기)

필기시험은 단순 암기보다는 원리를 이해하는 것이 중요하다.
특히 소독학과 공중보건학은 실기시험의 위생 점수와 직결되므로 꼼꼼히 학습해야 한다.
기출문제를 반복 풀이하며 자주 출제되는 유형을 파악하기

Step Two 2. 실기 도구 준비 및 소독 원칙 습득

실기 시험의 절반은 '도구'와 '위생'이다. 자신에게 맞는 가위와 바리캉을 준비하고, 본 교재에서
강조하는 "보여주는 소독" 퍼포먼스를 몸에 익히십시오. 도구를 다루는 올바른 파지법부터 연습하는
것이 '기본을 원칙으로 배우는' 첫걸음이다.

Step Three 3. 공정별 무한 반복 훈련

실기 작업 시간은 2시간 10분으로 결코 긴 시간이 아니다. 각 과제별 제한 시간을 엄수하여
몸이 순서를 기억할 때까지 반복 훈련해야 한다. 특히 감점이 큰 면도(Shaving)와 커트의 단차
처리는 노하우가 담긴 유튜브 영상을 참고하여 세밀하게 연습한다.

Step Four 4. 실전 모의 테스트

시험장과 유사한 환경에서 전 과정을 수행해 보는 것이 중요하다. 복장 규정 준수, 돌발 상황
(도구 떨어뜨림 등) 대처법을 연습하여 현장에서 당황하지 않도록 대비한다.

⑦ 이용사 과제 유형 (2시간 10분)

● 단발형 이발(하상고)

	단 계 명	과 제 명	하 상 고	배 점
1	이용기구소독 및 정비		5분	5점
2	조발(커트)		30분	25점
3	면 도		15분	15점
4	탈 색		35분	15점
5	샴푸 · 트리트먼트		10분	10점
6	정 발(드라이)		15분	15점
	(중간) 샴푸 5분 / 채점 없음			
7	아이론 펌		20분	15점

● 단발형 이발(중상고)

	단 계 명	과 제 명	중 상 고	배 점
1	이용기구소독 및 정비		5분	5점
2	조발(커트)		30분	25점
3	면 도		15분	15점
4	염색(멋내기)		35분	15점
5	샴푸 · 트리트먼트		10분	10점
6	정 발(드라이)		15분	15점
	(중간) 샴푸 5분 / 채점 없음			
7	아이론 펌		20분	15점

● 짧은 단발형(둥근형)

	단 계 명	과 제 명	짧은 단발형(둥근형)	배 점
1	이용기구소독 및 정비		5분	5점
2	조발(커트)		30분	30점
3	면 도		15분	15점
4	염색(새치)		30분	15점
5	두피 스케일링 및 샴푸 · 트리트먼트		20분	15점
	중간 샴푸 없음			
6	아이론 펌		20분	20점

⑦ 조발(커트) 과제별 진행 과정

● 단발형 이발(하상고)

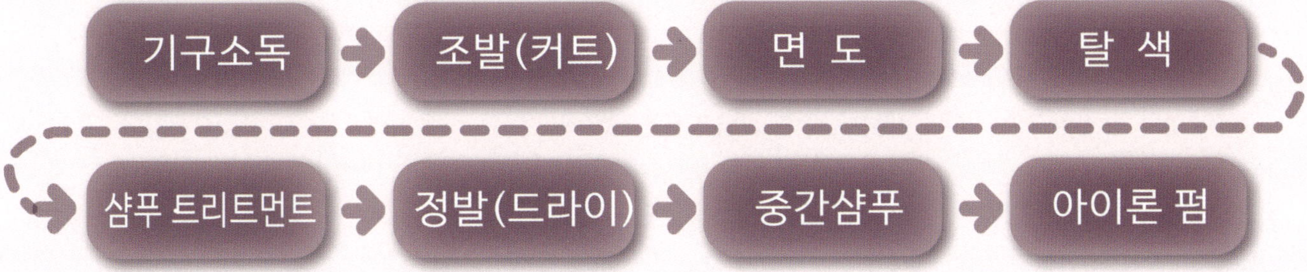

● 단발형 이발(중상고)

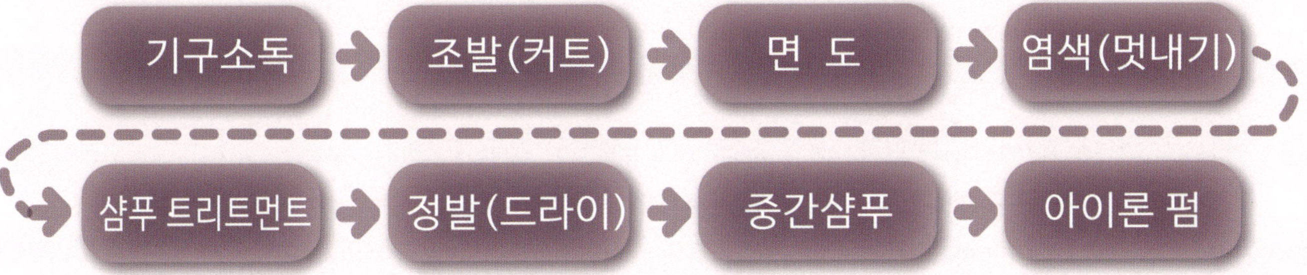

● 짧은 단발형 (둥근형)

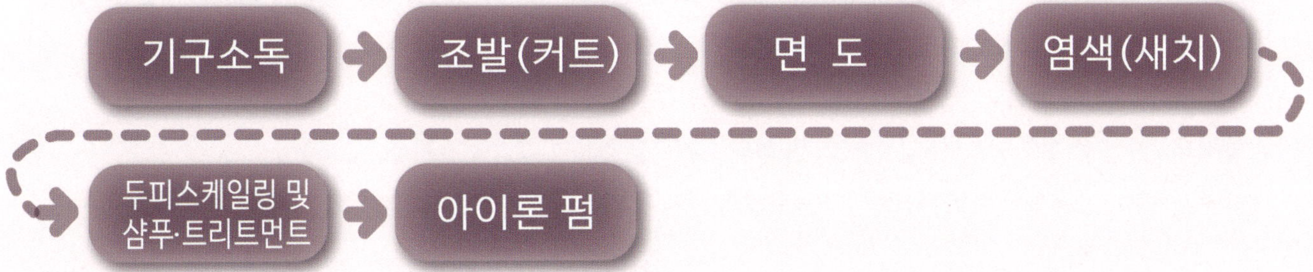

* 이용사 실기시험은 총 3가지의 과제로 구성되며, 시험 당일 현장에서 각 과제의 세부 유형이 랜덤으로 선정되는 방식으로 진행
* 제1과제 ~ 제3과제 조발(커트) 및 부속 작업 중 한 가지 스타일이 현장에서 결정
* 이용사의 가장 기본적인 역량을 평가하는 단계로, 당일 지정되는 커트 스타일에 따라 후속 작업이 연쇄적으로 이루어진다.

⑧ 수험자 유의사항

본 시험은 이용사의 전문 도구 사용 능력과 작업의 숙련도를 종합적으로 평가하는 시험으로서 시험장에 입실 시
수험자는 아래 사항을 철저히 준수하여 불이익을 당하지 않도록 이용사 실기시험에 임하여야 한다.

1. 복장 및 준비사항
- 복장 규정 : 반드시 백색 이용사용 위생복을 착용해야 하며, 특정 기관이나 소속을 나타내는 표식(로고, 이름 등)이
  없어야 한다. 단정하고 소리가 나지않는 편안한 신발 착용은 필수이다.

2. 과제 수행 지침
이용사 실기시험은 총 3개의 과제로 구성되며, 세부 유형은 당일 현장에서 랜덤으로 선정된다.
- 제1과제 (조발 및 부속 작업): 선정된 스타일(하상고, 중상고, 둥근형 등)에 맞춰 다음의 공정을 차례대로 수행한다.
- 소 독 : 작업 시작 전 반드시 도구 소독 과정을 거쳐야 한다.
- 조발(커트) : 요구사항에 맞는 정확한 각도와 대칭을 구현한다.
- 면 도 : 피부 손상 없이 안전하고 매끄럽게 수행한다.
- 염 색 : 선정된 색상(새치 커버 또는 멋내기)을 얼룩 없이 도포하고 마무리한다.
- 두피 스케일링 : 정확한 섹션 나누기와 면봉 활용으로 두피 노폐물을 제거한다.
- 세 발 (샴푸·트리트먼트) : 적절한 물 온도 유지와 마사지를 병행한다.
- 정발 (스타일링) : 드라이어와 제품을 이용하여 완성도 높은 남자 머리 스타일을 마무리한다.
- 아이론 펌 : 규격에 맞는 아이론 12mm, 6mm 기기를 사용하여 균일한 컬을 형성한다.

3. 주요 주의사항 및 감점 요인
- 시간 엄수 : 과제별 제한 시간을 단 1초라도 초과할 경우 미완성으로 간주되어 채점 대상에서 제외된다.
- 안전 관리 : 면도 중 얼굴에 상처 입히거나, 아이론 사용 시 모발을 손상시키는 행위는 큰 감점 요인이 된다.
  또한, 작업시 가위나 면도기에 손이 베어 피가 난 경우에도 어떻게 대응 하느냐에 따라 감점이 될 수 있다.
- 위생 상태 : 작업 중 도구 정리정돈 상태와 주변 청결의 척도를 수시로 점검받게 된다.
- 작업 순서 : 공정 순서를 임의로 변경하거나 생략해서는 안된다. 특히 소독과 스케일링, 정발 단계를 누락하지
  않도록 주의한다.

4. 실격 및 미응시 처리
- 시험 중 타인의 도움을 받거나 부정행위를 하는 경우.
- 지정된 과제 중 하나라도 수행하지 않거나 포기하는 경우.

⑨ 수험자의 복장 [이용사 실기시험 수험자 복장 및 용모 규정]

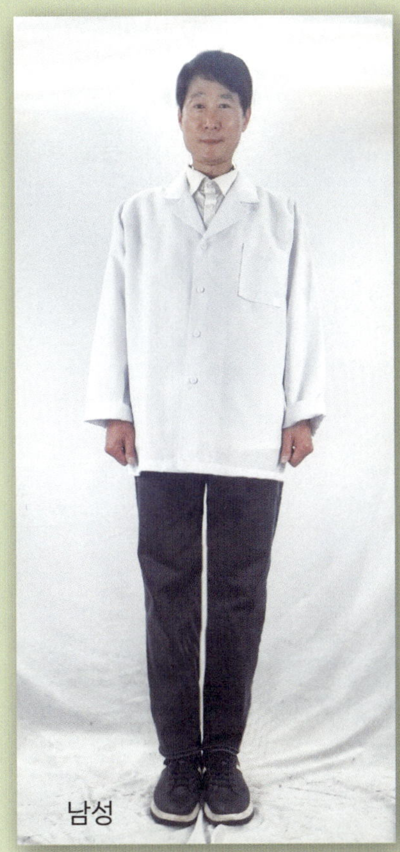

남성

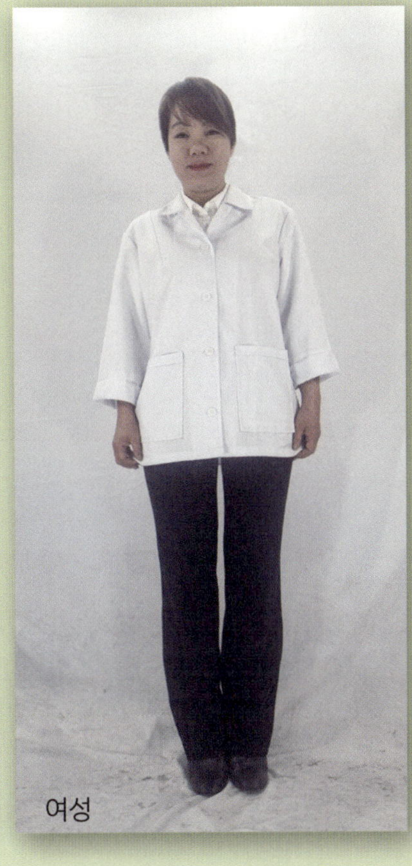

여성

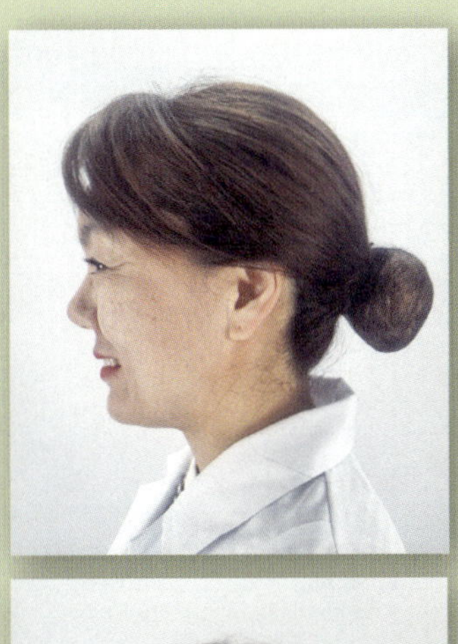

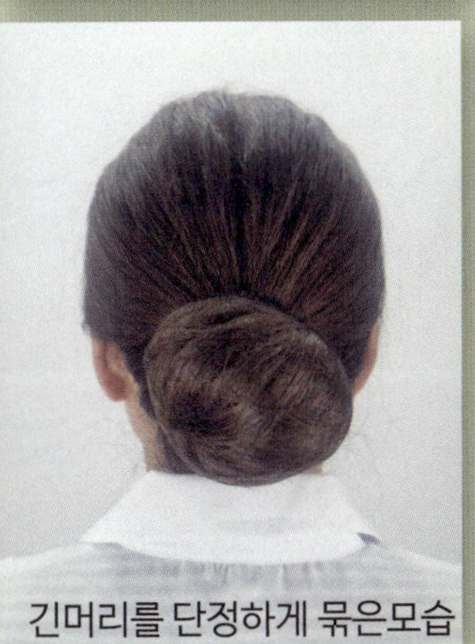

긴머리를 단정하게 묶은모습

1. 공통 사항 (남녀 공통)
- 상　　태 : 깨끗한 흰색 위생복(긴팔 또는 반팔)을 착용해야 한다. 이때 위생복 안의 옷이 밖으로 노출되지 않도록 단정하게 정리한다.
- 표식 금지 : 소속(학교, 학원 등)을 나타내거나 특정 신분을 암시하는 어떠한 표식도 없어야 합니다. 만약 눈에 보이는 문신 등이 있는 경우, 반드시 의료용 테이프를 사용하여 보이지 않게 가려야 한다.
- 하의 및 신발 : 검은색 또는 어두운 계열의 단정한 바지와 운동화를 착용한다 (슬리퍼, 샌들, 반바지 치마 등은 착용 불가).

2. 남성 수험자
- 상　　의 : 위생복 안에 단정한 티셔츠를 입고 지퍼나 단추를 끝까지 채워 단정한 상태를 유지한다.
- 용　　모 : 수염은 깔끔하게 면도하고, 손톱은 작업의 위생을 위해 짧게 정리한다.
- 장 신 구 : 시계, 반지 등 표식이 될 수 있거나 작업에 방해가 되는 액세서리는 착용할 수 없다.

3. 여성 수험자
- 메이크업 및 손톱 : 지나친 화장이나 화려한 매니큐어는 피해야 하며, 긴 손톱은 작업 전 짧고 청결하게 정리한다.
- 장 신 구 : 귀걸이, 목걸이 등 작업에 방해를 주거나 심사위원의 시선을 끄는 장신구는 착용할 수 없다.
- 헤어스타일 : 머리카락은 작업 중 흘러내리지 않도록 단정하게 고정해야 한다. 이때 사용하는 용품(고무줄, 머리 망, 머리띠, 머리핀 등)은 반드시 검은색만 허용된다.

⑩ 수험자 지참재료목록

번호	재료명	규 격	단위	수량	비 고
1	남성용 인모 새치머리형 마네킹 (면체가 가능하고 재질이 부드럽고 말랑한 것)	1[cm] 이상의 면체 작업 가능한 수염이 나 있는 마네킹 (수염을 제외한 나머지는 원형대로인 상태이어야 함)	개	1	사전에 약품처리를 하거나 아이론 작업을 하지 않은 것
2	가위	이용용	개	1	장가위
3	틴닝가위 (숱가위)	이용용	개	1	
4	빗 및 브러시	조발 및 정발용 빗(대,중,소) 정발용 브러시(클래식) (일명 덴맨브러시)	세트	1	빗 3개, 브러시 1개 이상
5	이용용면도기	면체용	개	1	면도날 포함
6	면도컵 및 면도브러시	면체용	세트	1	비누 포함
7	커트보	조발용	장	1	
8	샴푸보	세발용	장	1	
9	타올	흰색	장	6	6장 이상
10	털이개	조발용	개	1	
11	위생복	이용사용	벌	1	가운형
12	위생마스크	면체용	개	1	흰색
13	분무기	조발용	개	1	
14	화장수(스킨) 및 로션	남성용50(ml)/병	병	각1	사용하던 것도 무방
15	헤어크림		병	1	사용하던 것도 무방
16	포마드		병	1	사용하던 것도 무방
17	샴푸 및 트리트먼트		병	각1	좌식샴푸용 용기 포함
18	천가분		개	1	사용하던 것도 무방
19	목종이 (넥페이퍼)		cm	100	사용하던 것도 무방
20	티슈(크리넥스)		장	15	사용하던 것도 무방
21	에탄올	기구소독용, 200(ml)이상/병	장	1	사용하던 것도 무방
22	위생봉지 (투명)	쓰레기 처리용			사용하던 것도 무방
23	이용용 헤어드라이기	정발용	개	1	220(V)용

번호	재료명	규 격	단위	수량	비 고
24	전기클리퍼	건전지용(또는 충전식)	개	1	면도날 포함
25	아이론	6(mm), 12(mm)	세트	1	220(V)용
26	아이론오일		장	1	
27	아이론 빗		장	1	
28	염모제	12레벨	장	6	멋내기용
29	염모제	흑갈색	개	1	새치머리용
30	탈색제	파우더타입	벌	1	
31	산화제	6(%)	개	1	
32	염색볼		개	1	
33	염색 빗		병	각1	
34	염색용 장갑		켤레	1	
35	비닐 캡		병	1	
36	소독용 솜		병	각1	필요량
37	히팅 캡		개	1	
38	앞치마	염색용	개	1	
39	염색보	염색용	장	1	
40	호일	탈색용	장	1	
41	집게 핀	탈색용	개	1	
42	오일	기구 정비용	개	1	
43	우드스틱	스케일링용	개	5	
44	면 솜	스케일링용 적정사이즈	개	5	
45	거즈	스틱봉용 잘라진 것	개	5	
46	스케일링제	용기 포함	개	1	
47	종이 테이프	우드스틱 제조용	개	1	

1. 시험에 사용되는 모든 기구는 완전히 잘 정비된 것이어야 하고, 시험 중 고장으로 인한 불이익은 수험자에게 책임이 있음.
2. 수험자 지참 재료 목록 이외에 실기시험에서 요구한 지정 기구에 영향을 주지 않는 범위 내에서 수험자가 이용작업에 필요하다고 생각되는 도구 및 화장품은 추가로 지참할 수 있음.
3. 마네킹 준비 시 수염은 얼굴에 난 털로 미간, 콧수염, 구레나룻, 턱수염만 수염으로 간주하며 목 뒤쪽, 귀 뒤쪽 헤어라인의 털은 머리카락으로 간주함.
4. 소독제는 소독용 에탄올(70%~85%)이어야 함.
5. 전기클립퍼의 경우 덧날이나 자동조절 클리퍼의 지참 및 사용을 금지함.
6. 염·탈색의 경우 정확한 작업이 가능한 제품을 사용하여야 함.

⑪ 셋팅 도구 및 재료

1. 위생가운

시술자의 청결과 전문성을 위해
착용하는 위생복

2. 마네킹

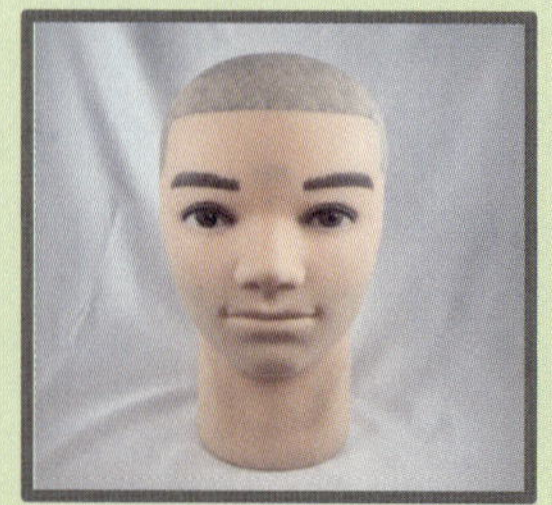

실기 과제를 수행하는 대상

3. 투명테이프

쓰레기 처리를 위한 위생 봉지를
작업대에 고정할 때 사용

4. 위생봉지

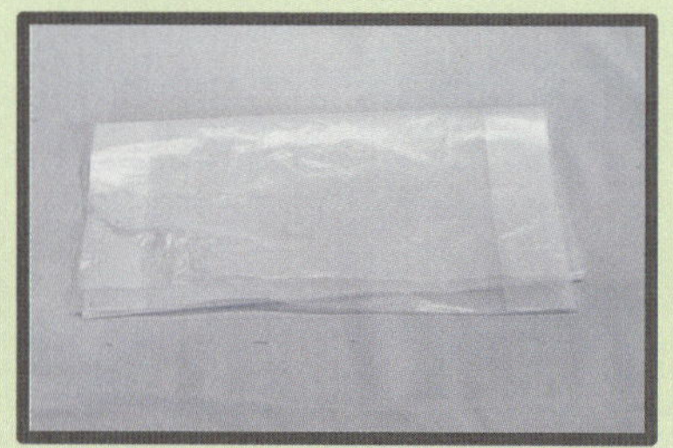

쓰레기 처리를 위한 위생 봉지를 작업대에
고정할 때 사용

5. 손소독제

시술 시작 전 시술자의 손을 청결하게
소독하는 용품

6. 소독통

에탄올(소독액)에 담가 위생적으로 소독하는
용기 (공단 시험장에서 제공됨)

7. 에탄올

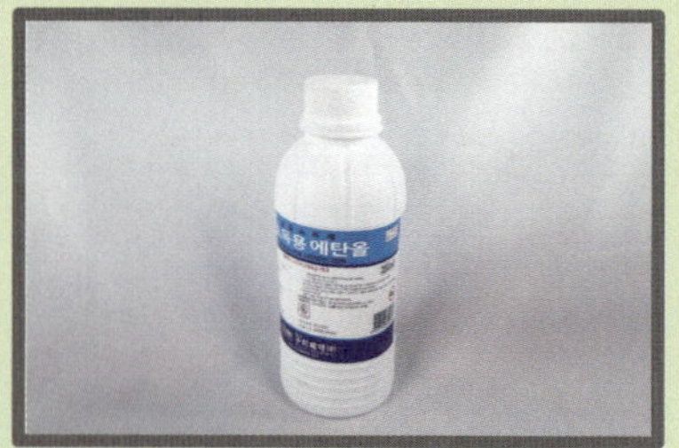

가위, 빗 등 이용 기구를 소독하여 교차
오염을 방지하는 소독제

8. 집게핀

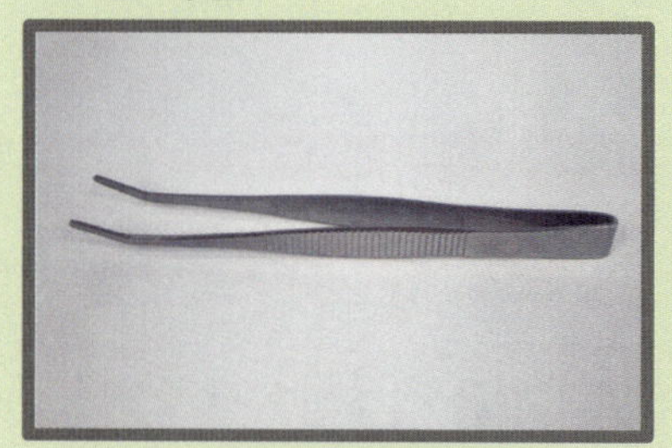

소독컵의 솜을 집어 기구를 닦거나 미세한
이물질을 위생적으로 제거할 때 사용

9. 소독용털이개

소독 후 기구의 잔여물이나 잘린 머리카락을
털어내 청결을 유지

10. 솜

소독액을 묻혀 기구를 닦거나, 시술 부위의
이물질을 청결하게 제거할 때 사용

11. 틴닝가위

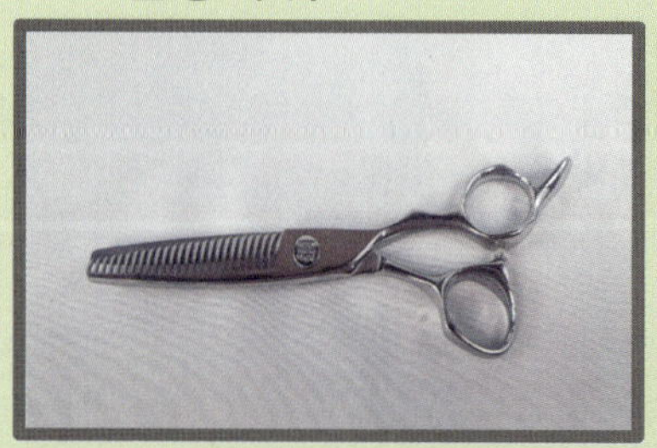

머리카락의 길이는 유지하며 숱을 제거
하고 질감을 처리하는 도구

12. 장가위

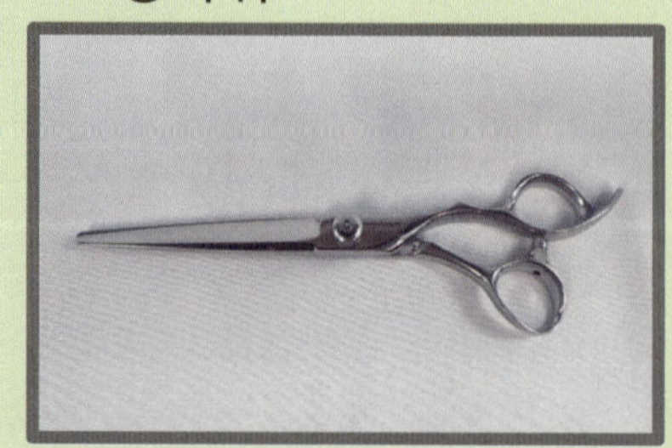

헤어라인의 형태를 잡거나 한 번에 많은 양의
머리카락을 자르는 도구

13. 빗 (대, 중, 소)

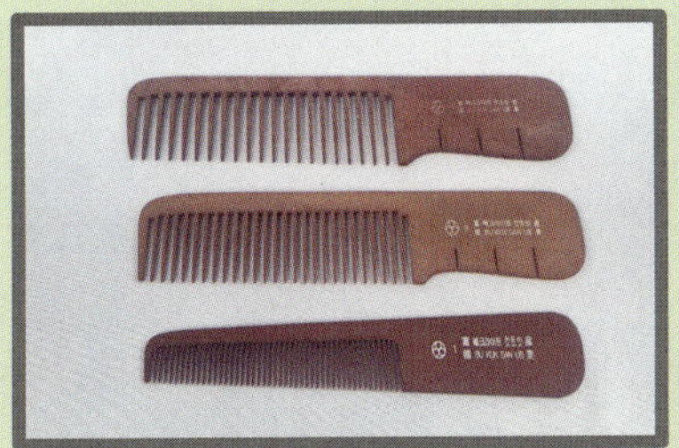

머리카락을 가지런히 정돈하고 커트 시 가이드 역할을 하는 도구

14. 클리퍼

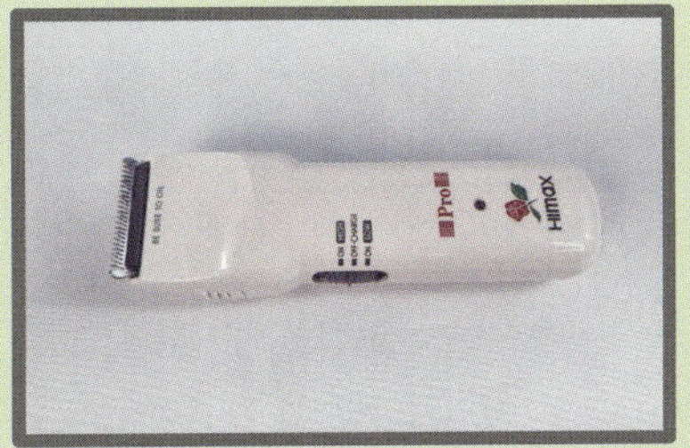

전동식 이발기로 옆·뒷머리를 짧게 밀거나 깔끔한 라인을 만들 때 사용

15. 면도기

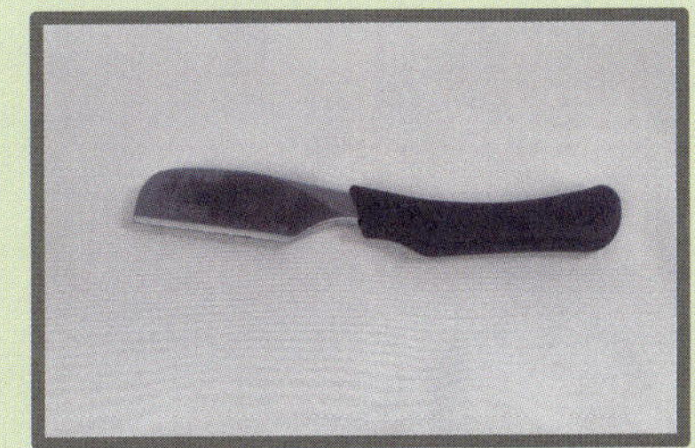

면체 작업 및 커트 후 잔털을 정리 하는 도구

16. 면도날

면도기에 장착하여 실제 수염을 깎는 소모성 날

17. 기구 정비용 오일

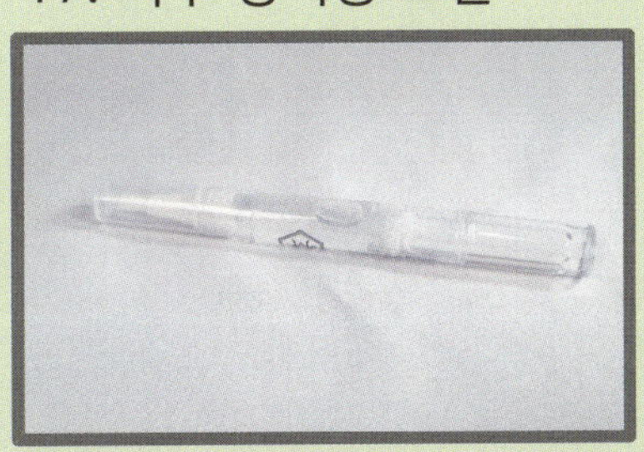

클리퍼(바리캉)나 가위 등 금속 기구의 날을 소독하고 윤활제

18. 화장지

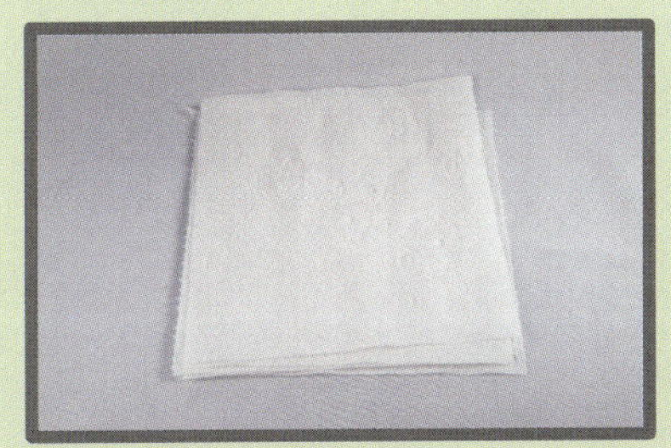

면도 거품 제거 및 피부·도구의 오염물질을 닦아주는 위생 용품

19. 머리카락 털이솔

시술 후 얼굴이나 목 주변의 잘린 머리 카락을 털어내는 도구

20. 목종이 (넥페이퍼)

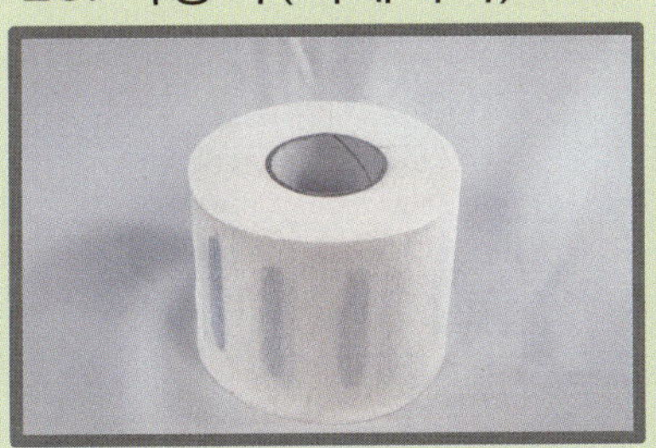

커트보 착용 전 목에 둘러 이물질 침투를 막고 위생을 보호하는 종이

21. 타올

모발의 물기를 제거 용도

22. 커트보

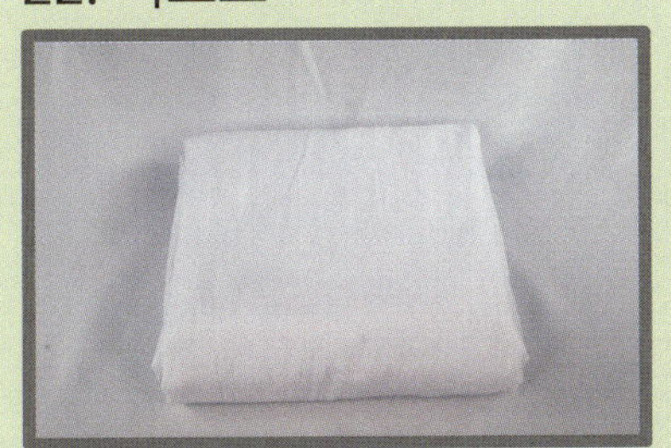

커트 시 잘린 머리카락이 옷에 묻지 않도록 몸과 의복을 보호하는 덮개

23. 천가분

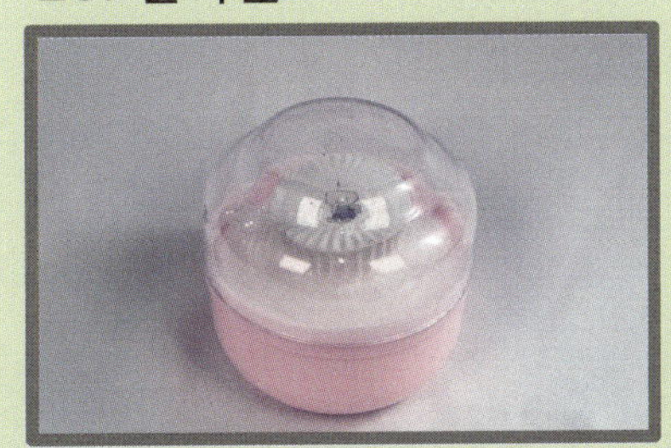

커트 수정 작업 시 삐져나온 머리카락이 잘 보이게 도드라져 보이게 하는 역할

24. 면도컵, 면도솔

면도 비누 거품을 풍성하게 만들고 얼굴에 고르게 펴 바르는 도구

GUIDE

⑪ 셋팅 도구 및 재료

25. 화장수(스킨)

면도 후 자극받은 피부를 소독하고 진정

26. 화장수(로션)

피부에 수분과 유분을 공급하여 보습 및 보호

27. 마스크

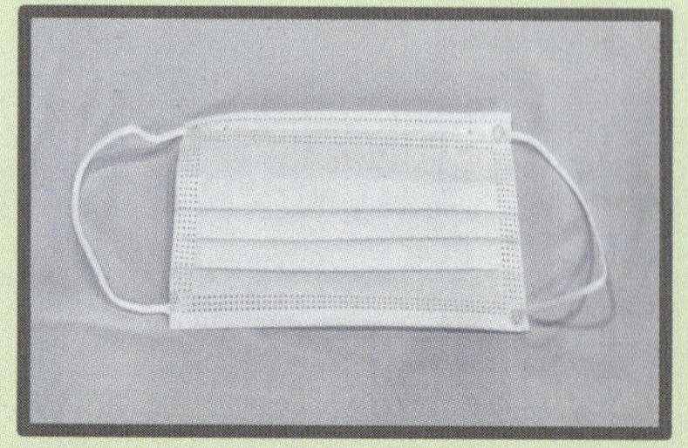

시술자의 비말을 차단하고 위생적인 시술 환경을 유지하기 위해 착용

28. 우드스틱

면솜·거즈를 감아 두피 스케일링용 스틱봉을 만드는 재료

29. 스케일링제

두피를 청결하게 하고 혈액순환을 돕는 전 처리제

30. 트리트먼트(두발용)

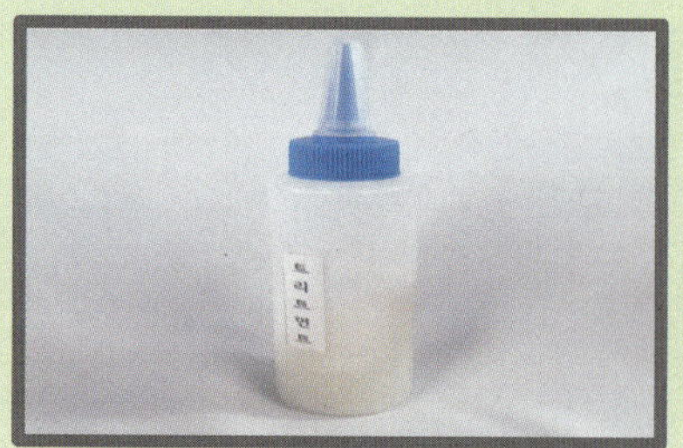

모발에 영양을 공급

31. 샴푸(두발용)

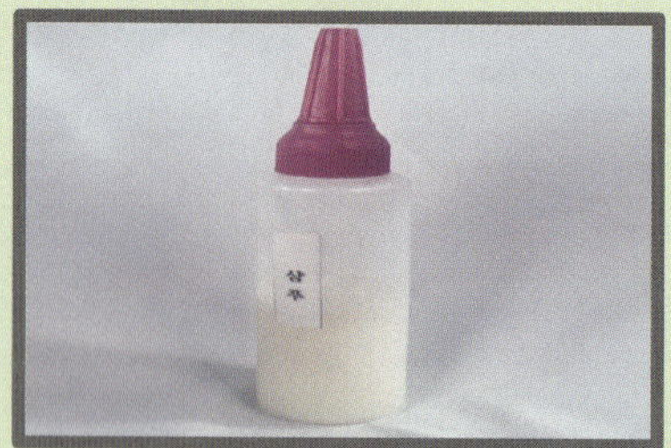

시술 후 잔여물을 깨끗이 세정

32. 샴푸보

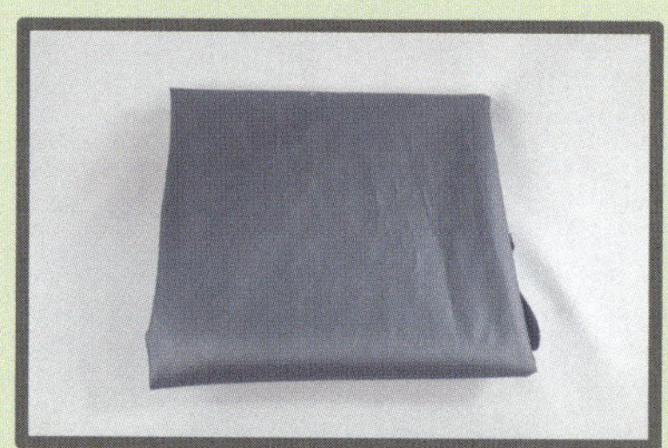

물에 젖지 않도록 목과 어깨를 감싸는 방수용 가운

33. 아봄크림

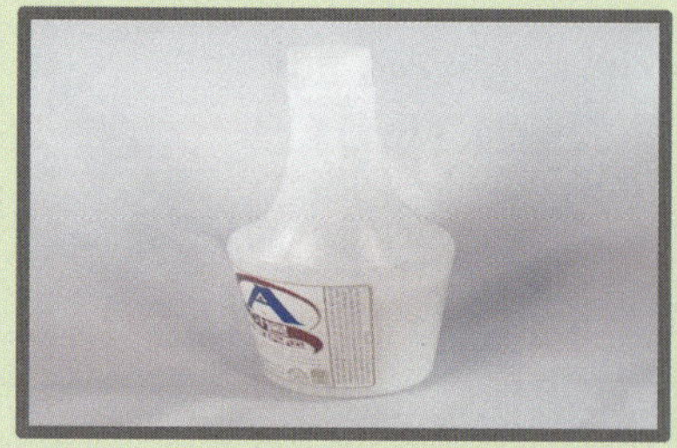

염색 시 피부 착색을 막는 보호 크림

34. 피부용 붓(헤어라인 도포용)

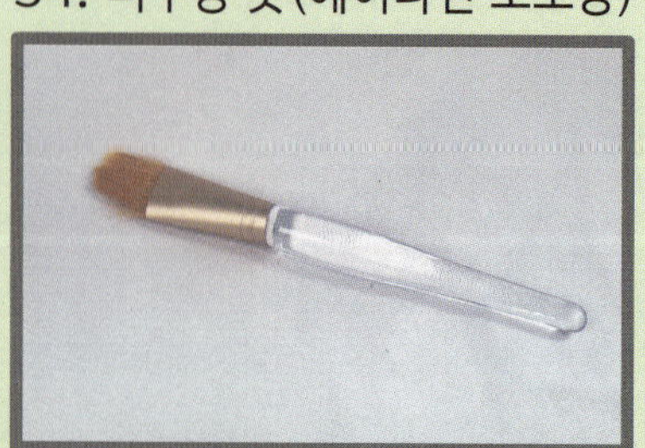

보호 크림을 묻혀 헤어라인과 귀 주변 피부에 바를 때 사용

35. 면솜(스틱봉용)

우드스틱 끝에 감아 스케일링용 스틱봉을 만드는 재료

36. 거즈(스틱봉용)

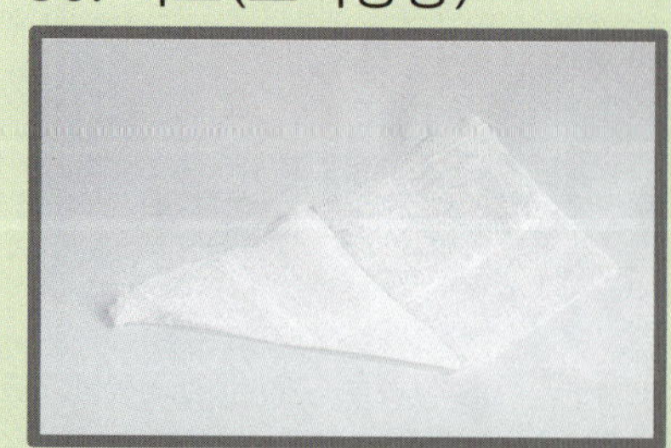

스틱봉의 솜 위를 감싸 고정 및 마찰력을 주는 재료

37. 두피스케일링용 트레이

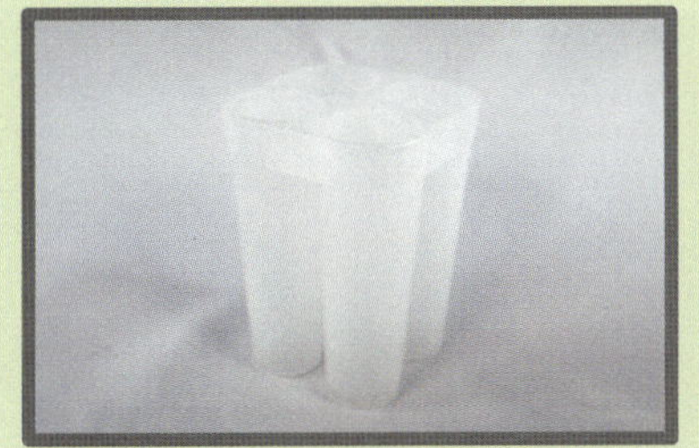

스케일링 약제를 덜어 스틱봉을 적실 때 사용하는 작은 용기

38. 종이테이프(우드스틱 제조용)

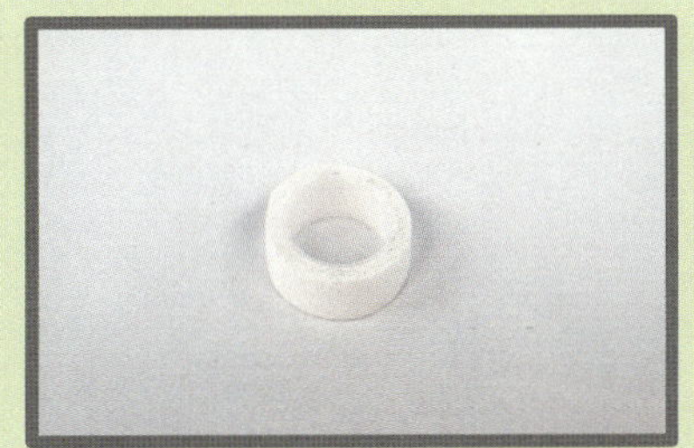

스틱봉의 솜과 거즈가 빠지지 않게 끝부분을 고정하는 테이프

39. 염색용 붓

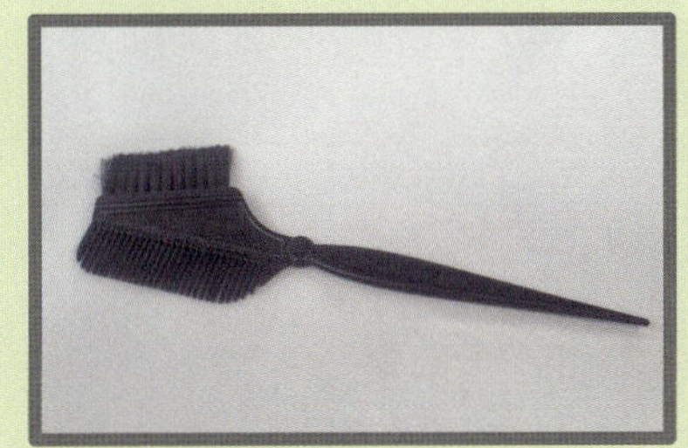

염색/탈색 약제를 모발에 골고루 도포하고 섹션을 나누는 도구

40. 염색용 장갑

염색/탈색 약제로부터 시술자의 손을 보호하고 착색 방지

41. 히팅 캡

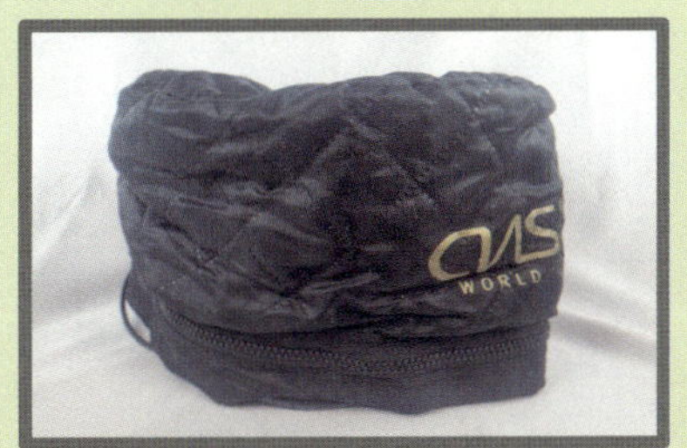

열을 가하여 약제의 침투를 돕는 전기 기구

42. 집게핀

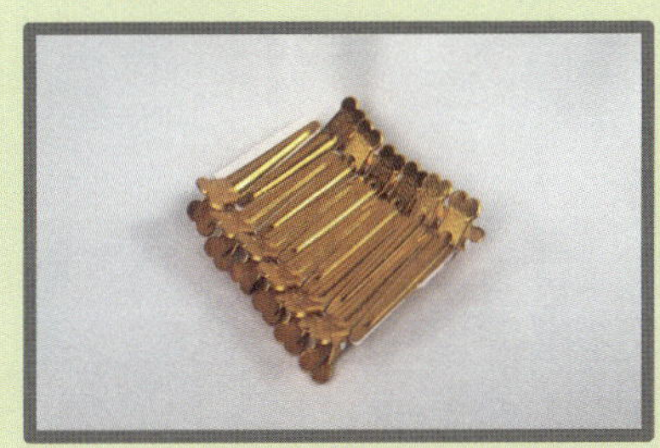

시술 구역을 나누고 머리카락을 고정할 때 사용

43.꼬리빗

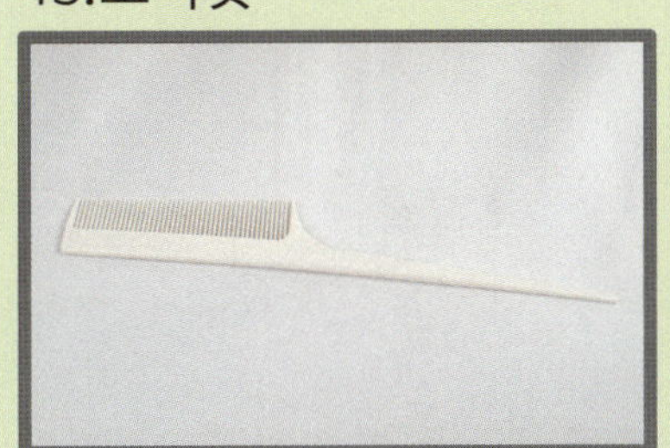

가르마를 나누거나 섬세한 섹션을 뜰 때 사용하는 빗

44. 호일

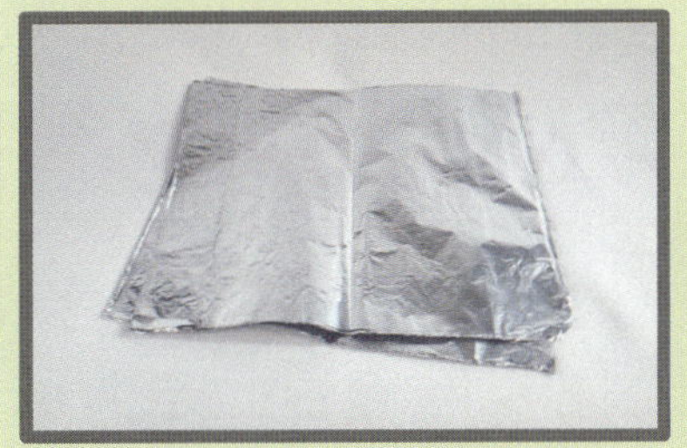

부분 염색 시 약제 격리 및 열 보존으로 반응 극대화

45. 악어핀

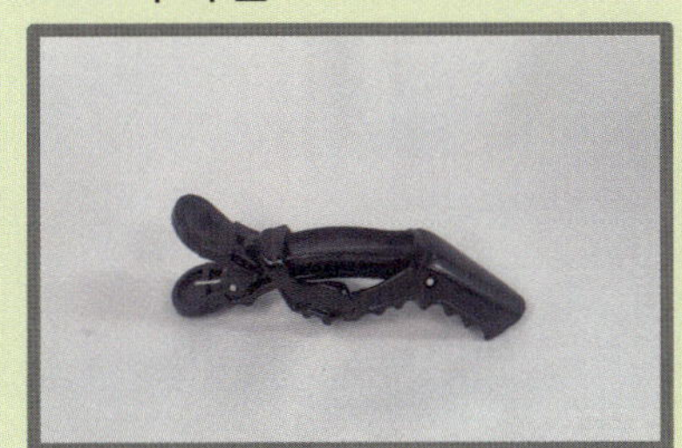

머리카락 고정용

46. 비닐캡

탈색/염색 시 약제가 흐르는 것을 방지하고 열 보존으로 착색을 돕는 역할

47. 앞치마

시술 중 물이나 약제가 작업복에 묻지 않도록 보호

48. 염색보

염색/탈색 시 옷 오염을 방지하는 방수 가운

⑪ 셋팅 도구 및 재료

49. 탈색제(파우더)

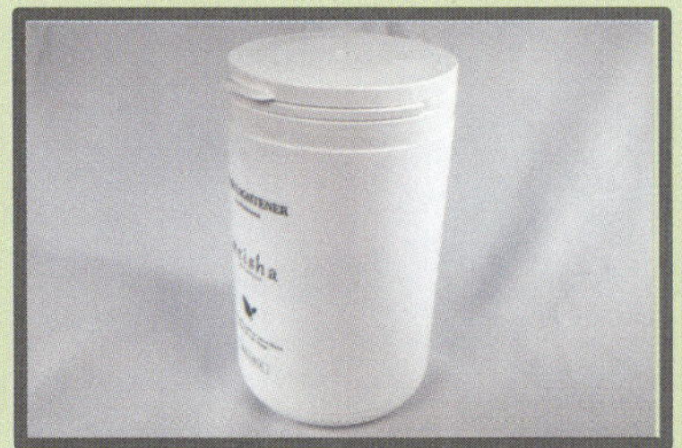

모발의 멜라닌 색소를 빼내어
명도를 높이는 가루 약제

50. 염모제 (3N, 12N)

모발의 색상을 변화시키는 약제
(3N-어두운색, 12N-밝은색)

51. 산화제(6%)

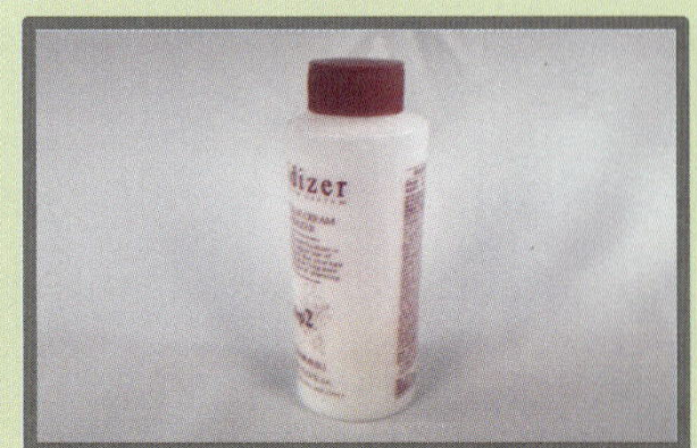

염모제/탈색제와 섞어 모발 발색을
돕는 촉매제

52. 터번

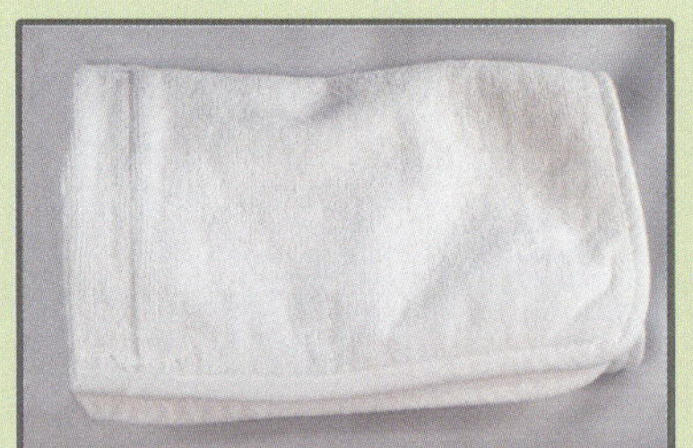

모발을 감싸 고정할 때 사용

53. 염색볼

염색 및 탈색 약제를 담아 섞는 전용
용기

54. 포마드

정발 시 강한 고정력과 광택으로 깔끔한
형태 완성

55. 헤어크림

모발에 수분과 윤기를 주는 스타일링
전 베이스

56. 나무스패츌라

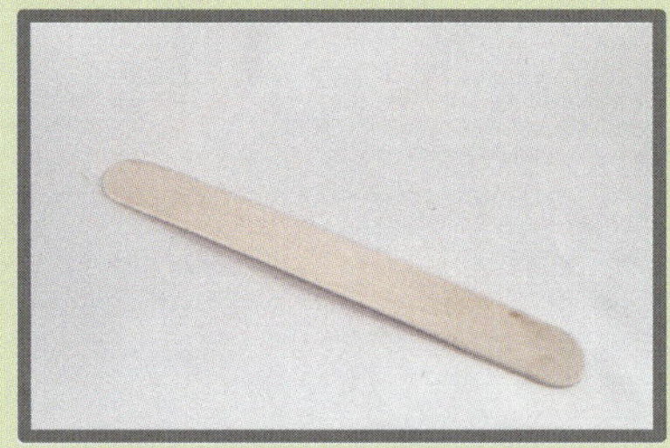

스타일링 제품을 혼합할 때 일회용으로
위생적인 시술을 돕는 막대

57. 덴맨브러시

드라이 작업 시 머리카락의 흐름을
잡는 역할

58. 이용용 헤어드라이기

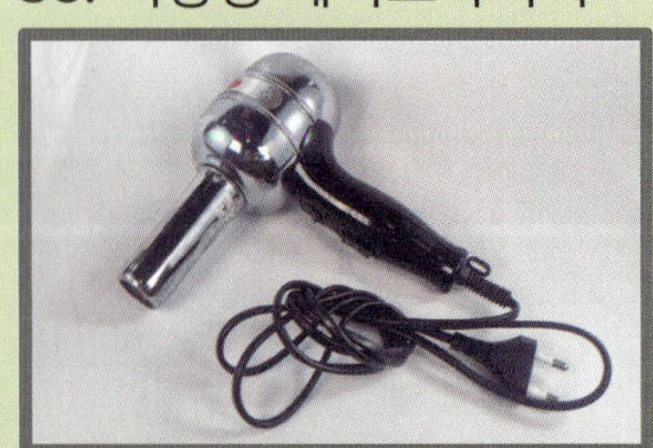

모발 건조 및 열을 이용한 볼륨 형성
및 스타일

59. 아이론 (6mm)

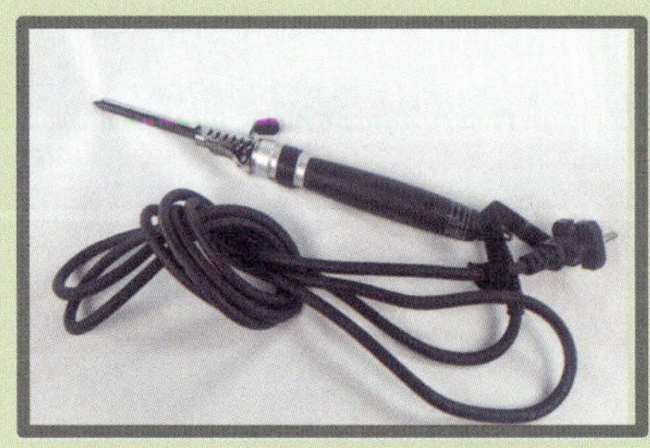

열판을 이용해 매우 가는 컬을 만들
거나 짧은 머리 질감 표현

60. 아이론(12mm)

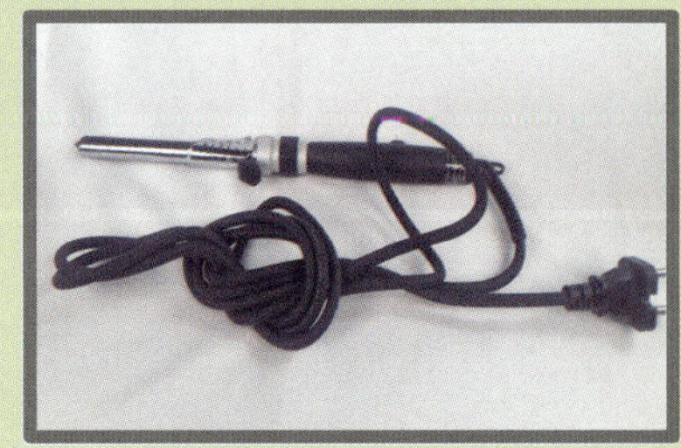

하상고, 중상고용 아이론기

61. 아이론오일(핫오일)

고온으로부터 모발을 보호하는
보호제

62. 아이론빗

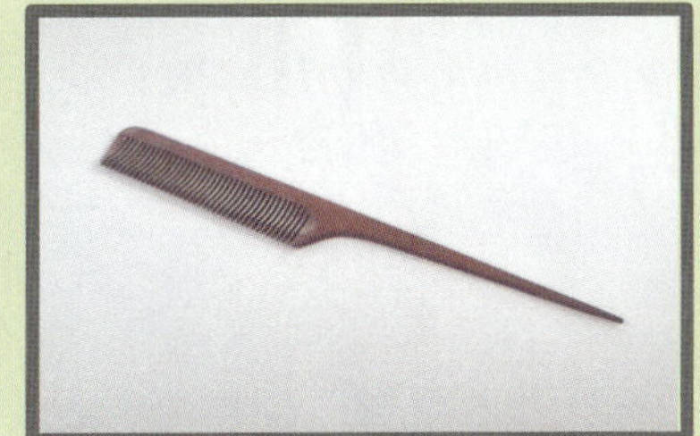

두피에 직접 닿지 않도록 방패
역할을 하며 모발을 정돈

63. 면봉

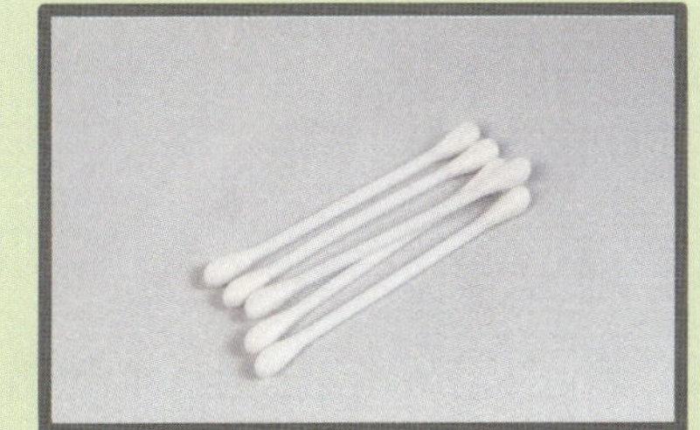

시술 중 미세한 부위의 오염물질을
위생적으로 제거할 때 사용

64. 저울(공단지급품)

염색약(염모제)과 산화제의 혼합 비율을
정확하게 맞추기 위해 무게를 측정하는 도구

65. 분무기

모발을 적절히 적셔 머리카락이 날리지
않게 하고 커트가 잘 되도록 돕는 도구

66. 홀더

마네킹이 흔들리거나 움직이지 않도록
고정해 주는 역할을 한다.
공단에도 홀더를 가지고 있지만, 개인
소유 물품으로 가져가는 것을 추천

★ 공단지급품목

저울

소독통 (공단마다 모양이 다름)

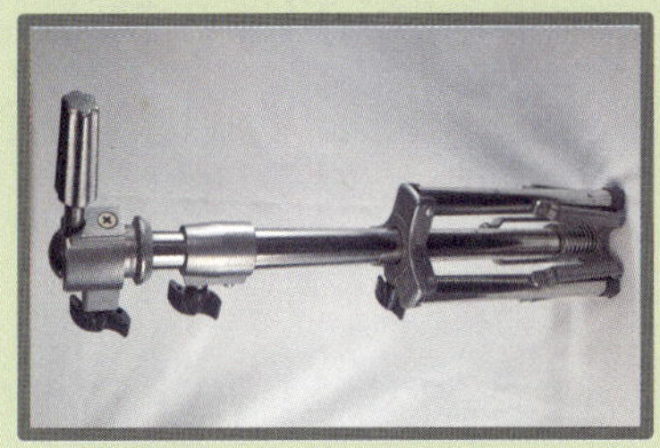

홀더 (고장율이 많음)

⑫ 이용사 실기시험 자주 묻는 질문 (Q&A)

Q 1. 시험 과제는 언제 발표되나요?

A 시험 당일, 모든 수험자가 입실하여 인원 점검을 마친 후 심사위원이 현장에서 랜덤으로 선정하여 공표합니다. 예를 들어, "오늘 제1과제 조발은 하상고 입니다"라는 식으로 발표되므로 모든 유형을 완벽히 연습해 가야 합니다.

Q 2. 가운 안에 입는 옷에 제한이 있나요?

A 네, 있습니다. 위생복 밖으로 목 위나 소매 아래로 화려한 무늬나 색상의 옷이 보이면 감점 요인이 될 수 있습니다. 가급적 무늬가 없는 흰색 티셔츠를 받쳐 입어 밖에서 보아도 깔끔한 상태를 유지하는 것이 좋습니다.

Q 3. 작업 중 손에 상처(베임)를 냈을 때는 어떻게 하나요?

A 특히 면도 과제에서 자주 발생합니다. 당황하지 말고 즉시 지참한 밴드 도는 의료용 테잎으로 지혈 및 소독 조치를 취해야 합니다. 감점은 불가피하지만, 사후 조치를 얼마나 능숙하고 위생적으로 하는가도 평가 항목에 포함되므로 포기하지 말고 침착하게 대처하세요.

Q 4. 스케일링봉을 시중에 파는것으로 사용해도 되나요?

A 네, 시중에서 파는 일반 면봉이 아니라 우드스틱에 직접 솜을 감아 만든 면봉을 사용하는 것이 숙련도를 보여주기에 좋습니다. 솜이 작업 중에 풀리지 않도록 단단히 감는 연습을 미리 해두시기 바랍니다.

Q 6. 과제 시간을 초과하면 바로 실격인가요?

A 제한 시간이 종료되면 즉시 손을 떼야 합니다. 미완성된 부분에 대해서는 점수를 얻지 못하며, 미완성 정도가 심할 경우 해당 과제 0점 처리 혹은 실격 사유가 될 수 있습니다. 평소 연습 시 제한 시간보다 2~3분 일찍 마치는 연습을 하셔야 합니다.

Q 7. 모델 대신 마네킹을 사용하는데, 실제 사람처럼 대우해야 하나요?

A 매우 중요합니다. 마네킹을 함부로 다루거나(머리를 세게 치거나 꺾는 행위 등) 하면 '서비스 태도' 점수에서 깎일 수 있습니다. 실제 고객을 내하듯 소심스럽고 성숭하게 작업하는 모습을 보여주세요.

Q 8. 염색 과제 시 귀나 얼굴에 약이 묻으면 어떻게 하나요?

A 작업 전 미리 보호 크림(바세린 등)을 헤어라인에 발라두는 것이 좋습니다. 만약 묻었다면 즉시 젖은 솜이나 물티슈로 깨끗이 닦아내야 합니다. 심사위원이 최종 확인 시 피부 오염 상태를 꼼꼼히 체크합니다.

Q 9. 조발(커트) 과제에서 가위와 바리캉 중 무엇을 더 많이 써야 하나요?

A 과제별 요구사항에 따라 다르지만, 기본적으로 이용사 시험은 가위 작업(싱글링)의 숙련도를 높게 평가합니다. 밑라인 처리는 바리캉을 사용하더라도, 윗부분과의 연결(그라데이션)은 가위와 빗을 이용한 싱글링 기술을 충분히 보여주어야 높은 점수를 받을 수 있습니다.

Q 10. 면도 과제 시 역방향 면도(역수)를 반드시 해야 하나요?

A 네, 그렇습니다. 보통 정방향 면도 후 남은 수염을 깔끔하게 제거하기 위해 역방향 면도 기술을 확인합니다. 이때 면도날의 각도가 너무 서지 않도록 주의하고, 왼손으로 피부를 팽팽하게 당기는 텐션을 주어야 상처 없이 매끄러운 작업이 가능합니다.

Q 11. 세발(샴푸) 후 트리트먼트를 생략해도 되나요?

A 절대 안 됩니다. 요구사항에 '세발 및 헹굼'이 포함되어 있다면 샴푸 후 반드시 트리트먼트로 마무리하는 과정을 보여주어야 합니다. 이는 다음 과제인 정발(스타일링) 시 모발의 윤기와 빗질 효율을 높이기 위해서도 필수적인 공정입니다.

Q 12. 아이론 과제에서 컬의 방향이 지정되어 있나요?

A 네, 당일 과제 지시서에 따라 전면(앞) 방향 또는 후면(뒤) 방향 등으로 컬의 방향이 지정됩니다. 또한, 두피로부터의 각도(보통 90도 유지)가 일정해야 하며, 뜸을 들이는 시간이 부족해 컬이 풀리거나 너무 오래 지체해 모발이 타지 않도록 완급 조절이 핵심입니다.

Q 13. 염색 과제에서 샴푸를 또 하나요?

A 그렇습니다. 염색약을 도포하고 방치 시간이 지난 후에는 약제를 깨끗이 씻어내는 세발 과정이 포함됩니다. 이때 마네킹 얼굴에 염색물이 흘러내리지 않게 세심하게 헹궈야 하며, 수건으로 물기를 닦을 때도 염색약이 묻어나지 않을 정도로 청결하게 헹궈야 합니다.

Q 14. 정발(스타일링) 과제에서 포마드는 얼마나 발라야 하나요?

A 너무 과하게 바르면 머리카락이 뭉쳐서 커트의 단면이 보이지 않고 지저분해 보일 수 있습니다. 손바닥에 적당량을 덜어 고르게 펴 바른 뒤, 빗살 자국이 선명하게 남도록 스타일을 고정하는 것이 포인트입니다. 특히 가르마 선(Parting)이 자로 잰 듯 직선으로 깔끔하게 나와야 합니다.

Q 15. 시험 도중 도구를 떨어뜨렸을 때는 어떻게 대처하죠?

A 당황해서 바로 집어 작업에 복귀하면 '위생 미준수'로 큰 감점을 당합니다. 떨어진 도구는 즉시 주워서 별도의 소독 조치를 취하거나, 미리 준비한 예비 도구를 꺼내 소독 후 사용해야 합니다. 위생적인 대처 능력을 심사위원에게 보여주는 것이 중요합니다.

Q 16. 채점은 실시간으로 이루어지나요, 아니면 다 끝난 후에 하나요?

A 두 방식 모두 해당합니다. 작업 중간중간 수험자의 자세, 도구 파지법, 위생 상태를 실시간으로 채점하며, 과제가 끝난 후 최종 결과물의 대칭, 길이, 완성도를 확인합니다. 따라서 시작부터 끝까지 긴장을 늦추지 않는 태도가 중요합니다.

⑫ 이용사 실기시험 자주 묻는 질문 (Q&A)

Q 17. 마네킹에 분무를 너무 많이 해서 바닥에 물이 흥건해요. 감점인가요?

A 네, 주변 정리 정돈 및 안전 관리 항목에서 감점될 수 있습니다. 바닥에 물이나 머리카락이 너무 많으면 본인이나 심사위원이 미끄러질 위험이 있기 때문입니다. 작업 중간중간 준비한 빗자루나 수건으로 본인의 작업 구역 바닥을 청결하게 유지하는 모습을 보여주세요.

Q 18. 커트 과제 도중 실수로 머리카락을 너무 짧게 잘랐습니다. 복구가 안 되는데 어쩌죠?

A 이용사 시험은 완벽한 예술 작품을 만드는 것보다 '정해진 공정을 정확히 수행하는가'를 더 중요하게 봅니다. 한 부분을 짧게 잘랐다고 포기하지 마세요. 전체적인 밸런스를 맞추기 위해 나머지 부분의 각도를 조절하여 최대한 대칭을 맞추는 수습 능력을 보여준다면, 실격 없이 점수를 챙길 수 있습니다.

Q 19. 면도 시 사용하는 비눗물(라더링)은 어느 정도 발라야 하나요?

A 면도 부위가 충분히 덮일 정도로 하얗고 조밀한 거품을 내어 바르는 것이 좋습니다. 거품이 너무 묽어서 마네킹 얼굴 아래로 흘러내리면 위생 점수에서 깎일 수 있으니 주의하세요. 또한, 면도 후에는 반드시 냉습포를 사용하여 거품을 깨끗이 닦아내야 합니다.

Q 20. 아이론 작업 중 모발 수분 상태는 어느 정도가 적당한가요?

A 너무 젖어 있으면 치익 하는 소리와 함께 수증기가 과하게 발생하고, 너무 마르면 컬이 잘 나오지 않습니다. 분무기로 가볍게 수분을 준 뒤 80~90% 정도 말린 상태에서 아이론을 대는 것이 가장 탄력 있는 컬을 만들 수 있는 비결입니다.

Q 21. 염색 과제 종료 후 마네킹 귀 뒤쪽에 염색약이 조금 남았어요.

A 마지막 정발(스타일링) 과제 전까지는 반드시 제거해야 합니다. 최종 채점 시 심사위원이 마네킹의 귀 뒷부분이나 목덜미를 확인하여 오염 여부를 체크합니다. 세발(샴푸) 단계에서 사각지대를 꼼꼼히 닦아내는 연습을 하세요.

Q 22. 시험 종료 벨이 울렸는데 빗을 마네킹 머리에 꽂아둔 채로 손을 뗐습니다.

A 종료 신호와 함께 모든 도구는 마네킹에서 떨어져 있어야 하며, 수험자는 차렷 자세로 대기해야 합니다. 도구가 꽂혀 있거나 손에 들려 있으면 '종료 후 작업'으로 오해받아 감점될 수 있으니, 종료 10초 전에는 도구를 테이블 위에 내려놓는 습관을 들이세요.

Q 23. 조발(커트) 과제에서 가위나 빗을 바닥에 떨어뜨렸을 때 어떻게 하나요?

A 절대로 바로 주워서 마네킹에 대면 안 됩니다. 침착하게 도구를 줍습니다. 준비해 간 소독제(알코올 솜 등)로 심사 위원이 보는 앞에서 소독을 한 뒤 사용하거나, 예비 도구로 교체해야 합니다. 소독 없이 바로 사용하면 위생 점수 에서 큰 감점을 받습니다.

Q 24. 면도 과제에서 비눗물을 바를 때(라더링) 브러시 방향이 정해져 있나요?

A 특별한 방향보다는 거품을 얼마나 밀도 있게 만드느냐가 중요합니다. 다만, 수염이 난 방향의 역방향으로 문질러 수염을 충분히 세워주는 동작을 보여주면 숙련도에서 좋은 점수를 받습니다. 또한, 얼굴 전체가 아니라 지정된 면도 부위에만 깔 끔하게 바르는 것이 포인트입니다.

Q 25. 세발(샴푸) 단계에서 물 온도를 체크할 때 꼭 손목에 대야 하나요?

A 네, 관례적으로 손목 안쪽에 물을 대어 온도를 확인하는 퍼포먼스를 심사위원이 확인합니다. 마네킹에게 바로 샤워기를 대는 것은 실제 고객에게 실례가 되는 행위로 간주되어 감점될 수 있습니다.

Q 26. 염색 작업 시 마네킹 귀에 보호 캡을 씌워도 되나요?

A 규정에 따라 다르지만, 보통은 보호 캡 사용보다는 보호 크림(바세린 등)을 바르고 조심스럽게 작업하는 능력을 더 높게 평가합니다. 만약 캡을 사용한다면 시험 시작 전 감독관에게 사용 가능 여부를 확인하는 것이 가장 안전합니다.

Q 27. 아이론 작업 중 머리카락에 불이 붙거나 타버리면 어떻게 되나요?

A 즉시 작업을 중단해야 합니다. 모발이 심하게 타거나 연기가 지속적으로 나면 안전사고 위험으로 인해 실격 처리될 수 있습니다. 연습 때부터 아이론의 적정 온도와 머무르는 시간을 몸에 익히는 것이 무엇보다 중요합니다.

Q 28. 정발(스타일링) 과제에서 빗질 자국이 너무 선명하면 안 좋나요?

A 아니요, 오히려 좋습니다. 이용사 시험에서의 정발은 자연스러운 스타일보다 가르마가 확실하고 결이 정돈된 정교한 스타일을 선호합니다. 포마드를 적절히 사용하여 빗살 자국이 고르게 남도록 연출하는 것이 숙련되어 보입니다.

Q 29. 시험이 다 끝났는데 시간이 남았습니다. 가만히 서 있어야 하나요?

A 남은 시간 동안 주변 정리를 하십시오. 바닥의 머리카락을 쓸어 담거나 테이블 위 도구들을 가지런히 정렬하는 모습은 '위생 및 태도' 점수에 긍정적인 영향을 줍니다. 단, 종료 벨이 울린 후에는 절대 도구를 손에 대면 안 됩니다.

Q 30. 작업 중에 마네킹 홀더가 헐거워져서 머리가 흔들려요. 어쩌죠?

A 당황하지 말고 즉시 홀더를 다시 조여 고정해야 합니다. 마네킹이 흔들리는 상태로 작업을 계속하면 커트 라인이 무너지고 위험해 보이기 때문에 오히려 감점이 큽니다. 침착하게 재고정한 뒤 작업을 이어가는 모습이 훨씬 전문적으로 보입니다.

Q 31. 가위나 바리캉 소리가 너무 커서 심사위원이 쳐다보는 것 같아요.

A 기구의 소음 자체보다 도구 관리 상태를 보는 것입니다. 가위에 기름칠이 안 되어 뻑뻑하거나 바리캉 날에 머리카락이 끼어 괴음이 난다면 감점 요인이 될 수 있습니다. 시험 전날 반드시 도구에 오일 처리를 하여 부드럽게 작동하도록 준비하세요.

Q 32. 면도 과제 시 온습포가 금방 식어버리면 어떡하나요?

A 시험장의 온도가 낮으면 습포가 빨리 식을 수 있습니다. 하지만 핵심은 '습포를 올리는 행위'와 '수염을 불리는 동작' 자체에 있습니다. 너무 차갑지만 않다면 규정대로 얼굴을 감싸고 지그시 눌러주는 동작을 충분히 수행한 후 다음 단계로 넘어가시면 됩니다.

⑬ 이용도구

1. 이용 도구 및 사용방법

가위는 모발의 길이를 균일하게 조절하거나 장·단점을 보완시키기 위한 작업으로 헤어커트 시 모발을 시술하고 자르는데 사용되는 도구이다.

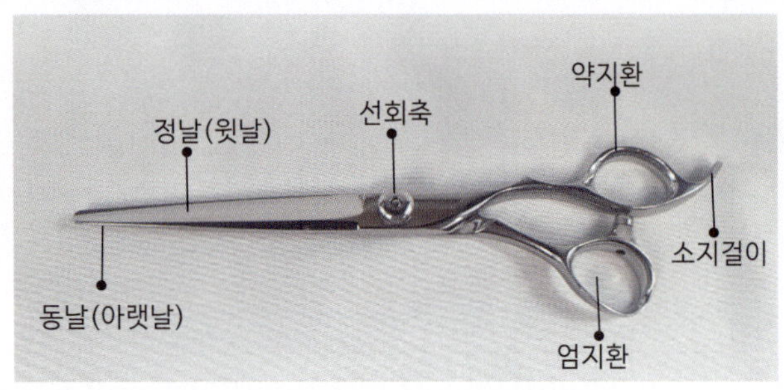

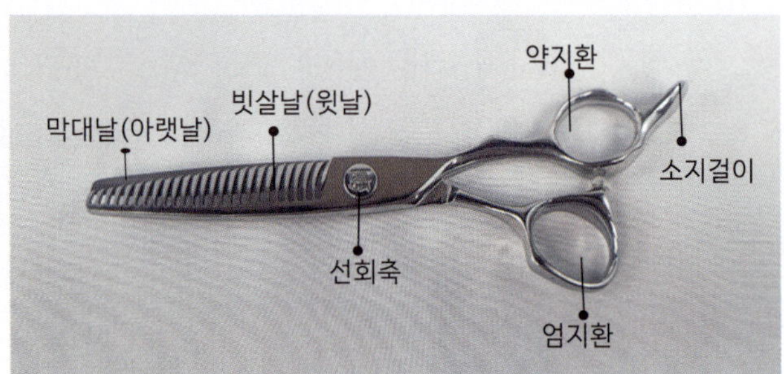

2. 이용 가위의 분류 및 사용법

1) 분류
- 용도에 따른 분류
- 커팅가위: 모발의 길이를 자르는 일반적인 커트용 가위
- 틴닝가위: 길이는 유지하면서 모발의 숱(질감)을 감소시키는 가위

2) 재질에 따른 분류
- 착강 가위: 날(특수강)과 몸통(연강)을 서로 다른 재질로 접합한 가위
- 전강 가위: 가위 전체를 하나의 특수강으로 제작한 가위

3. 가위 파지 및 개폐 방법

- 손가락 위치: 약지 환에 약지를 끼우고, 소지걸이에 새끼손가락을 얹는다.
- 엄지 배치: 가위 끝이 작업자 쪽으로 사선이 되게 한 후, 엄지 환에 엄지 끝(완충면)을 살짝 걸친다.
- 고정 및 개폐: 검지와 중지를 가위 등 위에 가볍게 굽혀 지지한다.
- 주의사항: 개폐 시 가위 끝이 검지 관절 밖으로 나가지 않도록 주의하며 엄지만 움직여(동날 원리) 조작한다.

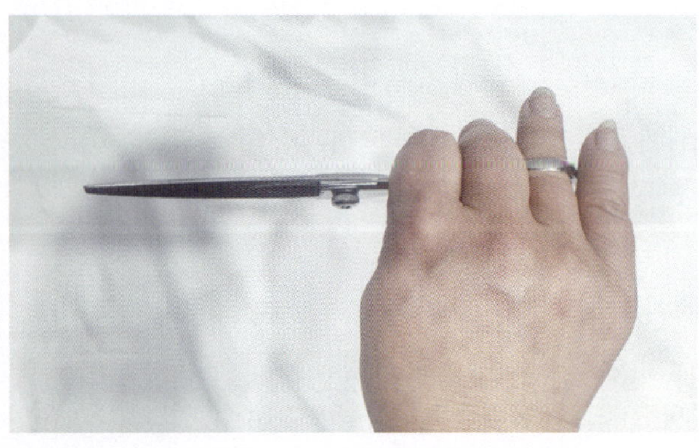

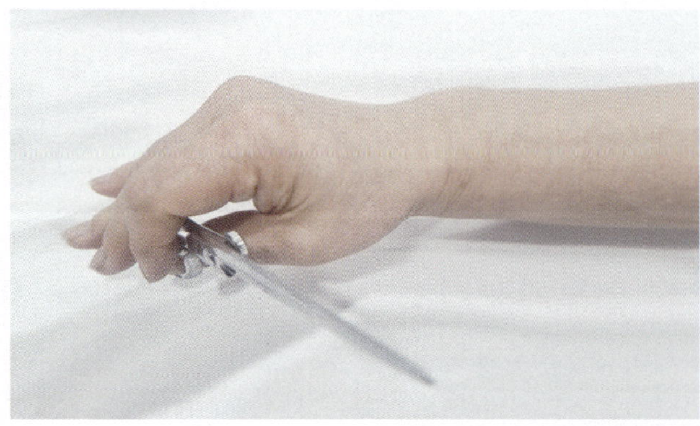

4. 빗의 구조와 명칭

① 빗의 역할

– 빗은 모발을 체계적으로 정리하고 분배하는 가장 기본적인 도구이다. 커트 시 다음과 같은 핵심적인 역할을 수행한다.
- 모발 정렬: 모근에서 모선까지 모발을 엉킴 없이 균일하게 정렬한다.
- 정확도 향상: 커트 시 요구되는 정확한 각도, 길이, 형태를 유지할 수 있도록 돕는다.
- 텐션 조절: 모발을 빗어 넘기거나 잡을 때 일정한 힘(텐션)을 전달하여 커트 선의 정밀도를 높인다.

② 빗의 구조와 명칭

– 일반적으로 이용 커트에 사용되는 빗은 하나의 몸체에 두 가지 기능이 결합된 형태가 많다.
- 빗등(Back): 빗의 몸체가 되는 두꺼운 부분으로, 손으로 잡거나 각도를 조절할 때 기준이 된다.
- 빗살(Teeth): 직접 모발에 닿는 부분으로, 간격에 따라 두 부분으로 나뉜다.
- 거친 살(Coarse Teeth): 빗살 간격이 넓은 부분. 모발의 양이 많을 때나 처음 정렬할 때 사용한다.
- 고운 살(Fine Teeth): 빗살 간격이 촘촘한 부분. 세밀한 커트나 마무리를 할 때 사용한다.

② 빗의 종류 및 특징

– 용도와 디자인에 따라 크게 다음과 같이 구분한다.

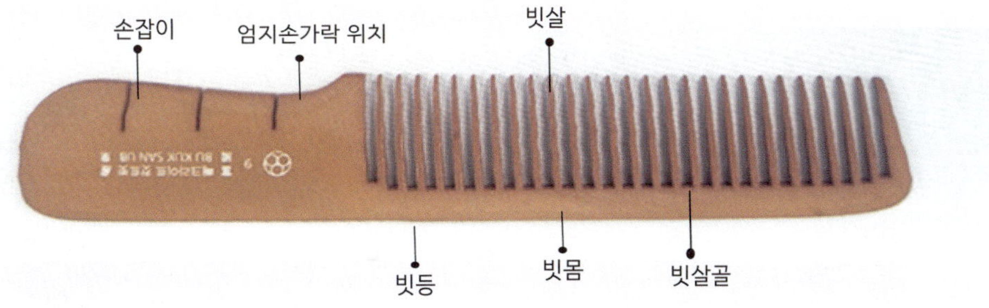

5. 이용의 주요 커트 기법

거칠게 깎기	둥근 스포츠형 커트에서 사용하는 초벌 깎기 기법
지간 깎기	빗질한 모 다발을 왼손 검지와 중지 사이에 끼고 커트하는 방법
연속 깎기	두피 면에 따라 빗을 전진시키면서 연속적으로 커트하는 방법
밀어 깎기	빗살 끝을 두피 면에 대고 깎아나가는 방법
끌어 깎기	가윗날의 끝은 왼손의 업지 바닥 면 위에 고정한 후 시술자 앞으로 당겨주며 연속으로 커트하는 기법
떠올려 깎기	아래서부터 빗으로 모발을 떠내어 빗살 밖으로 나온 모발을 잘라 형태를 만들며 상향으로 커트하는 기법
소밀 깎기	네이프 부분을 소형 빗살 위에 가위를 대고 연속으로 깎기 기법
수정 깎기	스타일을 마무리할 때에 수정하는 커트 기법

14 이용커트기법

6. 테이퍼링

테이퍼링(Tapering)은 '점점 가늘어지다'라는 뜻으로, 모발의 숱을 감소시킨다는 의미이다.

엔드 테이퍼링(End tapering)	모발의 끝에서 1/3지점부터 테이퍼링 하는 것
노멀 테이퍼링(Normal tapering)	모발의 끝에서 1/2지점부터 테이퍼링 하는 것
딥 테이퍼링(Deep tapering)	모발의 끝에서 2/3지점부터 테이퍼링 하는 것

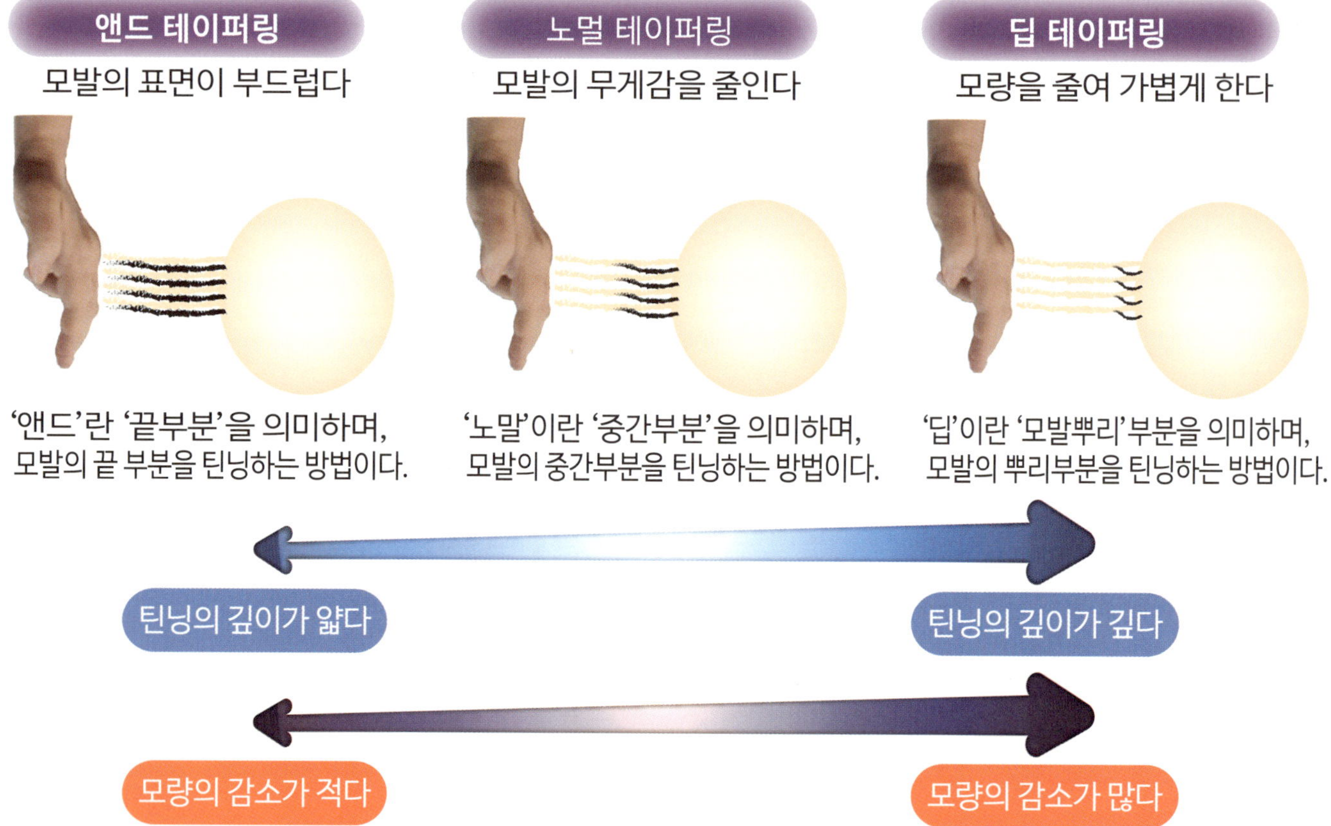

틴닝의 목적 :
틴닝이란 흔히 '숱가위'로 불리는 틴닝 가위(Thinning Shears)의 주요 목적은 모발의 길이를 유지하면서 모량(숱)을 조절하고 질감을 표현하는 것이다.

틴닝의 특징 :
- 모량 감소(Weight Removal) : 모발의 길이는 자르지 않은 채 전체적인 무게감을 줄여 머리를 가볍게 만든다.
- 질감 및 움직임 부여(Texturizing) : 뭉쳐 있는 모발 사이에 공간을 만들어 자연스러운 다발감과 율동감을 준다.
- 부드러운 연결(Blending) : 가위로 자른 뒤 생기는 부자연스러운 경계선을 제거하여 스타일을 부드럽게 연결한다.
- 볼륨 조절 : 모발의 위치에 따라 볼륨을 살리거나 죽여 전체적인 헤어 스타일의 밸런스를 맞춘다.

7. 클리퍼

1871년 바리깡을 만든 프랑스 국적의 '바리캉 마르' 라는 회사의 명칭이 제품 이름으로 전용 흔히
바리깡이라고 하며 최근에는 클리퍼(Clipper)로 명칭하고 커트할 때 사용하는 전동식 기계

클리퍼의 사용 방법 :

1) 사전 준비
모발 상태 확인 : 모발은 건조하거나 아주 약간의 습기가 있는 상태가 가장 적당합니다. 오염물이 있으면 날이 쉽게
　　　　　　　무뎌지므로 샴푸 후 완전히 말린 상태에서 사용하는 것이 권장된다.
길이 설정 : 초보자는 가장 긴 가이드 빗(탭)을 먼저 장착하여 조금씩 잘라내며 길이를 조절하는 것이 안전하다.

2) 기본 조작 및 커트 기법
방향 : 머리카락이 자라는 반대 방향(역방향)으로 클리퍼를 움직여야 균일하게 잘린다.
동작 : 밑에서 위로 부드럽게 밀어 올리듯 움직입니다. 이때 두상의 곡면에 맞추되, 위로 갈수록 클리퍼를 바깥쪽으로
　　　살짝 띄우는 'C-스트로크' 기법을 사용하면 자연스러운 그라데이션을 만들 수 있다.
파지법 : 넓은 부위는 손바닥으로 감싸듯 잡고, 귀 주변이나 세밀한 라인은 연필을 잡듯 잡는 '펜슬 기법'을 사용하여
　　　정확도를 높입니다.

3) 부위별 팁
옆면/뒷면 : 목덜미 헤어라인에서 시작해 위쪽으로 밀어 올립니다.
윗면: 앞쪽에서 뒤쪽 방향으로 부드럽게 밀어 길이를 맞춥니다.
라인 정리 : 가이드 빗을 제거한 날(0.5mm 수준)이나 트리머를 90도 각도로 세워 구레나룻과 뒷머리 라인을 깔끔하게
　　　정리한다.

4) 주의사항 및 유지관리 (2025년 기준 필수)
과도한 압력 금지 : 피부에 너무 세게 누르면 날에 찝히거나 길이 조절 빗 설정이 변해 파이는 사고가 날 수 있으니 가벼운
　　　　　　　압력만 유지한다.
날 세척 및 오일링 : 사용 후에는 전용 솔로 머리카락을 제거하고, 날의 마찰 부위에 윤활유를 1~2방울 떨어뜨려야 절삭력
　　　　　　　이 유지되고 발열을 방지할 수 있다.
날 교체 : 주기적인 사용 시 6~12개월마다 날을 교체하는 것이 위생과 성능 유지에 좋다.

'C-스트로크' 기법이란?

클리퍼를 모류의 역방향으로 올릴 때
'C'모양의 포물선을 만들어야 한다.
클리퍼의 각도에 따라 만들어지는
그라데이션의 길이가 달라진다.

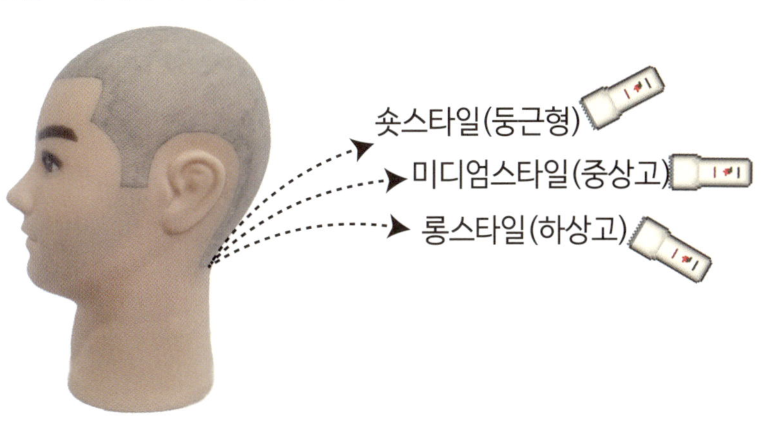

⑭ 이용커트기법

8. 두상과 헤어라인 명칭

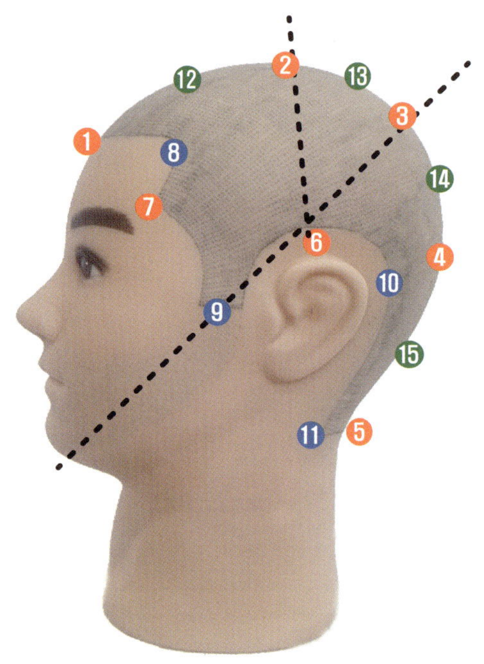

번호	기 호	명 칭
1	C.P	센터 포인트 (Center point)
2	T.P	톱 포인트 (Top point)
3	G.P	골덴 포인트 (Golden point)
4	B.P	백 포인트 (Back point)
5	N.P	네이프 포인드 (Nape point)
6	E.P	이어 포인트 (Ear point)
7	S.P	사이드 포인트 (Side point)
8	F.S.P	프론트 사이드 포인트 (Front side point)
9	S.C.P	사이드 코너 포인트 (Side coner point)
10	E.B.P	이어 백 포인트 (Ear back point)
11	N.S.P	네이프 사이드 포인트 (Nape side point)
12	C.T.M.P	센터 톱 미디움 포인트 (Center top medium)
13	T.G.M.P	톱 골덴 미디움 포인트 (Top golden medium)
14	G.B.M.P	골덴 백 미디움 포인트 (Golden back medium)
15	B.N.M.P	백 네이프 미디움 포인트 (Back nape medium)

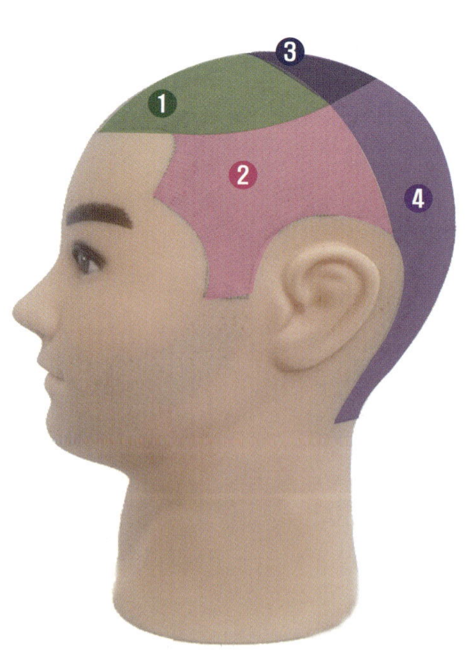

① 전두부 (Top)

② 측두부 (Side)

③ 두정부 (Crown)

④ 후두부 (Nape)

9. 두상의 분할

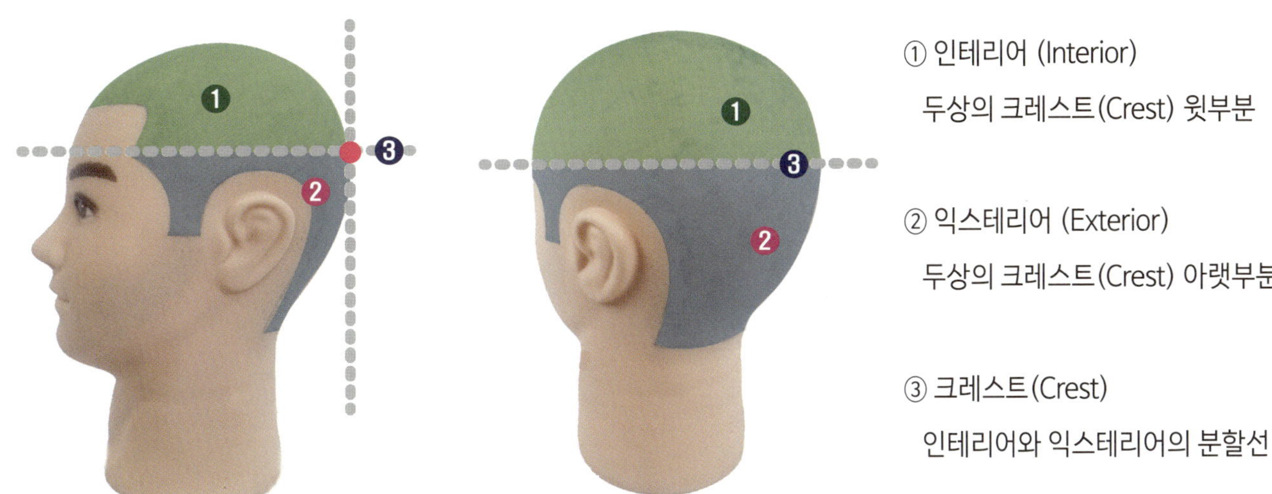

① 인테리어 (Interior)

  두상의 크레스트(Crest) 윗부분

② 익스테리어 (Exterior)

  두상의 크레스트(Crest) 아랫부분

③ 크레스트(Crest)

  인테리어와 익스테리어의 분할선

10. 두상의 분할라인

① 정중선(Center Line) - 센터 포인트에서 네이프 포인트까지 좌우로 분할 선

② 측중선(E.E.L-Ear To Ear Line) - 좌우의 귀를 세로로 잇고 두상 부위 측면을 전후로 이동

③ 수평선(H.L-horizontal line) - E.P의 높이를 가로로 잇고 두상 부위 측면을 상하로 이등분하는 선

④ 측두선 - 양측 프런트 사이드 포인트(F.S.P)에서 측중선까지 연결하는 선

⑤ 리섹션라인(U Line) - 양측 프런트 사이드 포인트(F.S.P)에서 G.P를 지나 반대편 F.S.P를 연결하는 선

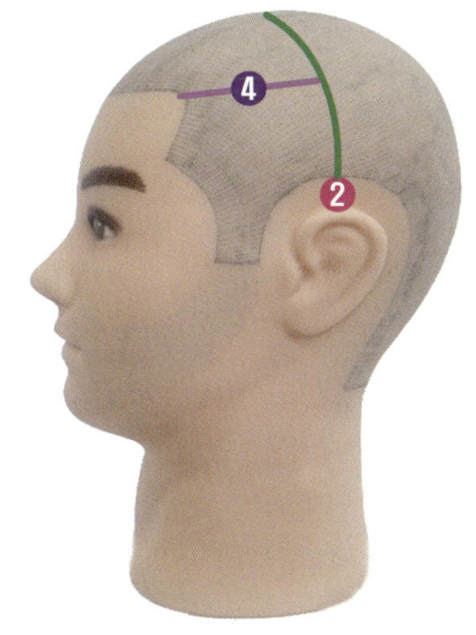

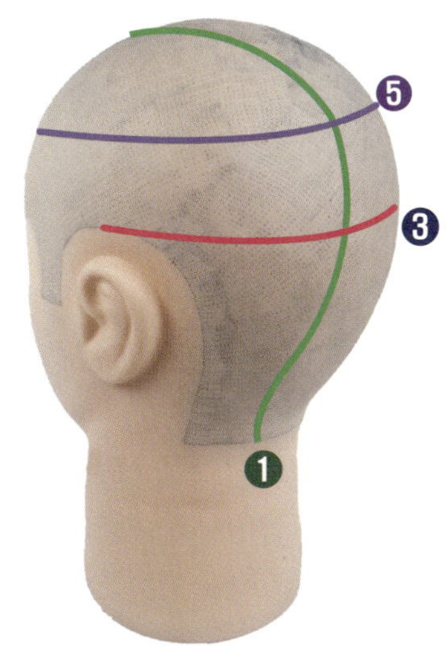

Barber Base

8. 베이스 : 베이스는 커트의 뼈대이며, 스타일의 약 70% 이상을 결정한다.

1) 베이스란 무엇인가?
모발을 처음 자를 때 기준이 되는 라인이다. 커트의 형태(Form) 와 무게감(Weight) 을 결정
이후 들어가는 레이어, 질감 처리의 기준점이다.
• 베이스가 흐트러지면 아무리 드라이 스타일링을 잘해도 형태가 무너진다.

2) 베이스의 주요 종류
① **솔리드 베이스 (Solid Base)** : 한 길이로 무겁게 떨어지는 베이스
 - 컷 각도 : 0°
 - 특징 : 무게감 있음, 선이 또렷함, 볼륨은 적음,
 - 대표 스타일 : 보브컷, 단발 일자, 클래식한 커트
 - 이미지 : 차분하고 단정한 느낌, 볼륨이 잘 안 살아남

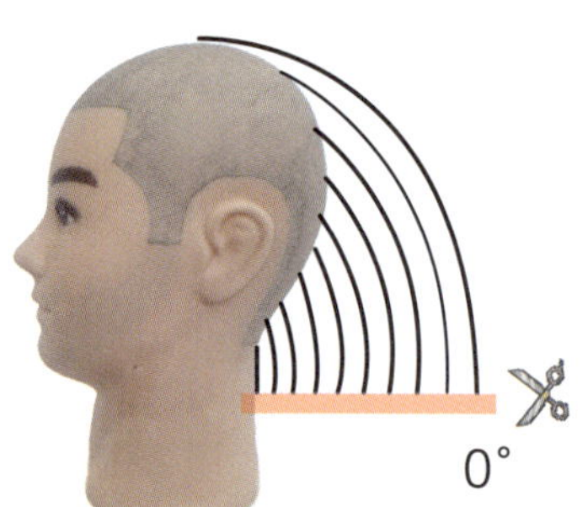

② **그래쥬에이션 베이스 (Graduation Base)** : 아래는 짧고 위로 갈수록
    길어지는 베이스
 - 컷 각도 : 약 30~60°
 - 특징 : 무게와 볼륨의 균형, 목선이 예쁨,
 - 대표 스타일 : C컬 단발, 클래식 보브, 여성스러운 단발
 - 이미지 : 볼륨이 자연스럽게 생김 •두상 보완에 좋음

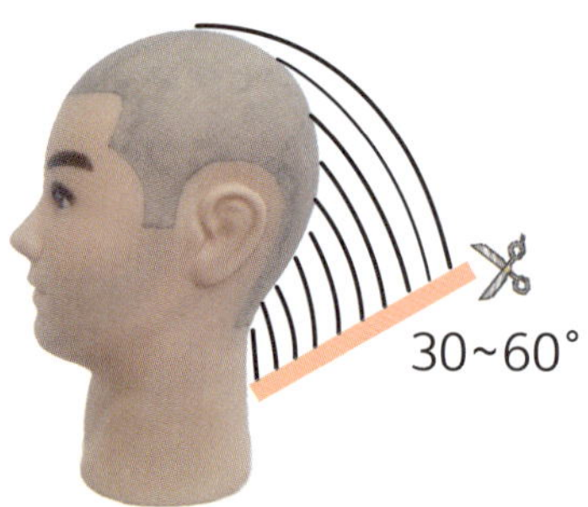

③ **인크리스 레이어 베이스 (Increased Layer Base)** :
    위로 갈수록 점점 짧아지는 베이스
 - 컷 각도 : 90° 이상
 - 특징 : 가벼움, 움직임 많음
 - 대표 스타일 : 레이어드 컷, 허쉬컷, 샤기컷
 - 가볍고 트렌디 / ✖ 정돈되지 않으면 부스스해 보일 수 있음

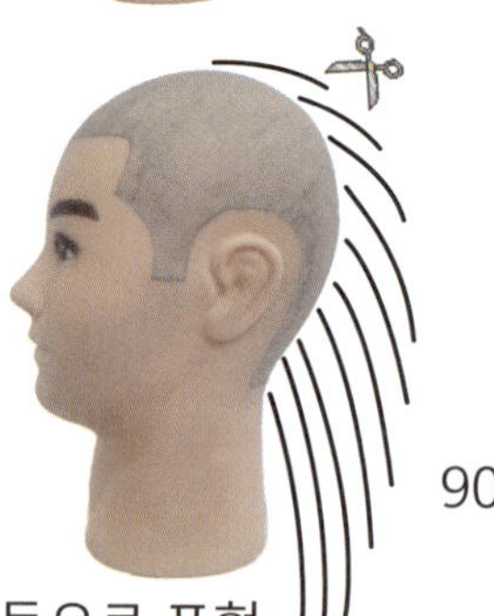

3) 베이스와 라인의 관계 : 실제로 커트의 외곽선으로 일자 / V라인 / U라인 등으로 표현
 - 얼굴형·목 길이·체형 보완에 중요

4) 베이스 설정 시 중요한 포인트 : 두상 형태 / 모발의 밀도 & 굵기 / 자연 모류(가마, 뜨는 방향)
 - 원하는 이미지 (무거움 vs 가벼움)
 - 같은 형태의 디자인 이라도 베이스만 달라지면 전혀 다른 스타일이 된다.

5) 베이스의 기본

• 온 더 베이스(on the base)

모발을 중심으로 모아서 동일한 길이로 커트하면 둥근(round)
형태가 만들어진다.
당기거나 기울이지 않고 해당 부위의 자연스러운 기준선에 정확히
수직인 각도를 말한다.

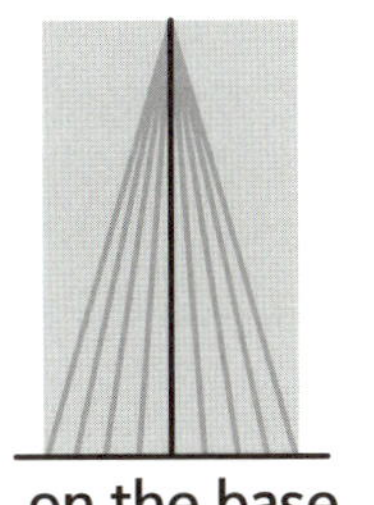

• 사이드 베이스(side base)

모 다발의 한쪽 면이 직각이 될 수 있도록 당겨 잡고 모발의 길이가
점점 길어지거나 한쪽이 짧아지게 된다. 즉 모발 베이스 중앙이
아닌 측면(사이드) 방향으로 당겨서 커트하는 베이스 위치이다.

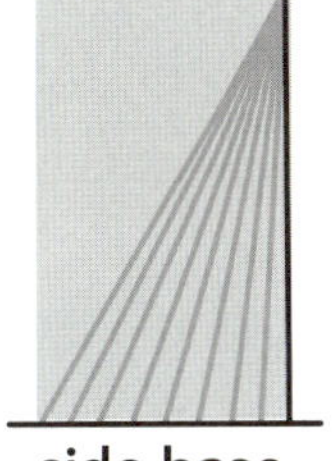

• 오프더베이스(off the base)

모발의 커트 베이스(기준섹션) 에서 벗어난 방향으로 당겨서 커트하면
급격한 길이 변화가 생기다. 모 다발의 한쪽 면이 사이드베이스를
벗어나게 잡아 오프더베이스로 커트하며 삼각(triangular, A-라인)
형태가 만들어진다.

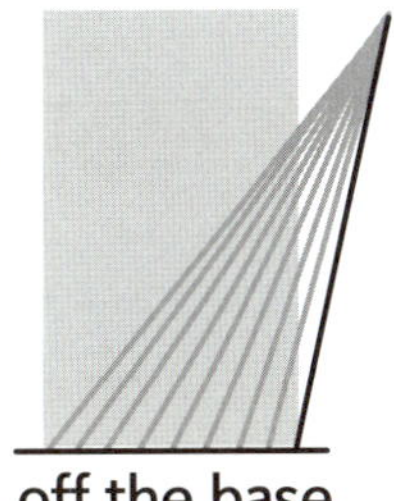

• 프리 베이스(Free base)

자연스럽게 길어지거나 짧아진다.
온 더 베이스와 사이드 베이스 중간의 베이스로 급격한 변화를 원하지
않을 때 사용한다.

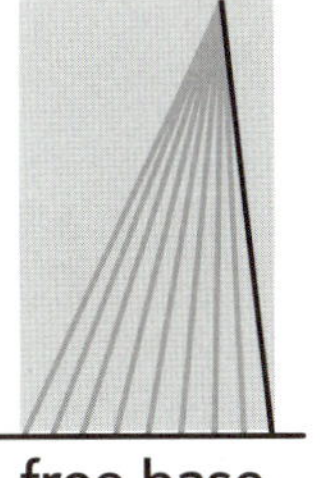
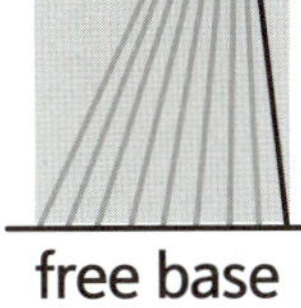

• 트위스트 베이스(Twist base)

섹션을 잡았을 때 양변의 각도가 직각인 경우에 한쪽의 접점이 사이드
베이스이거나 오프더 베이스가 될경우에는 패널을 잡는 손이 일정하지
않고, 비스듬히 잡는다.
베이스의 개념을 급격한 변화를 요구할 때 사용한다(베이스를 좌. 우
로 비스듬이 잡는다).

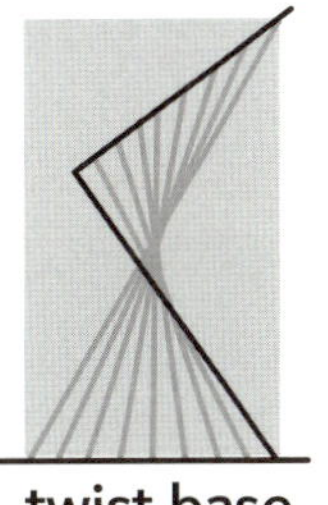

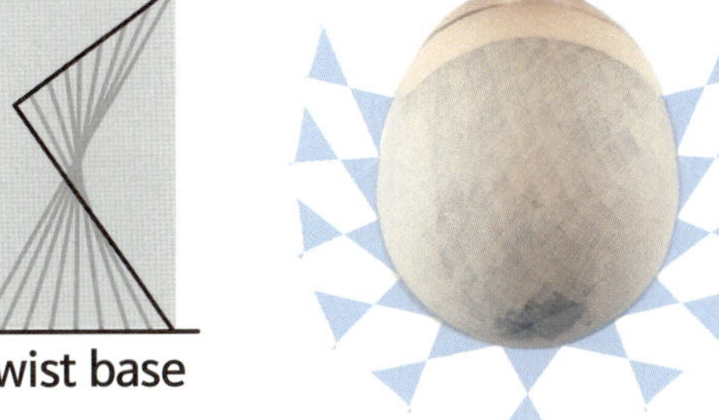

2

이용사 실기시험

1. 기구 정비 및 소독술

2. 헤어커트(하상고,중상고,둥근형)

3. 면 도

4. 염색(탈색, 멋내기염색, 새치염색)

5, 세발술(샴푸트리트먼트, 두피스케일링)

6. 정발(드라이)

7. 아이론(12mm, 6mm)

1단계
기구정비 및 소독술
Disinfection

이용기구 소독 및 정비 (5분)

① 이용기구 소독

소독(Disinfection)의 정의

이용사 시험에서의 소독이란 병원성 미생물의 생활력을 파괴하거나 제거하여 감염 위험을 없애는 것을 말한다. 이용 기구는 고객의 피부와 직접 닿으며, 특히 면도기나 클리퍼 등은 미세한 상처를 통해 혈액 매개 감염을 일으킬 수 있으므로 화학적 소독(에탄올)과 물리적 소독을 병행하여 공중보건 위생을 확보하는 것이 목적이다.

② 소독 준비물

1. 이용 도구 재료 소독

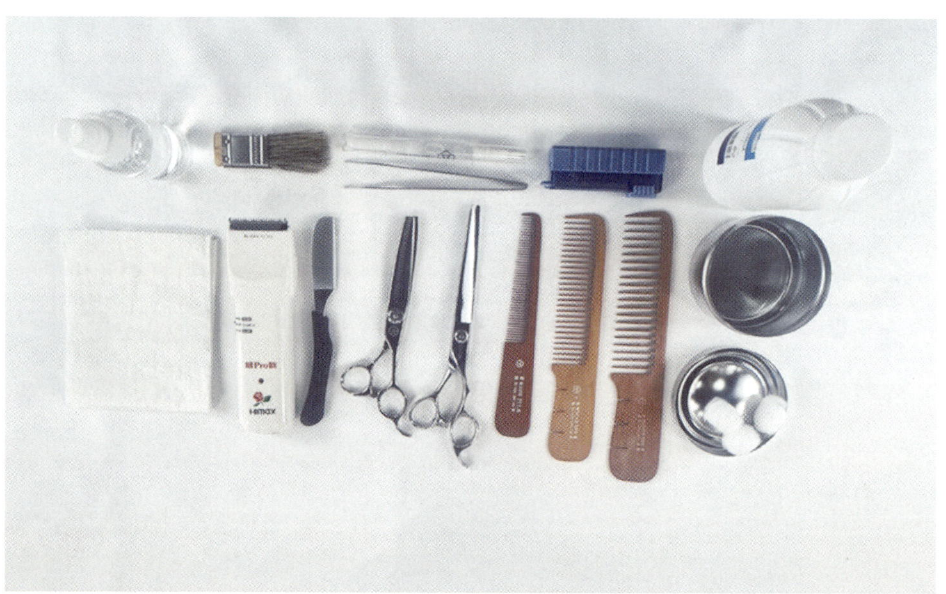

공개문제

2. 작업내용
소독약(에탄올)을 사용하여 작업에 사용될 가위, 빗, 면도기, 클리퍼를 소독하고, 가위와 클리퍼를 오일을 사용하여 정비한다 (면도기는 소독 후 면도날을 끼워서 조립하고, 클리퍼의 경우 몸체와 날을 분리하여 소독 후 재결합 한다).

3. 작업 순서
• 기구 분해하기 → 기구 소독하기 → 오일정비하기 → 정리 정돈하기

4. 유의사항
• 가위(장가위, 틴닝가위), 빗(대,중,소), 면도기, 클리퍼를 소독하기
• 소독약의 취급, 소독처리 및 클리퍼 재결합에 유의한다.

③ 소독 및 기구정비 세부 순서

1. 소독약(에탄올) 제조 및 준비

- 에탄올 농도 조절 : 시중의 소독용 에탄올(약 83%)을 그대로 사용하여 75%~85% 농도를 유지한다.
- 소독 용기 준비 : 소독컵이나 용기에 에탄올을 적당량 붓는다.
- 탈지면 준비 : 소독약을 적신 탈지면을 준비하여 기구를 닦을 준비를 한다.

2. 기구별 세부 소독 및 정비

A. 에탄올로 손소독한다.

B. 전기 클리퍼 분리 소독: 본체와 날을 분리하여 브러시로 머리카락을 제거한 후 날 부위를 소독액에 담그기

C. 가위 & 빗 : 소독약이 묻은 탈지면으로 빗살 사이와 가위 날의 안팎을 꼼꼼히 닦기

D. 면도기 : 면도기 몸체를 소독액으로 닦기

E. 면도날 끼우기 : 소독된 본체에 새 면도날을 조심스럽게 장착하기 (이때 손을 베이지 않도록 주의)

F. 소독액 제거 : 클리퍼 날을 소독액에서 건져 수독액을 제거한다(이때 물기가 남아 있으면 감점이 된다).

G. 재결합 및 오일링 : 클리퍼 본체에 다시 앞날을 조립한 후, 마찰 부위에 오일을 1~2방울 떨어뜨려 부드럽게 작동하는지 확인하기(이때, 오일이 흘러 나오지 않도록 주의한다)

H. 마무리 : 사용한 탈지면은 폐기물 봉투에 버리고, 정비가 끝난 기구는 깔끔하게 순서대로 세팅한다.

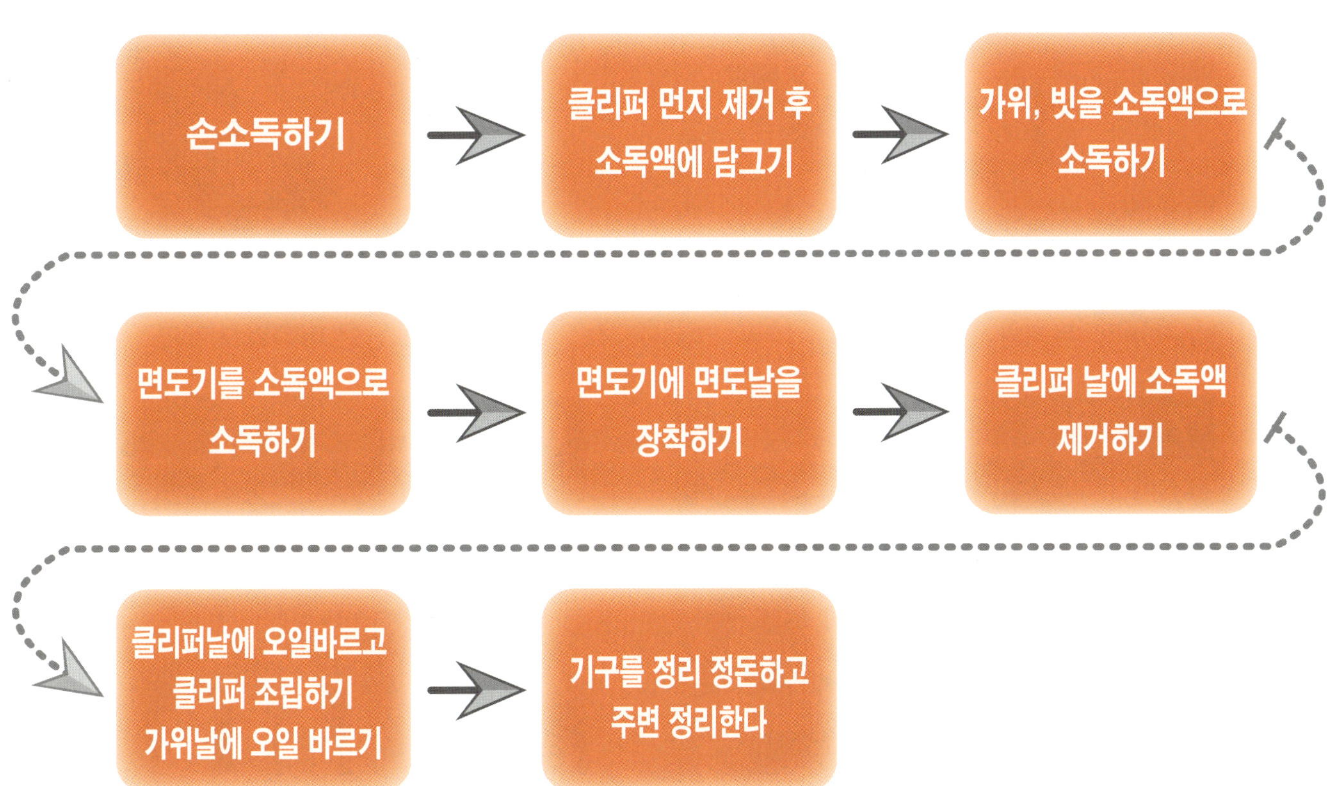

④ 이용기구 소독 작업과정

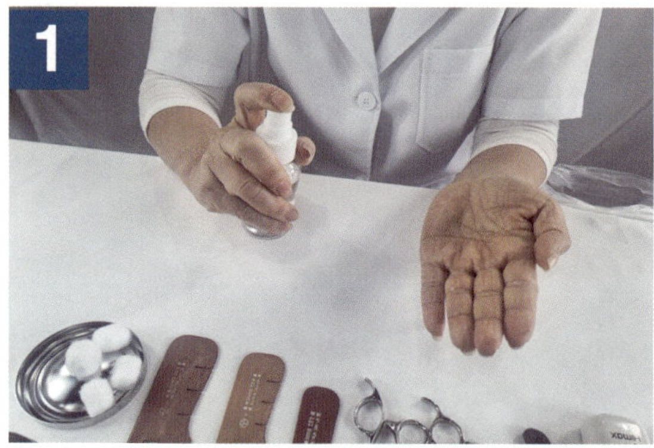

손 소독하기

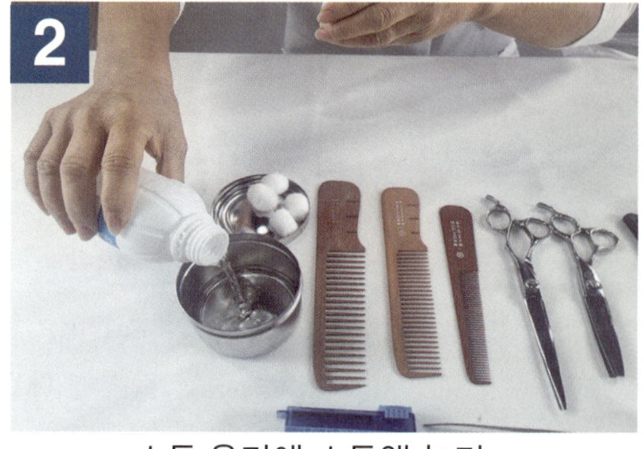

소독 용기에 소독액 놓기

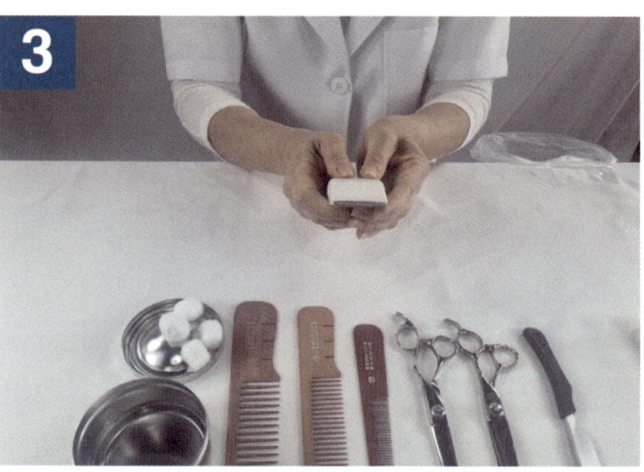

클리퍼 앞날 분해과정

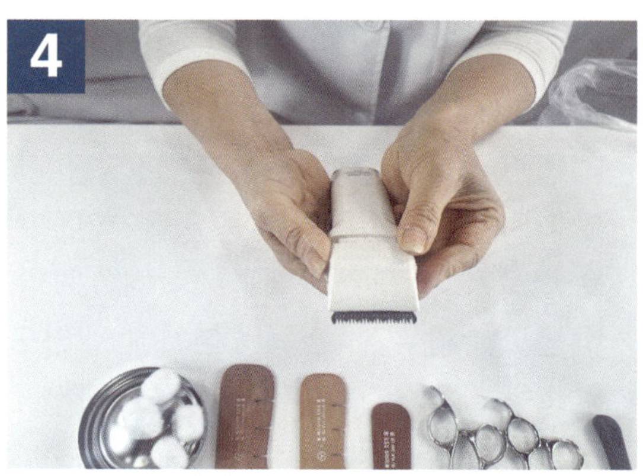

클리퍼 앞날을 분해하기

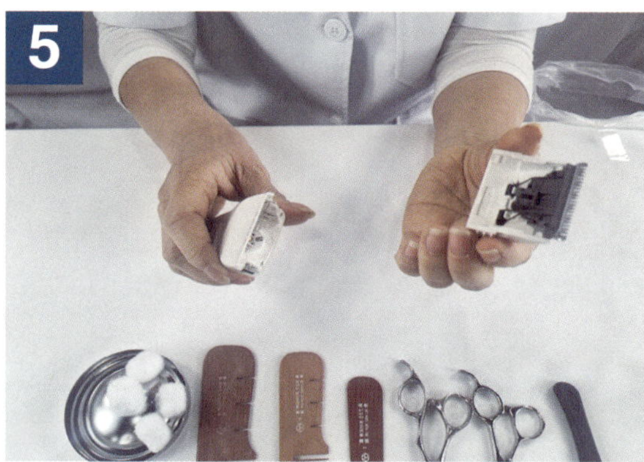

본체와 날을 분리하기

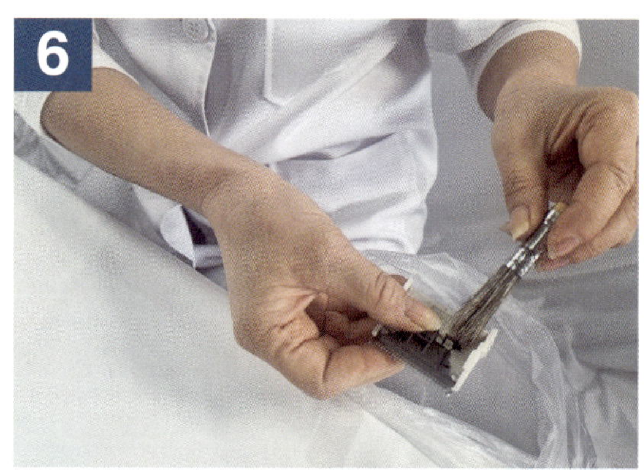

브러시로 남은 머리카락 제거

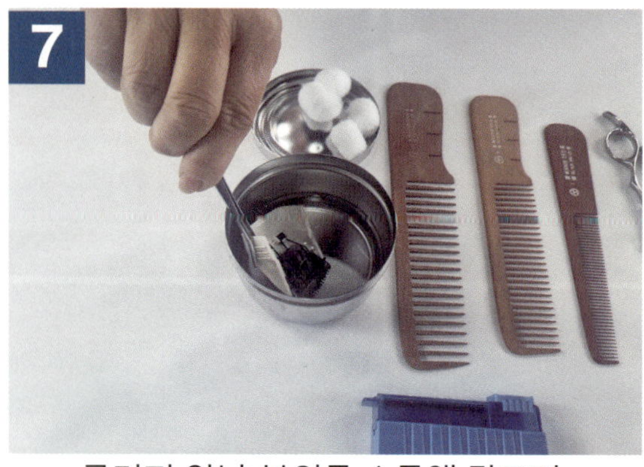

클리퍼 앞날 부위를 소독액 담그기

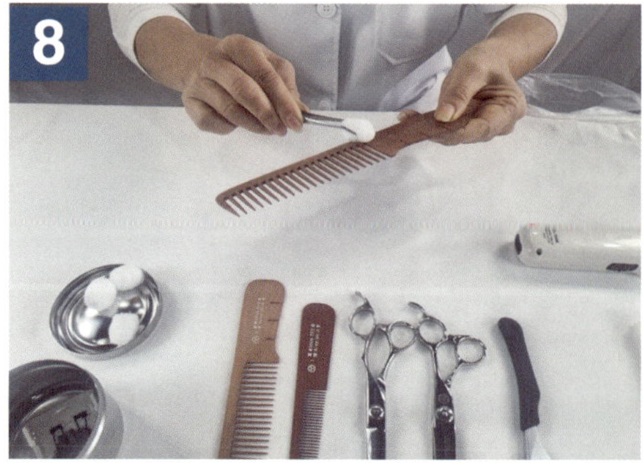

탈지면에 묻혀 대빗 소독하기

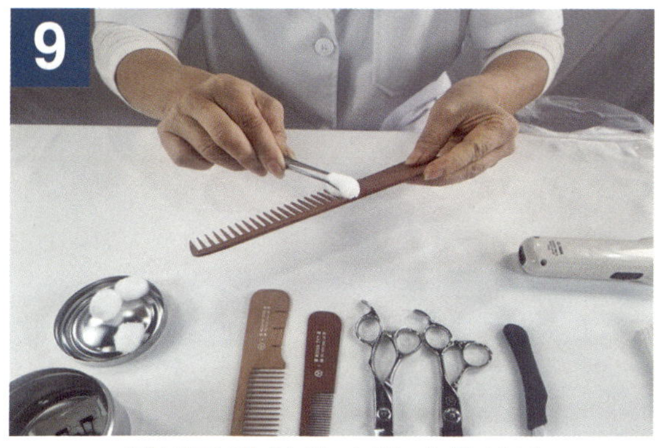

탈지면에 묻혀 소빗 소독하기

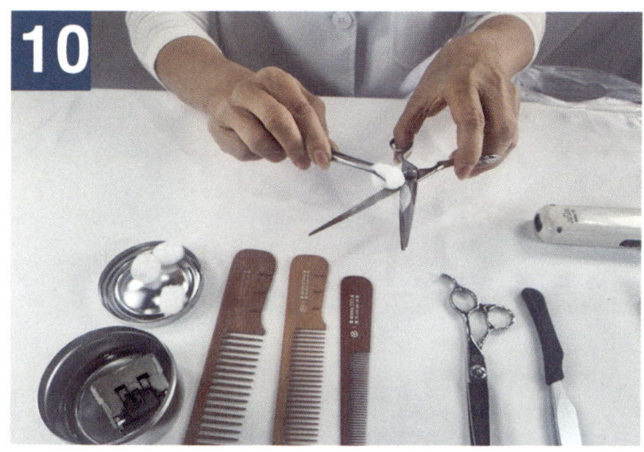

탈지면에 묻혀 장가위 소독하기

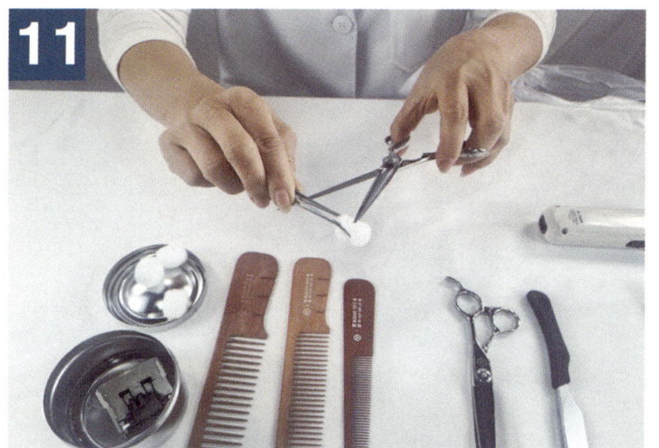

탈지면에 묻혀 틴닝가위 소독하기

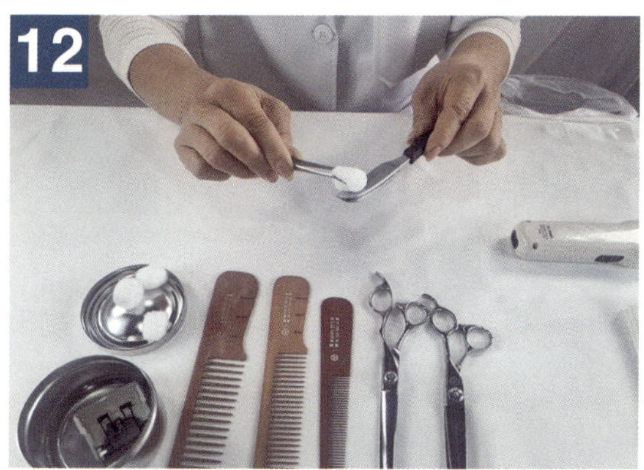

탈지면에 묻혀 면도기 소독하기

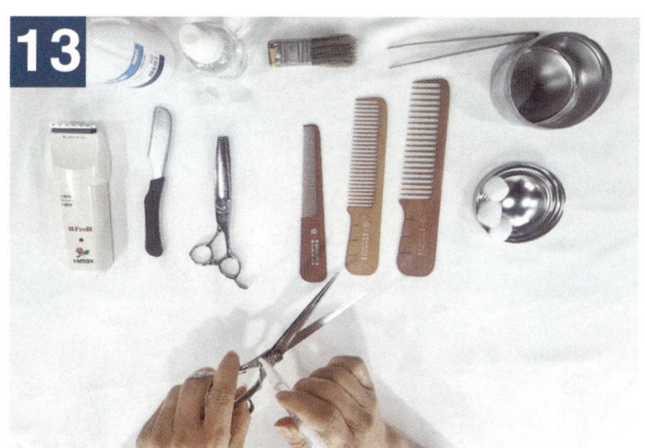

장가위 앞면 오일 바르기

장가위 뒷면 오일 바르기

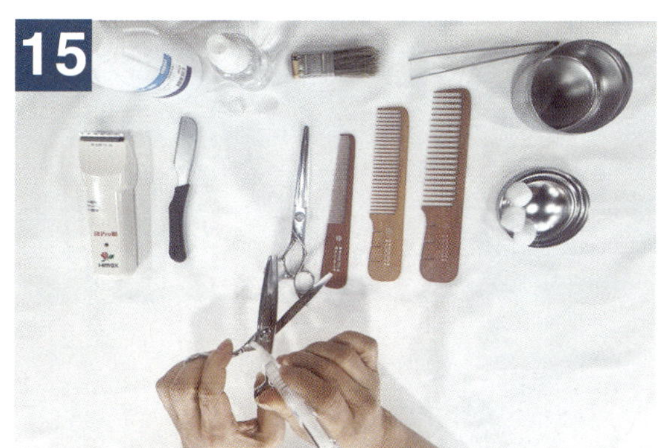

틴닝가위 앞면 오일 바르기

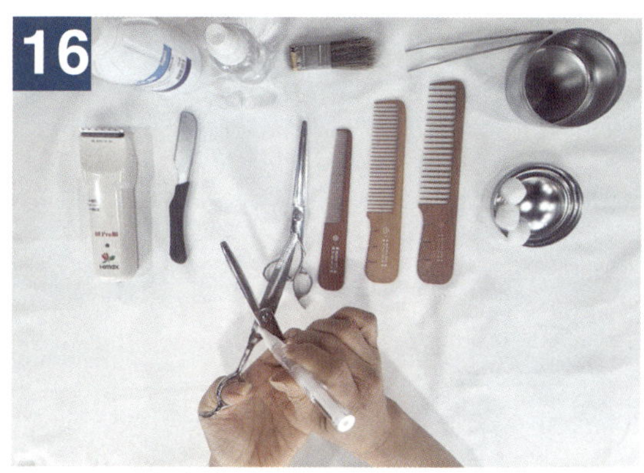

틴닝가위 뒷면 오일 바르기

❹ 이용기구 소독 작업과정

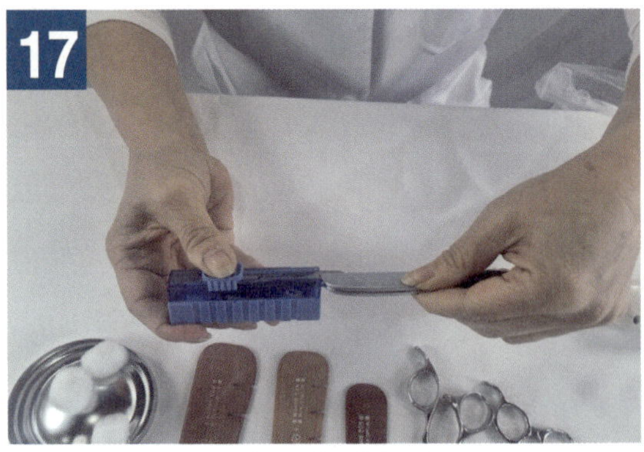

면도날 끼우기

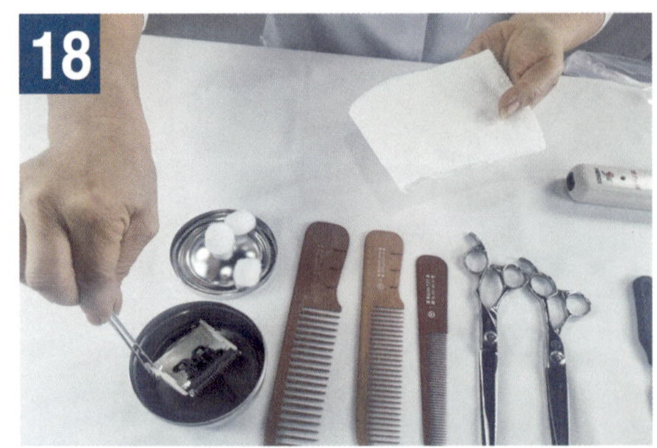

클리퍼 앞날 소독액에서 꺼내기

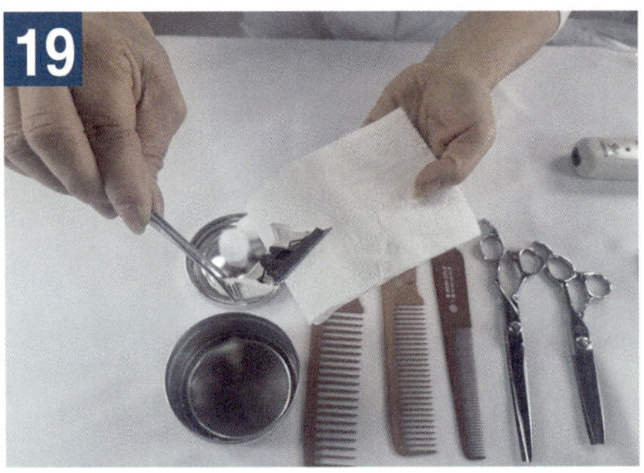

클리퍼 앞날을 키친 타올에 올려놓기

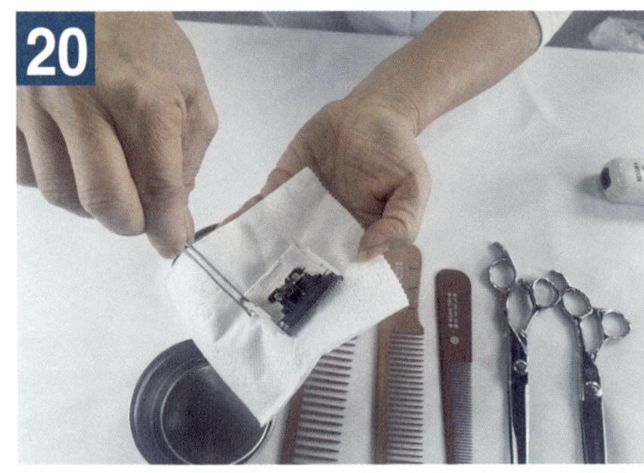

클리퍼 앞날을 키친타올에 올려놓고 닦기

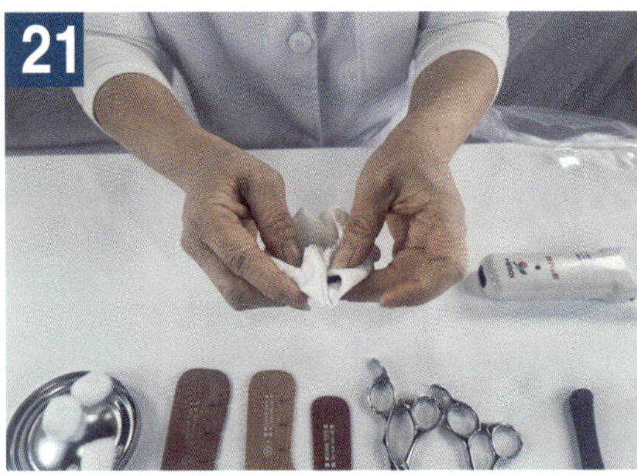

클리퍼에 남은 소독액을 깨끗이 제거하기

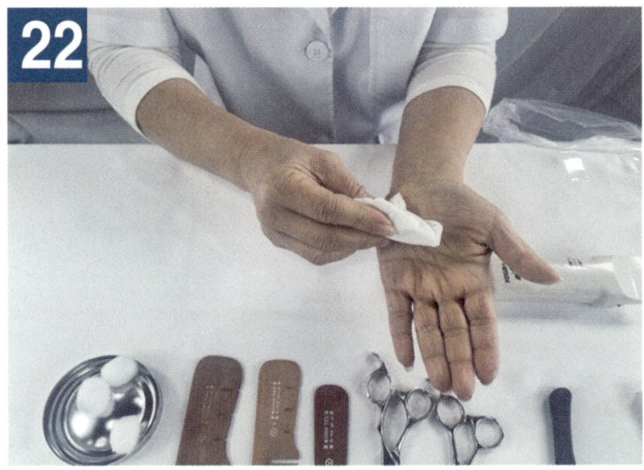

클리퍼에 남은 소독액을 완전히 제거

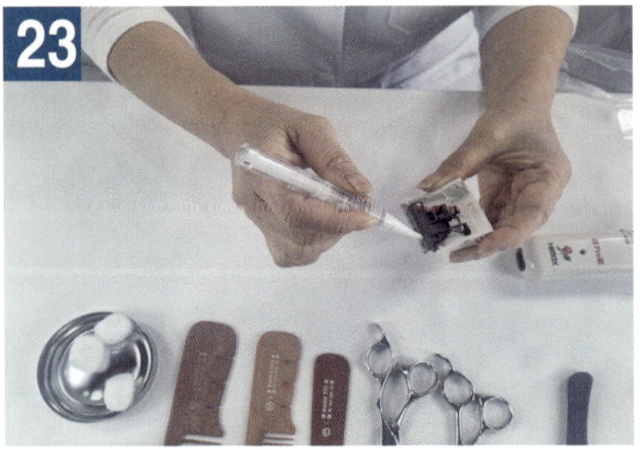

클리퍼 앞날에 오일 바르기

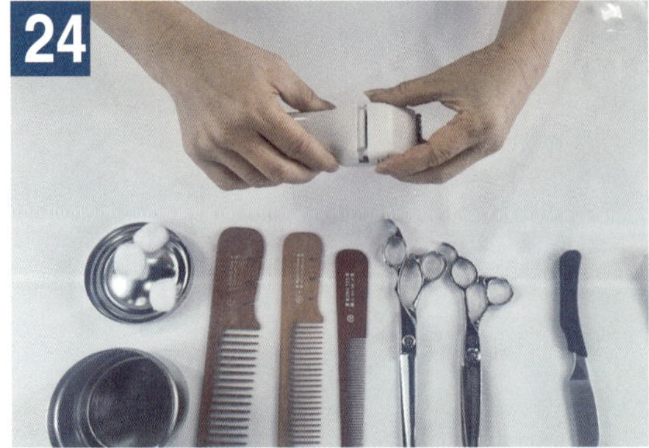

클리퍼 날 본체와 조립과정

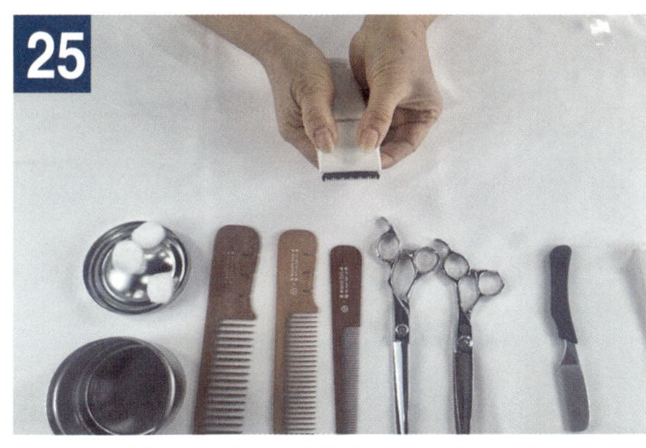

클리퍼 날을 본체와 조립하기

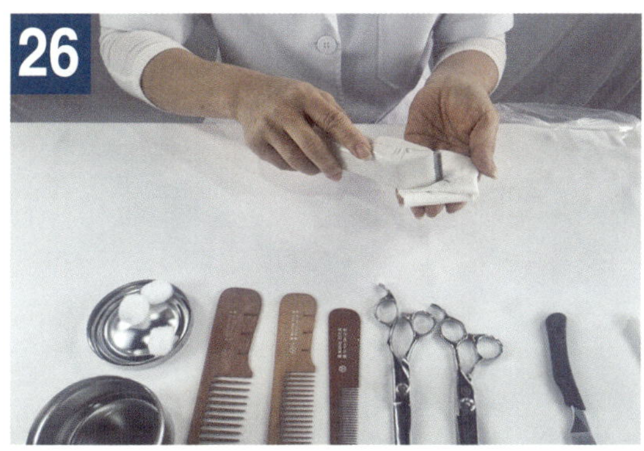

클리퍼에 묻은 오일 제거

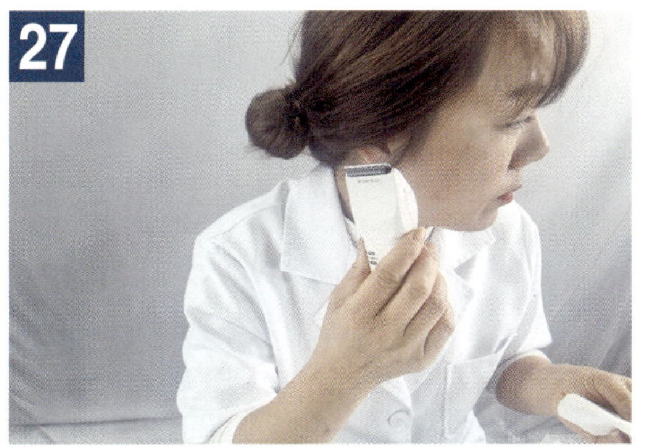

클리퍼 작동이 되는지 확인

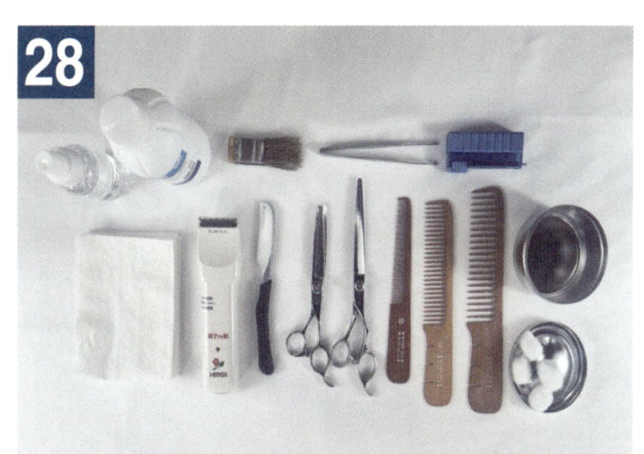

정리 정돈하기

⑤ 기구정비 및 소독술 과정에서 만점 받는 방법

1. 클리퍼와 가위의 상태가 위생적으로 정비가 된 상태로 시험장에 가져간다.
2. 알코올이 바닥에 떨어지지 않도록한다.
3. 기구나 도구에 소독액으로 인한 얼룩이 발생되지 않도록 마른 휴지로 잘 닦는다.
4. 오일이 클리퍼에서 새어나오지 않도록 유의한다.
5. 알코올용액에 머리카락이 나오면 감점 대상이므로 유의한다.
6. 순서대로 하되 위생적으로 작업할 수 있도록 한다.

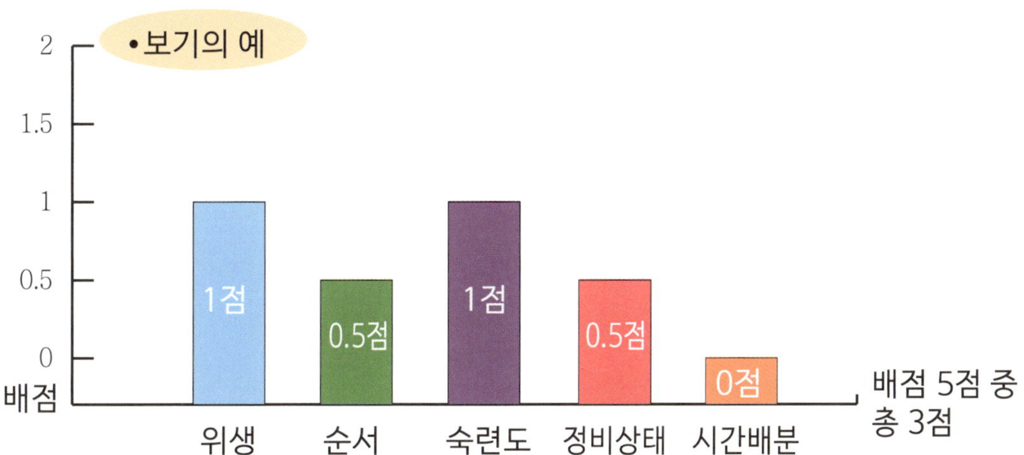

Barber Practical Exam

2단계
헤어커트(하상고)
Disinfection

① 하상고의 이해 및 정의

하상고는 상고머리 형태 중 색채(그라데이션)의 위치가 가장 낮은 스타일이다. 네이프 라인(목덜미) 기준 약 2cm 범위내에서 짧게 깎아 올리며, 전체적으로 중후하고 단정한 느낌을 주는 이발의 기초 형태이다.

• **핵심포인트: 낮은 각도 유지, 자연스러운 연결(Blending), 대칭성**

② 커트 준비물

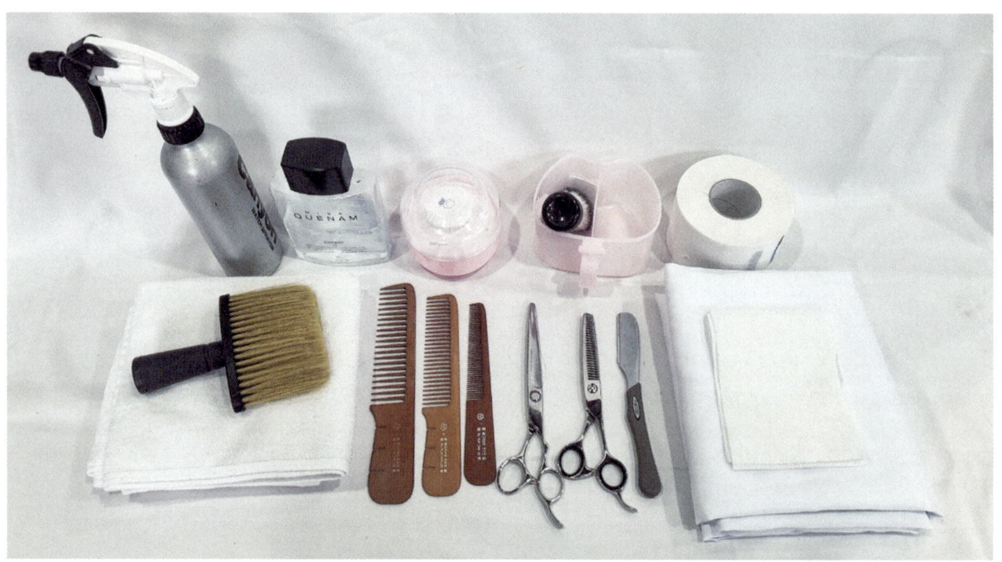

2. 작업내용

가위를 사용하여 도면과 같이 머리카락이 귀 부분을 덮지 않은 단정한 머리형으로 조발한다
(단, 지간깍기는 전두부에서부터 후두부 상단, 양측두부, 후두부 순으로 진행하고, 하단부 그라데이션은
넥라인(목 뒷부분) 2cm정도, 사이드라인 1cm 정도로 표현한다).

3. 작업 순서

• 커트보 치기 → 머리 물 분무하기 → 가르마타기(빗질하기) → 지간깍기 → 하단부 떠내깍기
숱고르기 → 하단부 그라데이션 만들기 →싱글링 연결커트하기 → 첨가분 칠하기 →수정커트
옆선 및 뒷선 정리하기 → 머리카락 털기 및 커트보 정리하기 → 뒷면도하기 →정리정돈 하기

4. 유의사항

• 두발은 남성적이며, 자연스럽게 연결되고, 전체적인 색조와 균형이 이루어지도록 한다.
•'숱고르기'는 틴닝가위, 이외에는 장가위를 사용한다.

③ 하상고 세부 순서

1. 위생 및 기초 작업

• 마네킹 준비: 목종이(넥 페이퍼)를 두르고 수건을 고정한 뒤, 커트포를 씌워 머리카락 유입을 방지

• 모발 정리: 분무기로 모발을 적절히 적신 후, 빗질하여 모류의 방향과 두피 상태를 파악

• 지간(Guide) 잡기: 커트의 기준이 될 가이드라인을 설정

2. 세부 작업순서

A. **커트보 치기** : 목지와 수건을 두르고 커트보를 씌운다.

B. **머리카락 물 분무하기** : 머리에 물을 분무하고 가르마를 타서 빗질한다.

C. **지간 깎기** : 전두부(C.P)에서 T.P~후두부(G.P) 상단까지 연결하여 양측두부, 후두부 순으로 기준점을 설정한다.

D. **하단부 떠내깎기** : 빗을 두피에 밀착시켜 아래쪽 가이드 N.P 라인 2cm S.P 라인 1cm 범위로 설정하 깎아 올라간다.

E. **틴닝(Thinning) 숱 고르기** : 모량이 뭉친 곳을 틴닝가위로 정리하여 전체적인 질감과 무게감을 조절

F. **하단부 그라데이션** : 빗의 각도를 세밀하게 조절하여 아래에서 위로 자연스럽게 색채가 변하도록(검정→회색→흰색) 표현

G. **싱글링(Singling) 연결** : 빗과 가위를 동시에 사용하여 단차가 생긴 부분을 매끄럽게 연결 하상고의 낮은 층이 흐트러지지 않게 면을 다듬는 과정

H. **천가분(파우더) 도포** : 커트라인을 확인하고 잔털을 제거하기 쉽도록 네이프 라인에 분을 칠하기

I. **수정 커트** : 옆선, 뒷선 튀어나온 부분을 세워 깎기로 정리하기

J. **머리카락 털기 및 정리** : 커트 보와 마네킹에 붙은 머리카락을 털이개로 깨끗이 털어내고 정리

K. **뒷면체(면도)** : 면도칼을 사용하여 목 뒷덜미와 귀 뒷부분의 라인을 선명하게 구레나룻 1cm 깨끗하게 정리

L. **스킨 소독 및 주변 정리** : 면도 부위를 소독하고, 사용한 기구와 주변 환경을 정돈하며 과제를 종료

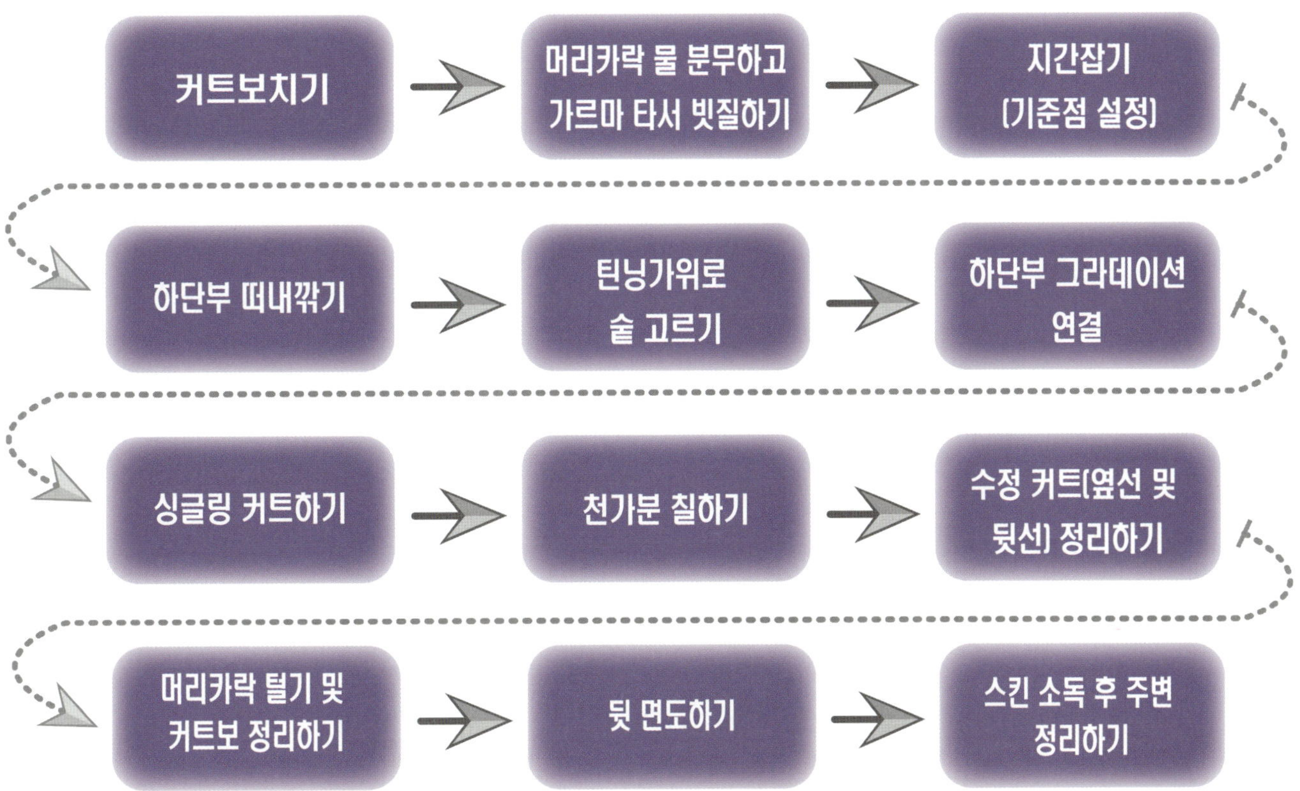

④ 이용커트기법

1 . 이용사 실기시험 도면 해석 (하상고)

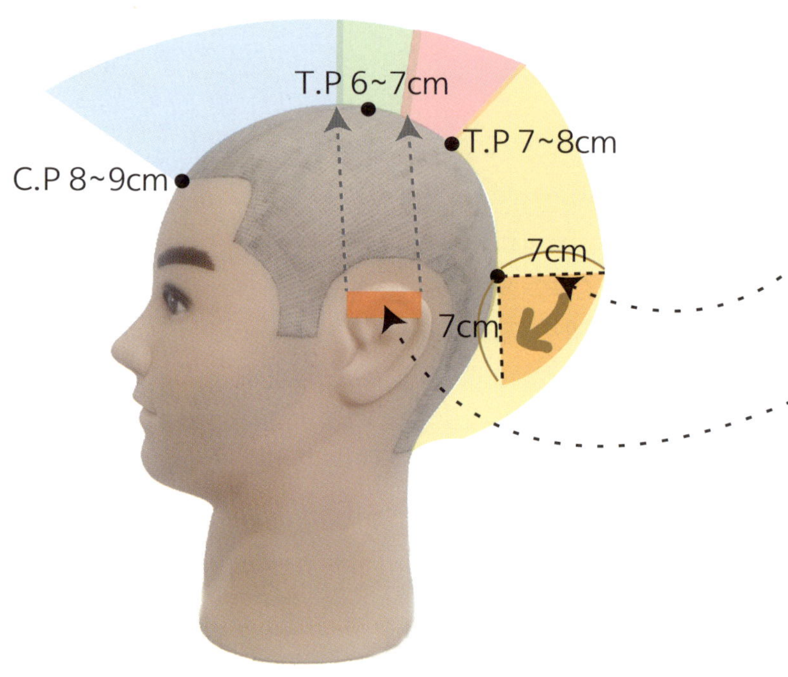

- 공단에서 발표한 하상고의 길이는
  C.P 8~9cm, T.P 6~7cm, G.P 7~8cm이다.

- G.P 7~8cm와 연결하여 B.P에서 7cm를
  만들면 N.P라인 3cm위에 떨어지게 된다.

- 귀의 폭만큼 TOP에서 6~7cm를 설정하여
  G.P 7~8cm를 연결하는 것이 좀 더 용이하다.

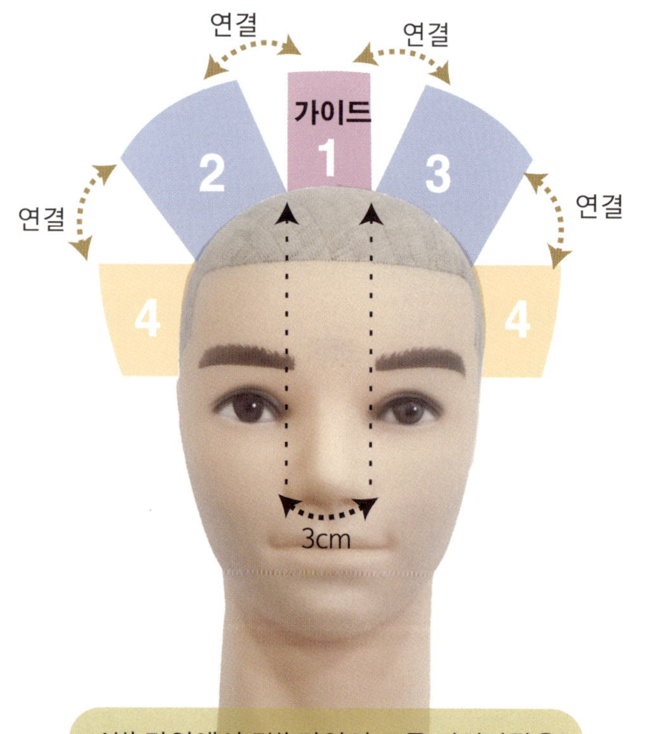

- 코의 폭 만큼 C.P 라인으로 올라가서
  공단에서 발표한 C.P 8~9cm, T.P 6~7cm,
  G.P 7~8cm을 완성하여 가이드를 만들어준다.

- 만들어진 가이드로 2번, 3번 라인을 두상
  각도로 연결하여 커트한다.

- 4번 라인도 수정커트할 때 3번라인과 연결
  하여 커트한다.

⑤ 지간잡기 순서(전두부-두정부-후두부 상단-양측두부-후두부)

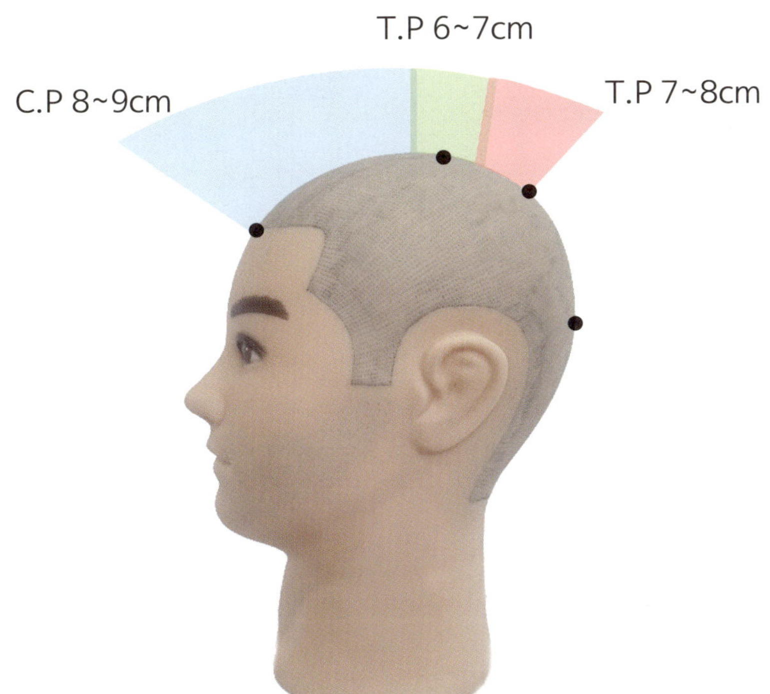

1. 공단에서 발표한 센치를 먼저 만들어준다.

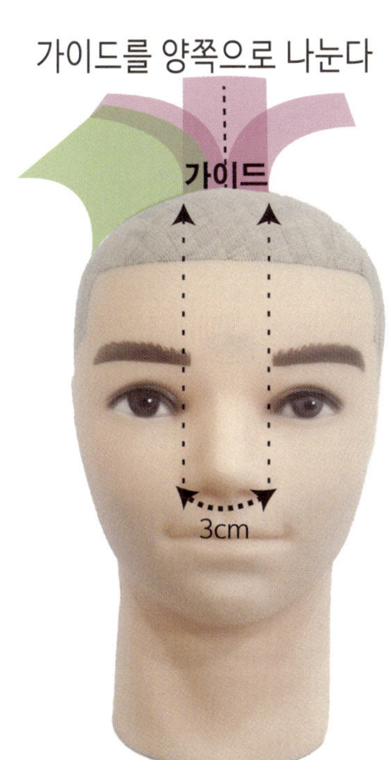

2. 만들어진 센치가 가이드가 되고
   양쪽으로 나누어 연결하여 커트한다.

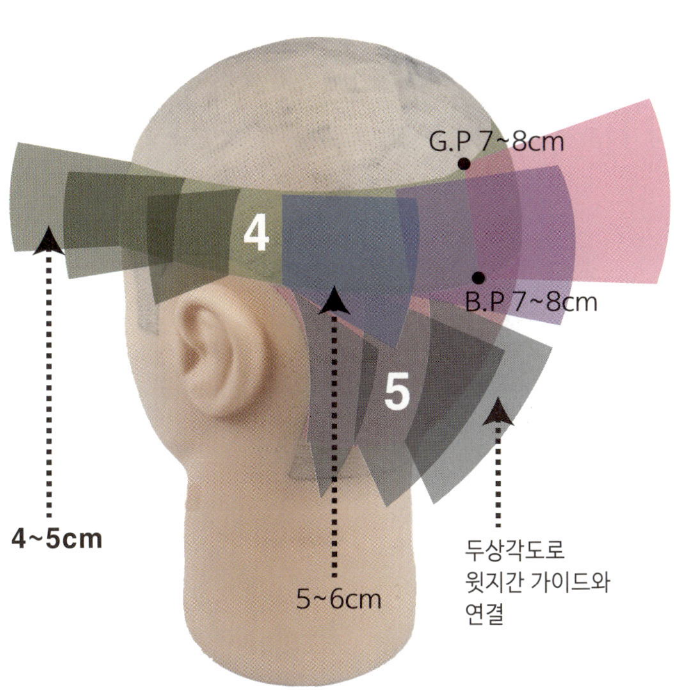

3. 양측 두부는 귀 뒤라인 까지를 말한다.
   대략 3번의 지간을 잡아 커트한다.
   전체 길이가 4~5cm가 적당하다.

4. 후두부는 귀 뒤라인 부터 반대편 귀
   뒤까지를 말한다.
   대략 5번의 지간을 잡아 커트한다.
   전체 길이가 5~7cm가 적당하다.

5. 5번 라인은 4번라인의 가이드를
   가지고 연결하여 두상각도로 커트를
   진행한다.

⑥ 하상고 작업과정

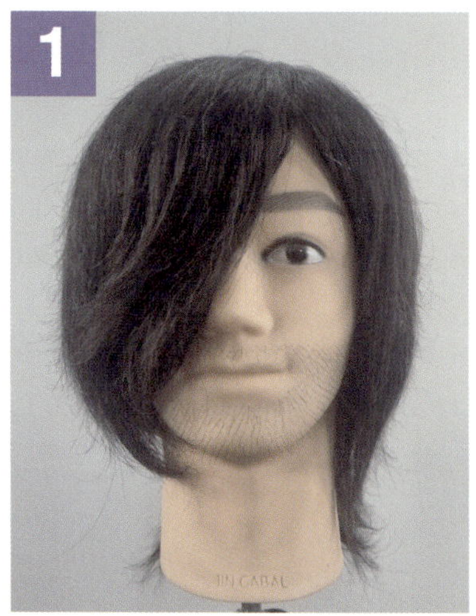

1 마네킹 원 상태의 정면 모습

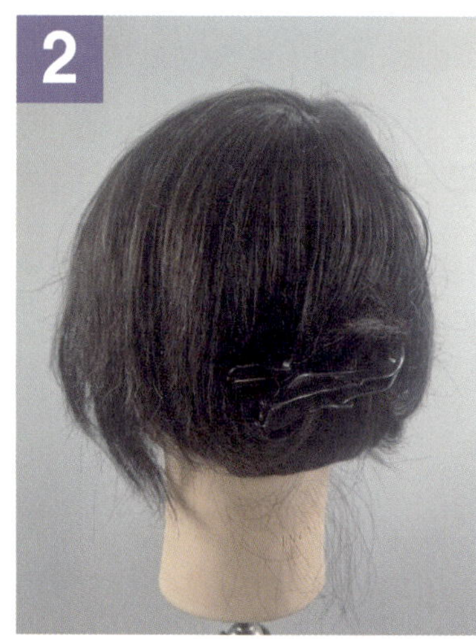

2 핀셋으로 머리카락 고정

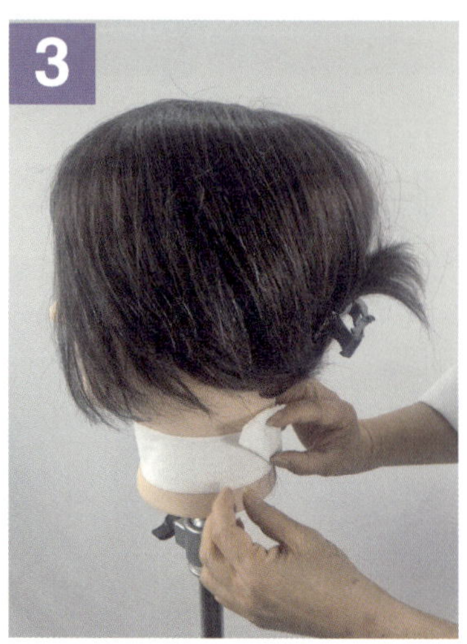

3 목종이(넥 페이퍼) 두르기

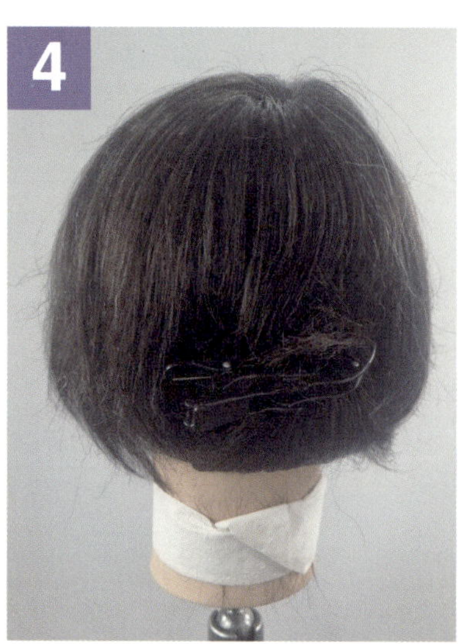

4 넥 페이퍼 두른 모습

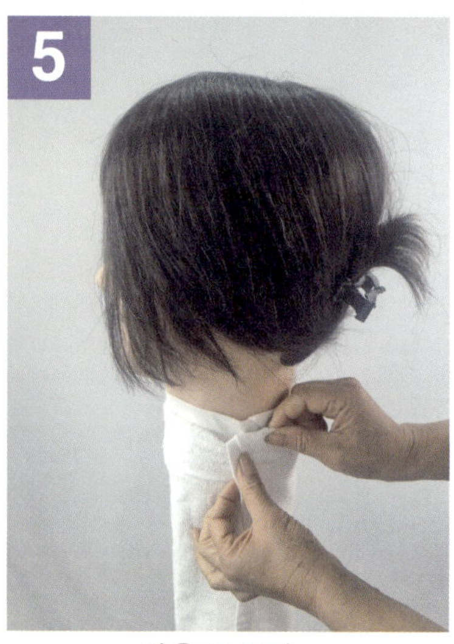

5 타올 두르기

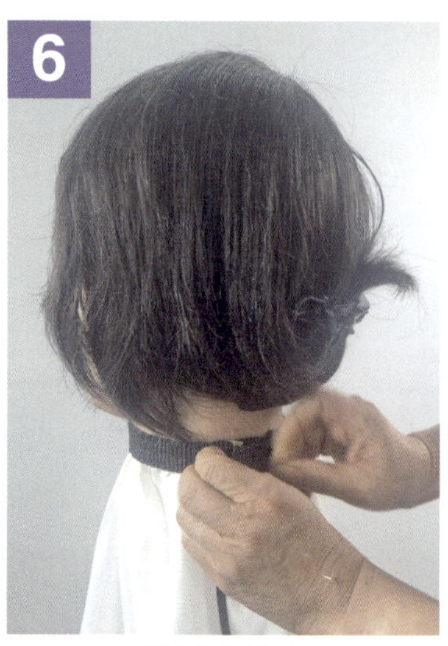

6 커트보 치기

7 머리카락 분무하기

8 가르마 타기

9 빗질로 모류 파악 및 정돈

10 정중선(센터) 가이드 설정

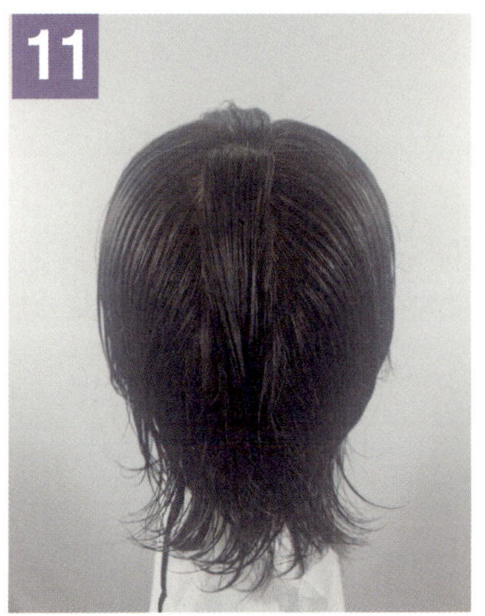

11 후두부 상단 G.P~G.B.M 가이드 설정

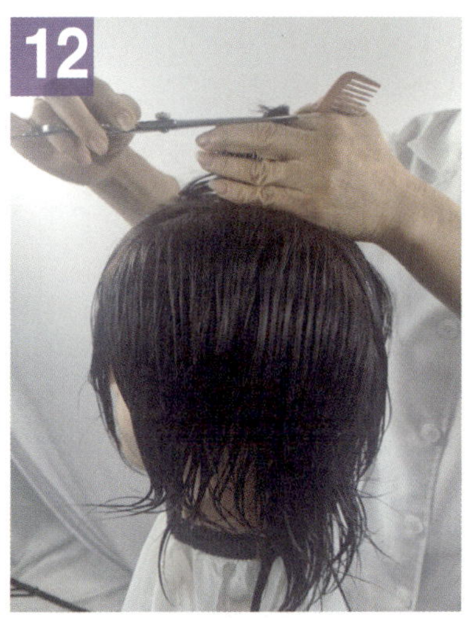

12 천정부 중앙 엄지와 중지 사이에 머리카락을 끼워 세로 지간 커트

13 T.P~G.P 1번 영역 커트 (기장 설정)

14 C.P~T.P 2번 영역 연결

15 G.P~후두부 상단 3번 영역으로 연결 지간 커트

16 정중선으로 나누고 우측 가이드와 2번 영역 연결 커트

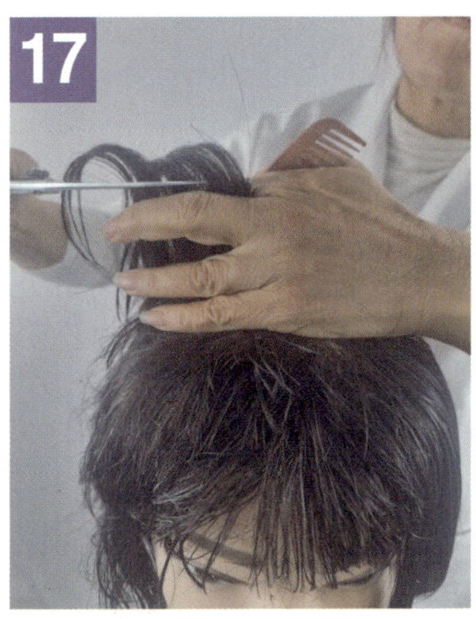

17 정중선 가이드에 따라 3번 영역 연결 커트

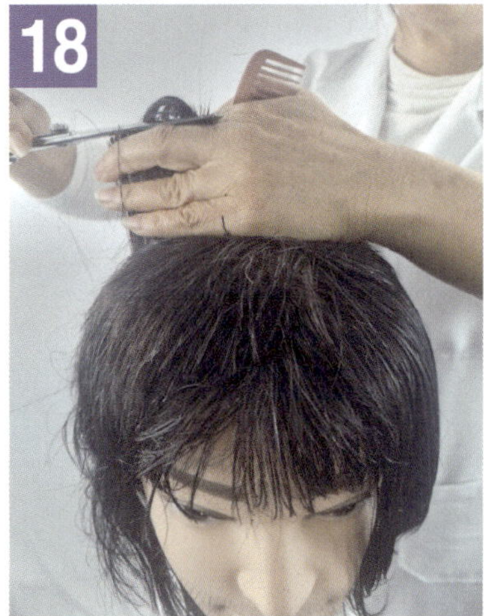

18 후두부 상단 3번 영역 연결 커트

⑥ 하상고 작업과정

후두부 상단 가로섹션 3번 영역
연결 커트

천정부 좌측 가이드와 연결하여
자간 커트

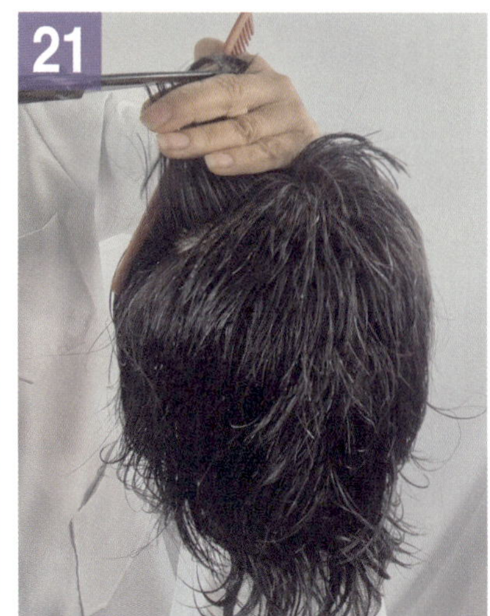

좌측 사이드 측중선을 연결하여
지간 커트

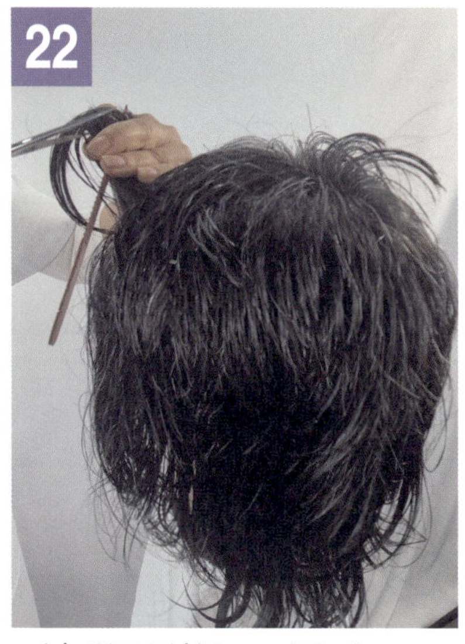

좌측 얼굴 방향으로 지간 커트

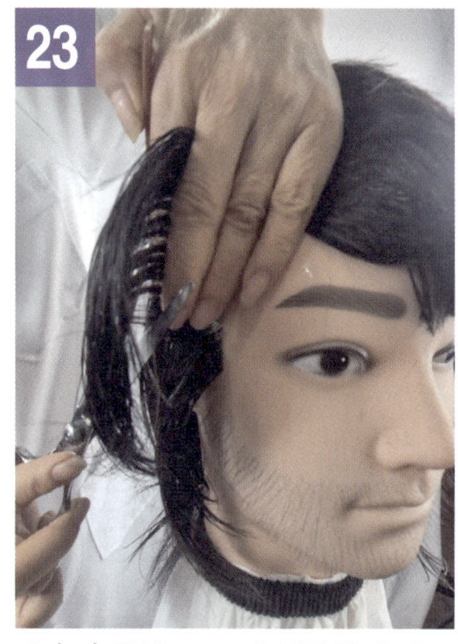

우측 측두부 F.S.P와 연결하여 커트

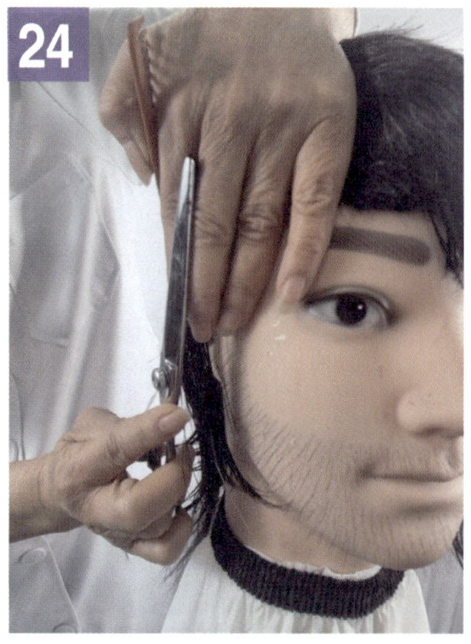

우측 측중선으로 연결하여 지간 커트

좌측 측두부 이어라인과 연결 커트

좌측 S.P에서 F.S.P 세로 방향으로
측중선 연결 커트

좌측 S.P에서 F.S.P 측두부 라인에서
얼굴 방향으로 지간 잡고 커트

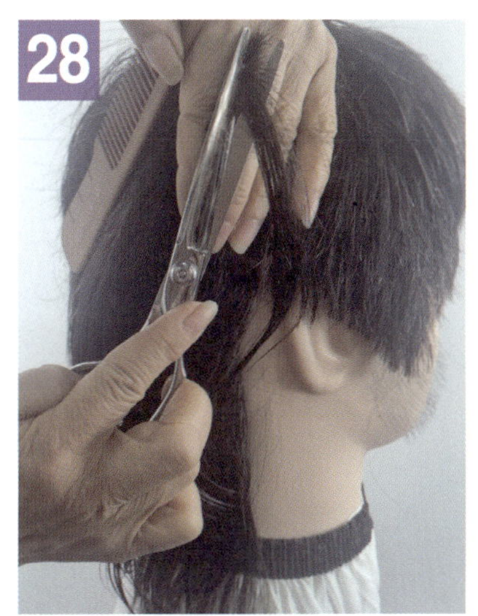

28 우측 귀 뒤 라인 지간 커트

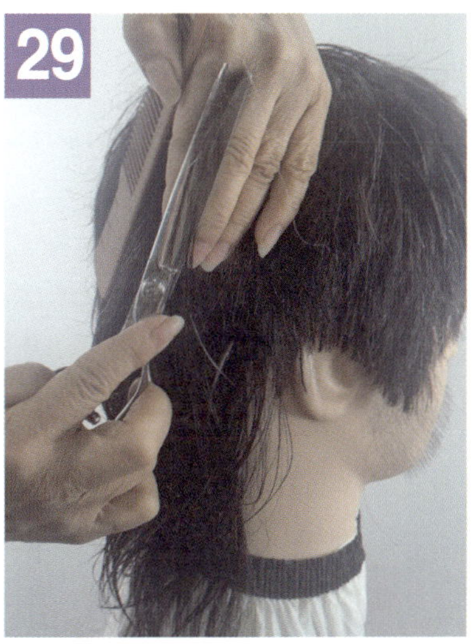

29 우측 후두부 상단으로 연결하여 커트

30 후두부 백 센터라인을 3번 영역과 연결 커트

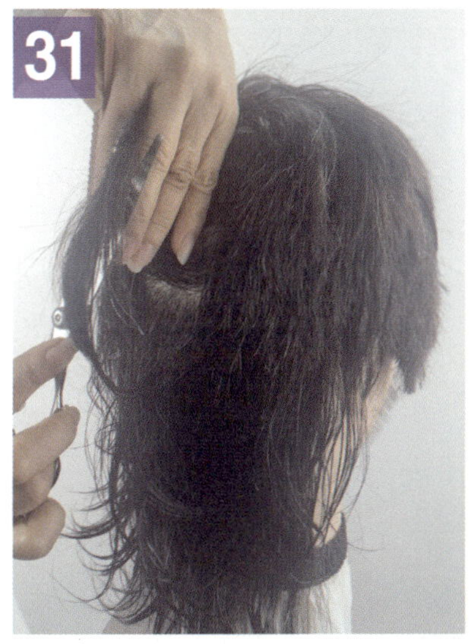

31 우측 후두부 상단을 향해 이동하면서 3번 영역과 연결 커트

32 후두부 백 센터에서 후두부 상단과 세로 연결 커트

33 좌측 후두부 상단과 연결하여 지간 커트

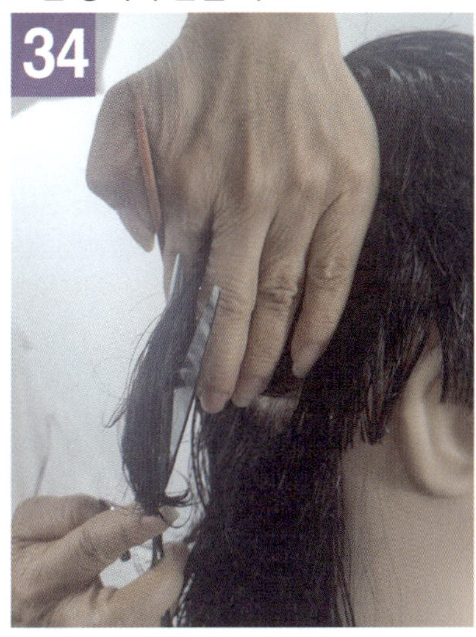

34 우측 후두부 하단 방향으로 지간 잡기 진행

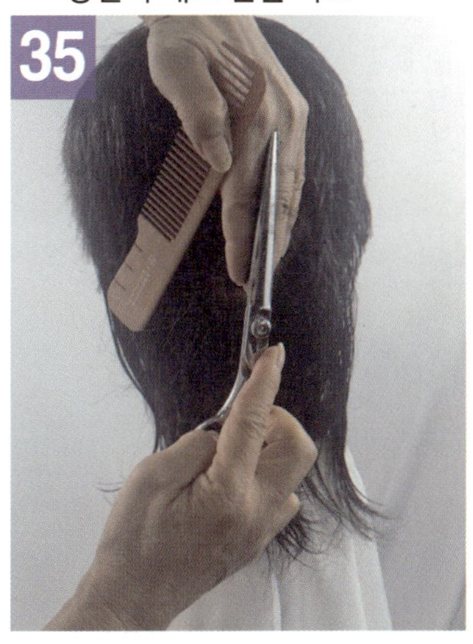

35 N.P(뒷덜미) 방향으로 연결하여 진행

36 E.B(귀 뒤) 라인까지 진행하고 전체적인 기장 밸런스 확인

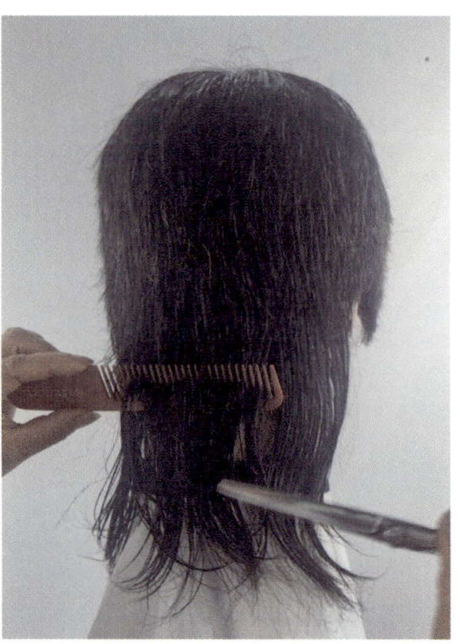

네이프 중앙 하단부 빗을 대고 떠내깎기

N.P 라인 2cm 설정 후 올려깎기

좌측 네이프 라인 떠내깎기

40 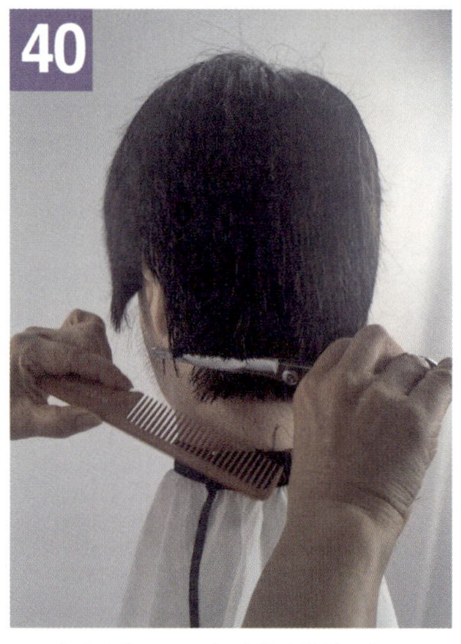

후두부 N.P 라인을 빗을 대고 위로 올리면서 떠내깎기

41 

좌측 귀 뒤 라인을 사선 방향으로 자르기

42 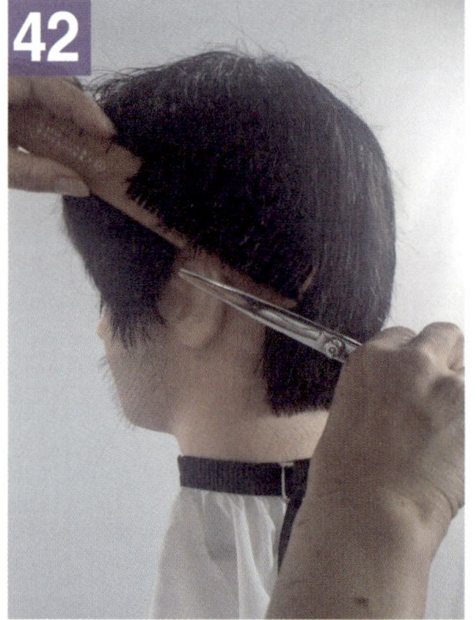

좌측 귀 뒷부분 각도 조절하며 떠내깎기

43 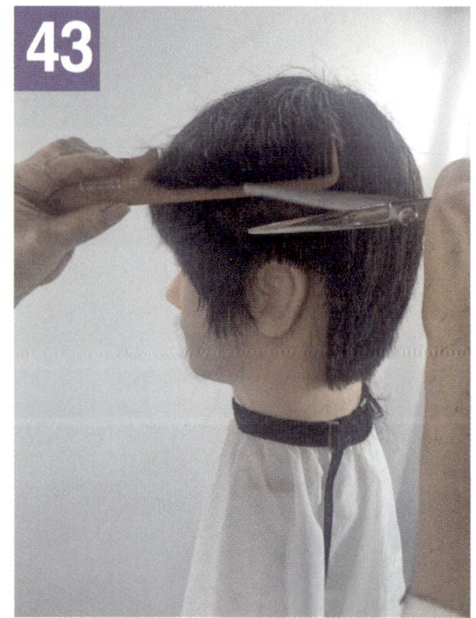

귀 주위 라인 돌려가며 떠내깎기

44 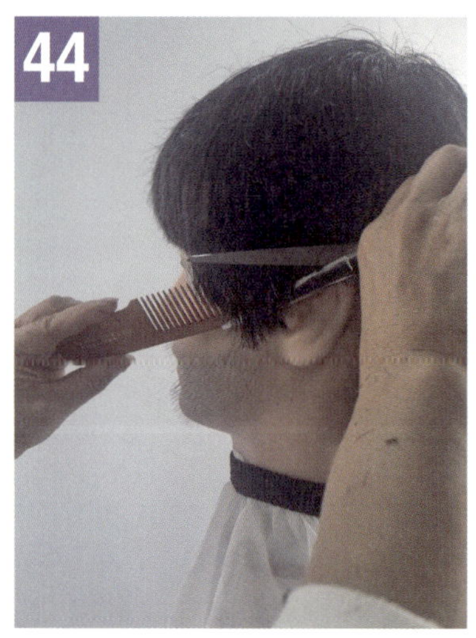

좌측 관자놀이 하단부위 짧게 정리

45 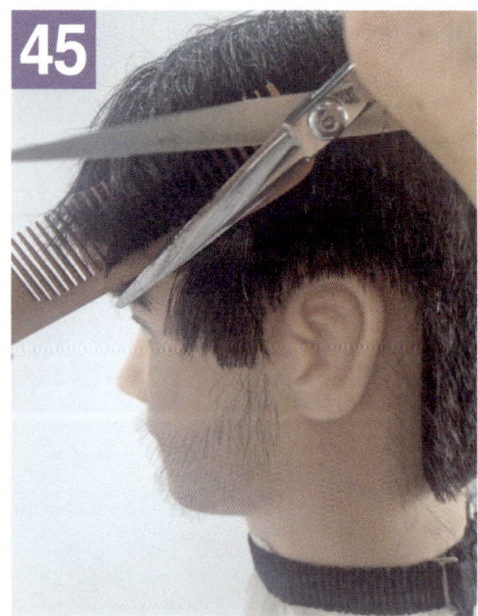

좌측 사이드 위로 올라가면서 떠내깎기

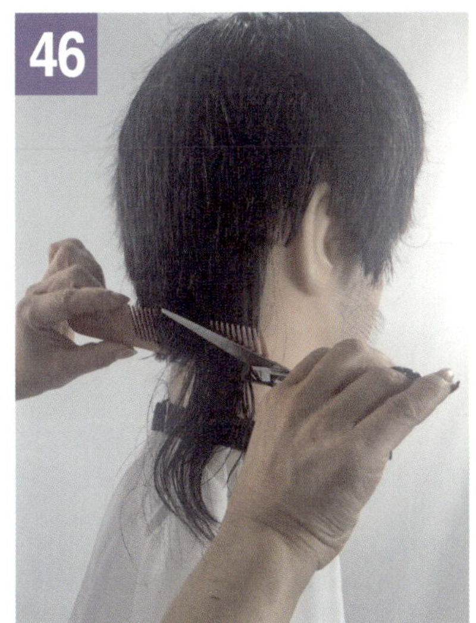

46 우측 후두부 N.P 라인 떠내깎기

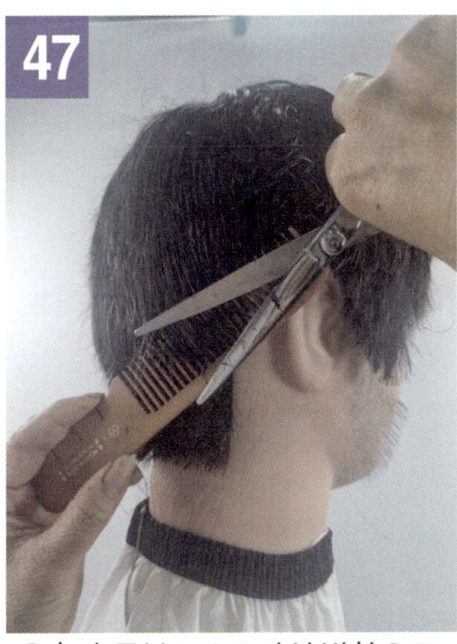

47 우측 후두부 N.S.P 사선 방향으로 굴리면서 떠내깎기

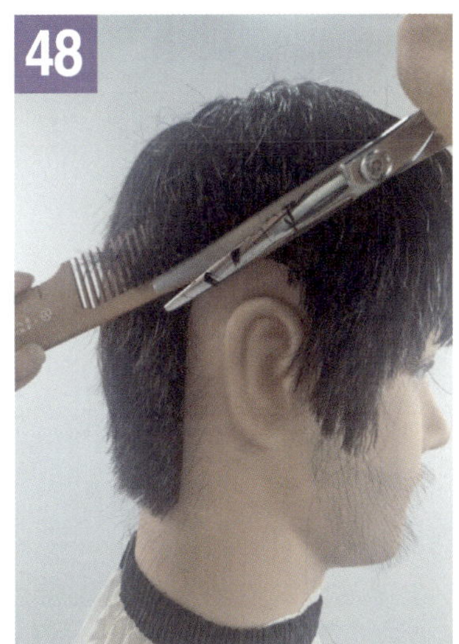

48 우측 E.P 빗을 굴리면서 떠내깎기

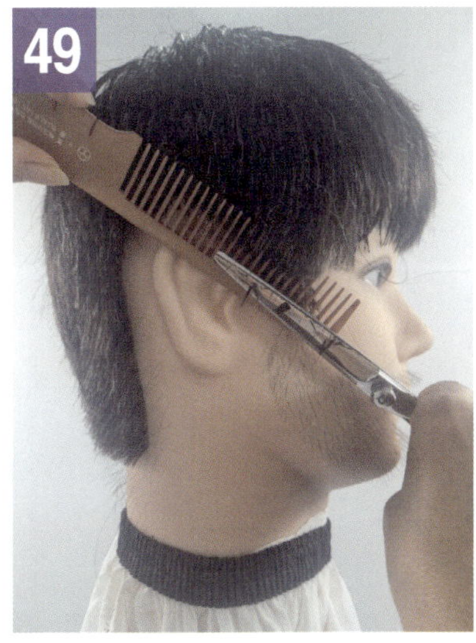

49 우측 S.C.P 전대각 라인으로 하단부위 짧게 떠내깍기

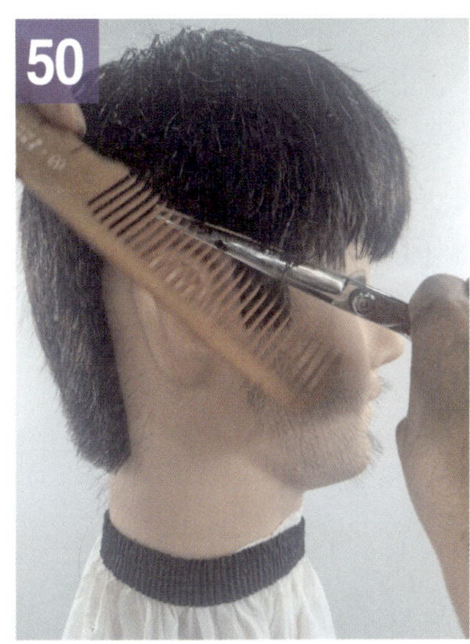

50 우측 사이드 빗을 굴리며 위를 향해 연결 커트

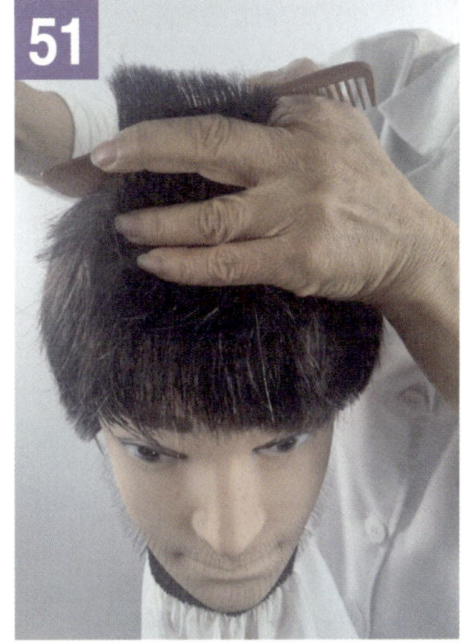

51 모량 많은 전두부 부분 엔드 테이퍼링 틴닝

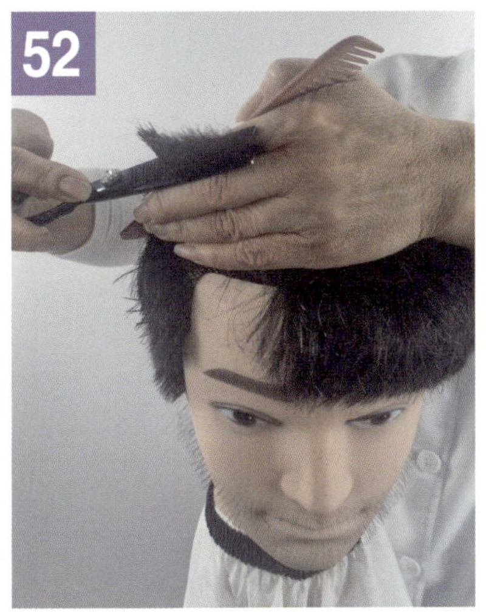

52 우측 두부도 이어서 연결 부위 자연스럽게 숱고르기

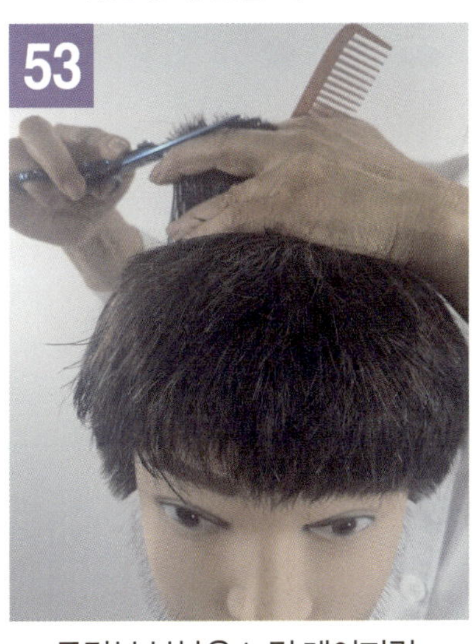

53 두정부 부분은 노멀 테이퍼링 기법을 이용해 숱고르기

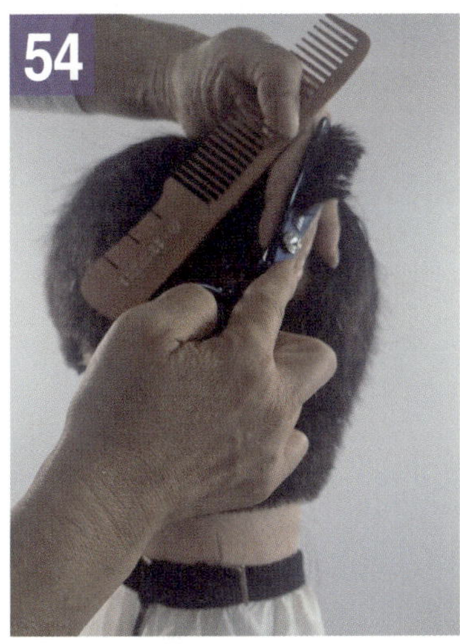

54 후두부 상단도 이어서 연결 부위와 자연스럽게 숱고르기

⑥ 하상고 작업과정

N.P 중앙 하단부 빗을 대고 떠올려
딥 테이퍼링 기법으로 숱고르기

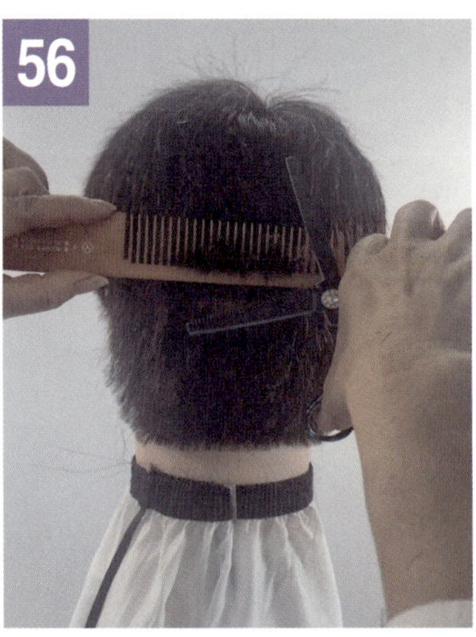

위로 연결하여 B.P까지 떠올려
숱고르기

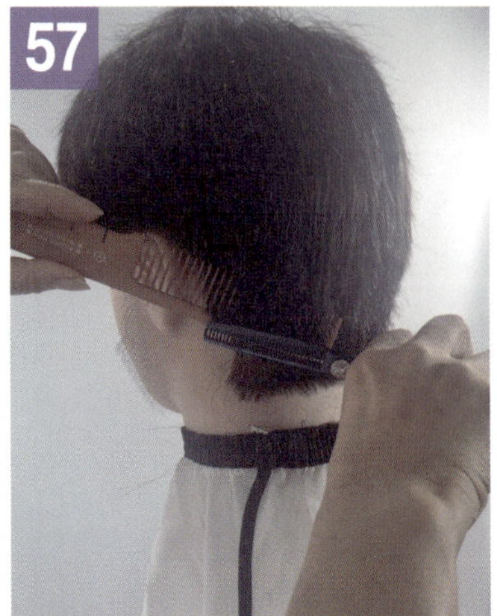

좌측 N.C.P에서 귀 라인으로 빗을
세워 떠올려 숱고르기

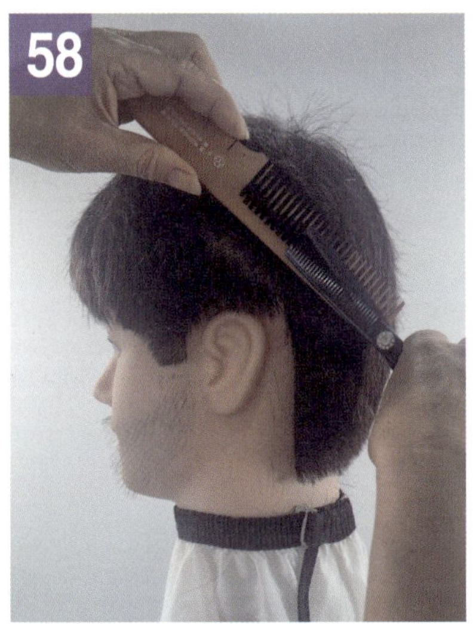

좌측 귀 뒤 라인 사선으로
떠올려 연속깎기 숱고르기

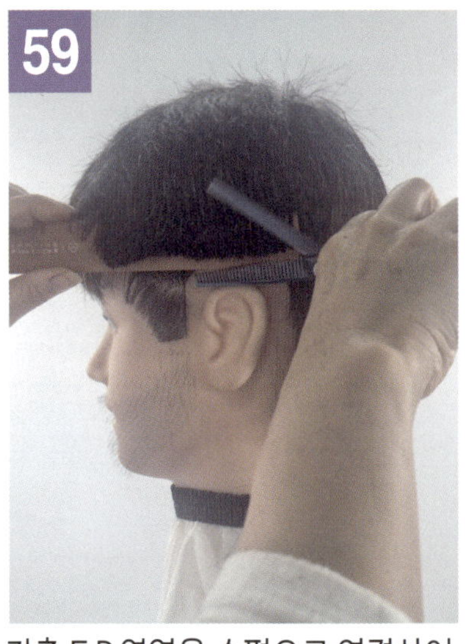

좌측 E.P 영역을 수평으로 연결하여
숱고르기

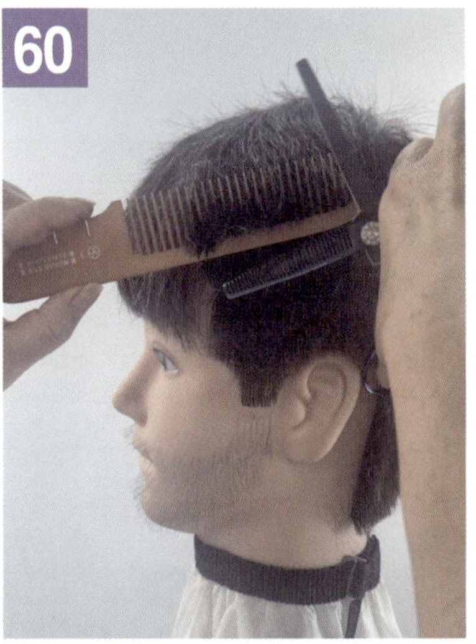

좌측 S.C.P에서 위로 연속으로
올라가면서 숱고르기

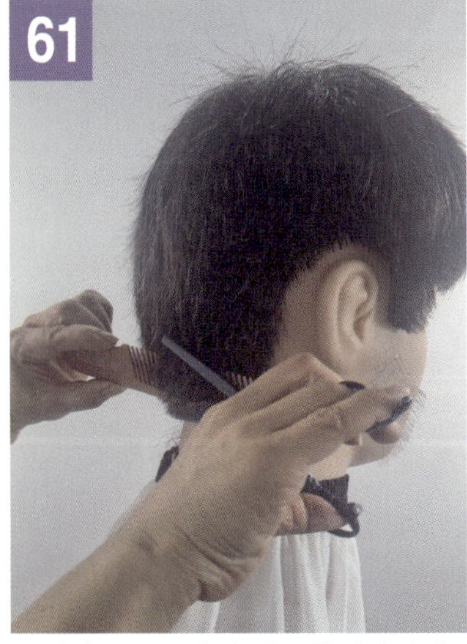

우측 N.C.P에서 위로 올라가면서
연속으로 숱고르기

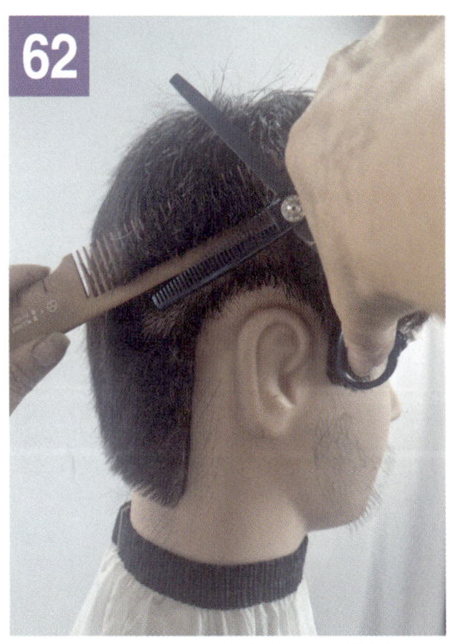

우측 귀 뒤 라인 사선으로 빗을
대고 떠올려깎기

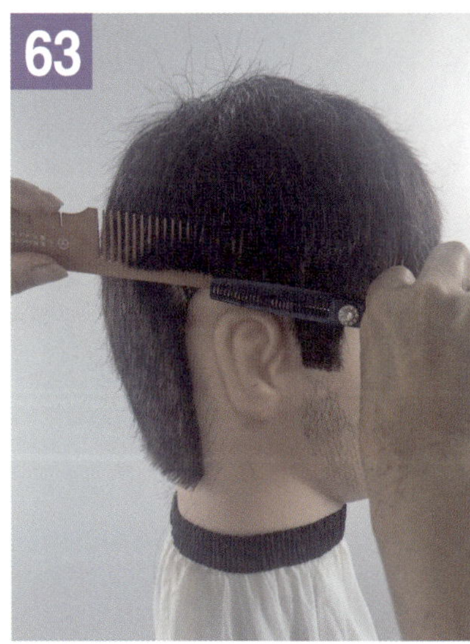

우측 귀 윗부분의 모발도 연결하여
떠올려 연속깎기

우측 사이드 영역 연결하면서
떠올려 숱고르기

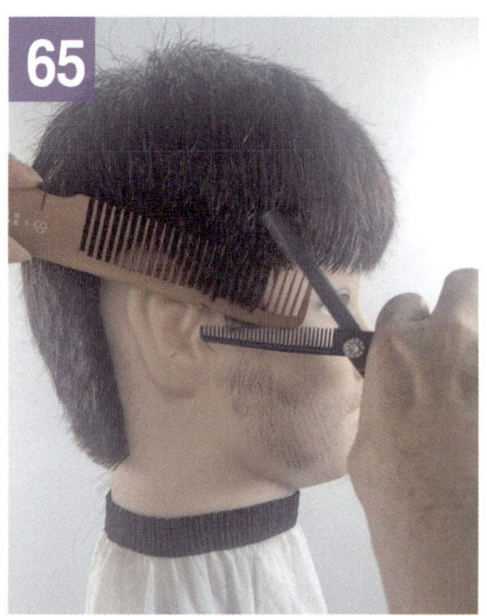

우측 S.C.P 하단부위 전대각으로
빗을 대고 숱고르기

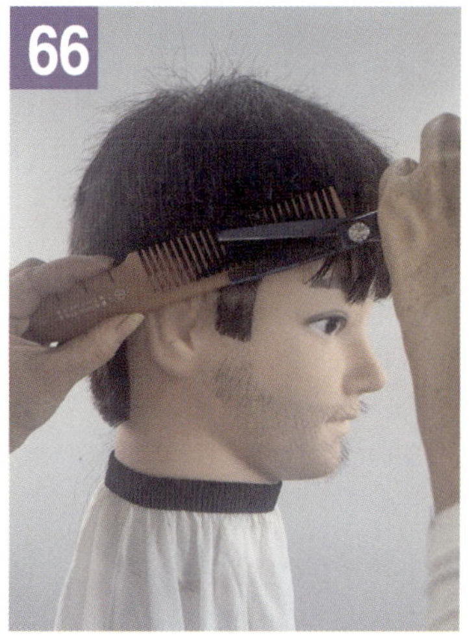

우측 S.P에서 위로 올라가면서
후대각으로 연결하여 숱고르기

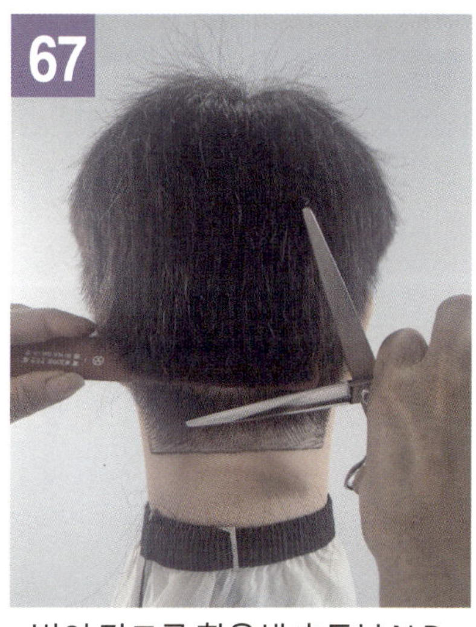

빗의 각도를 활용해 후두부 N.P
라인부터 백라인까지 연속깍기

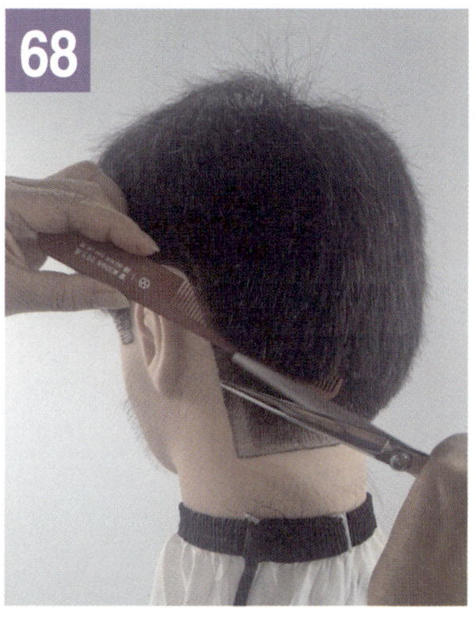

좌측 N.S.P 빗의 각도를 세워
그라데이션 연결

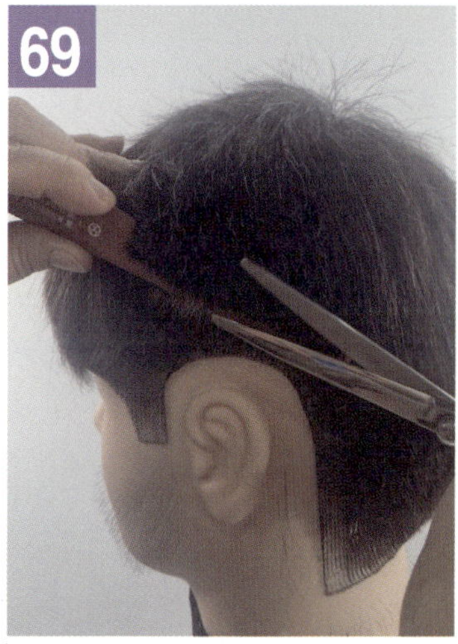

좌측 E.B.P 위로 올라가며 연속
깍기 그라데이션 연결

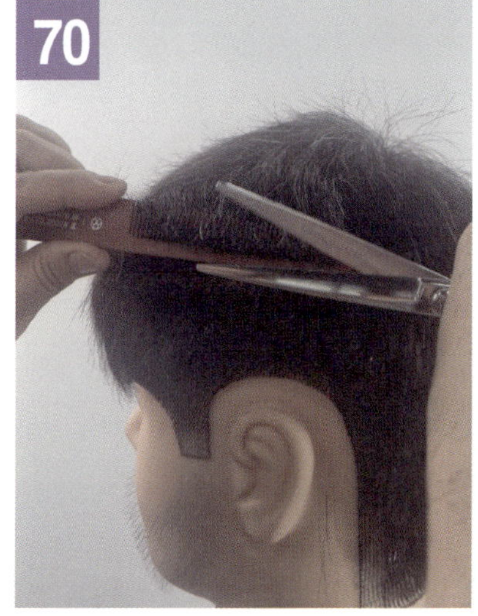

좌측 귀 윗부분 상단부와 연결하여
싱글링

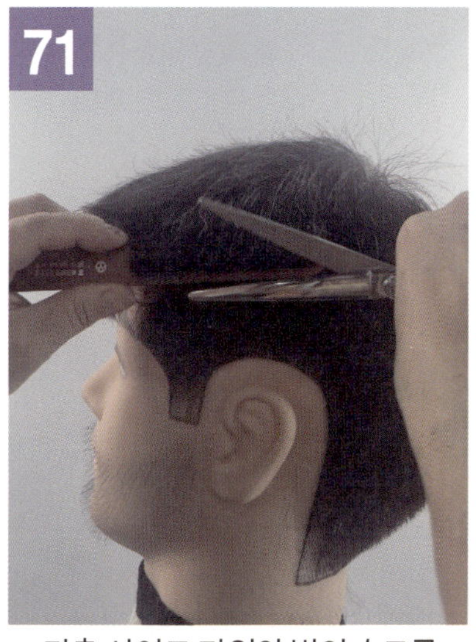

좌측 사이드 가위와 빗의 속도를
일정하게 유지하면서 싱글링

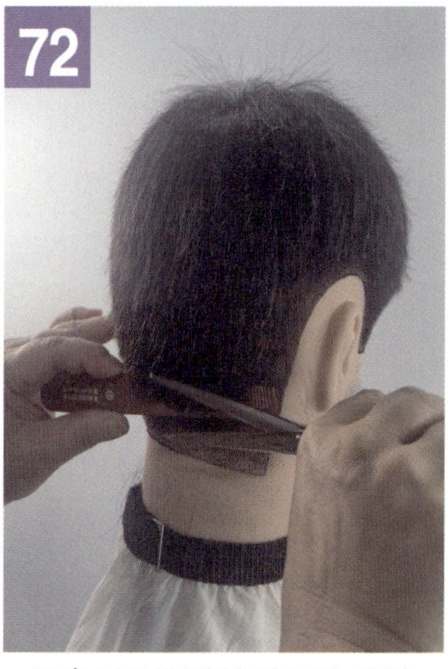

우측 N.S.P 빗의 각도를 세워
연속깍기

⑥ 하상고 작업과정

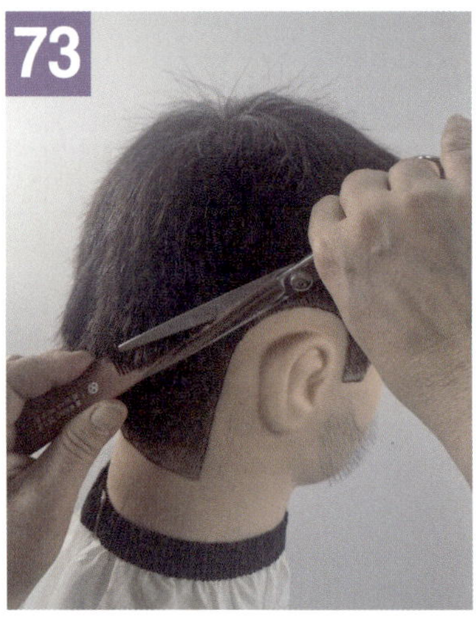

73

우측 네이프 사이드 사선 방향으로
위로 올려가며 연속깎기

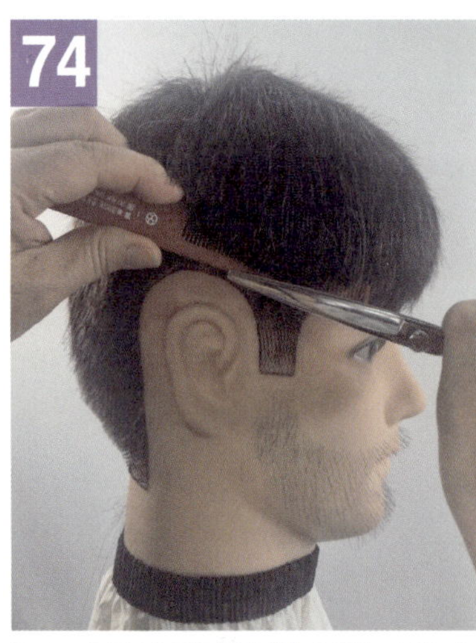

74

우측 측두부 전대각 빗 위에 가위질
연속깎기

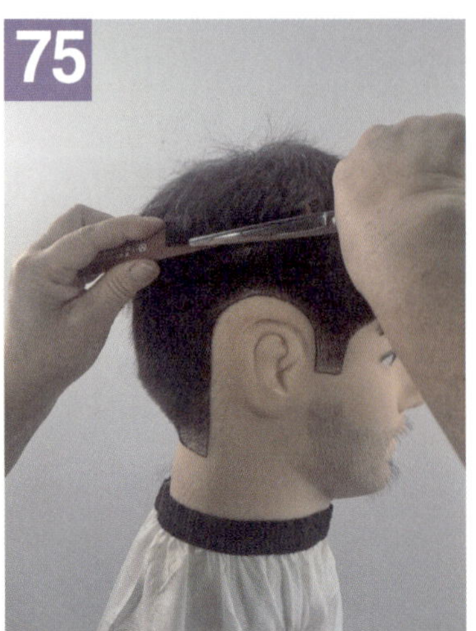

75

우측 사이드에서 후두부 상단과
연결하여 싱글링

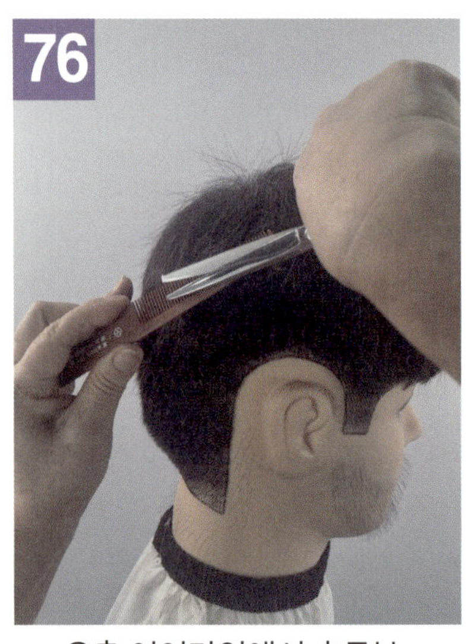

76

우측 이어라인에서 후두부
상단으로 연결하여 싱글링

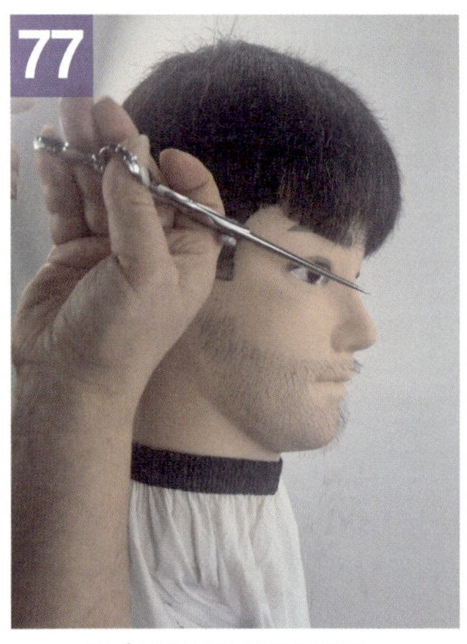

77

우측 앞머리 라인 정리

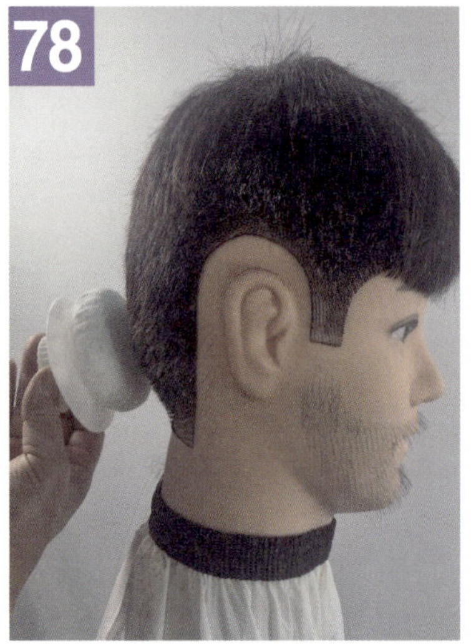

78

목 주위 파우더 바르기

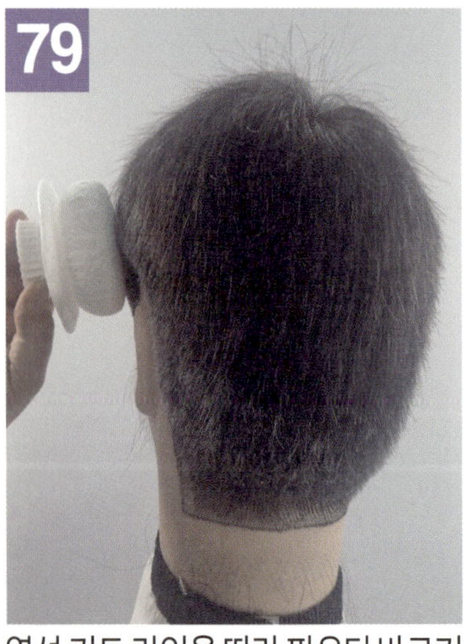

79

옆선 커트 라인을 따라 파우더 바르기

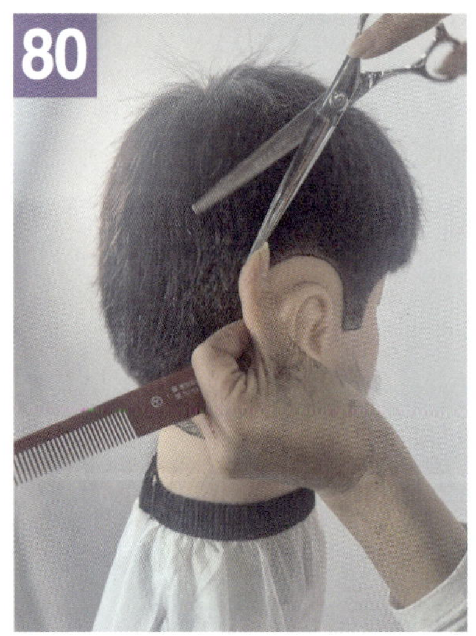

80

우측 사이드에서 귀 모양 따라
경사면 튀어나온 머리 옆 가위질

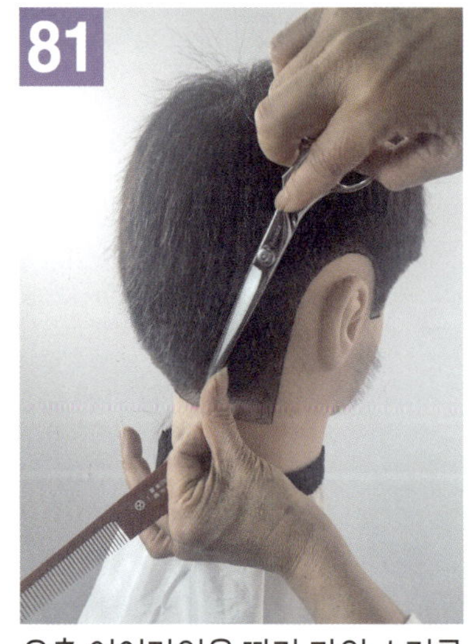

81

우측 이어라인을 따라 가위 소리를
일정하게 내며 옆 가위질

82 천정부 우측 코너정리

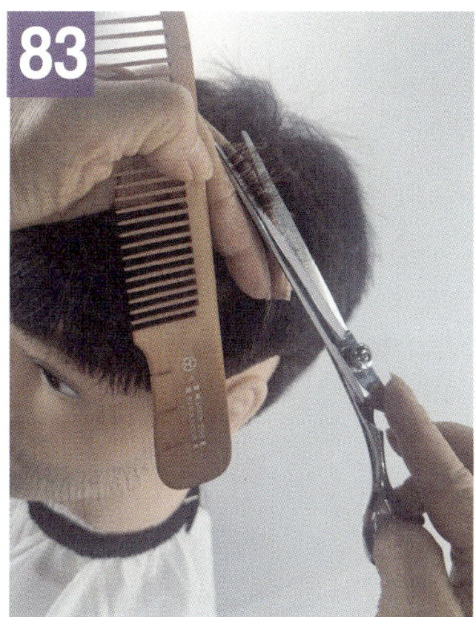

83 천정부 좌측 코너정리

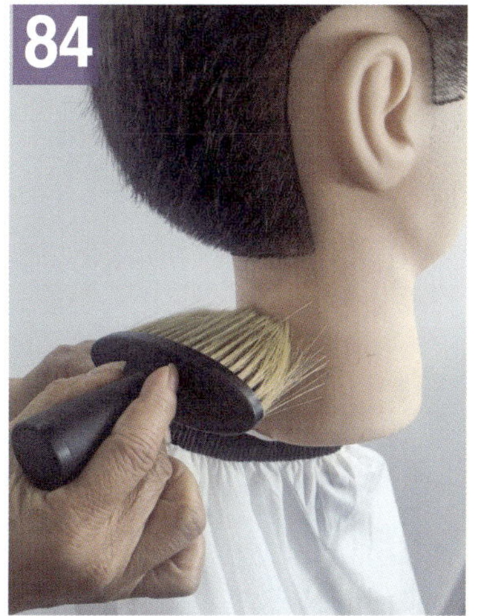

84 머리카락 털어내기 (브러시 사용)

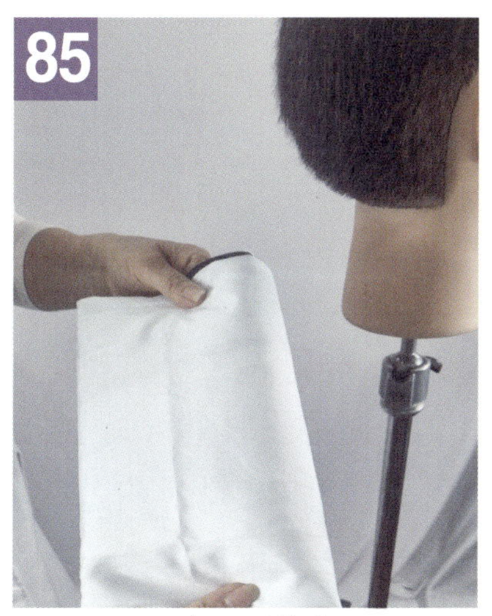

85 커트보 정리

86 비누 거품 바르기

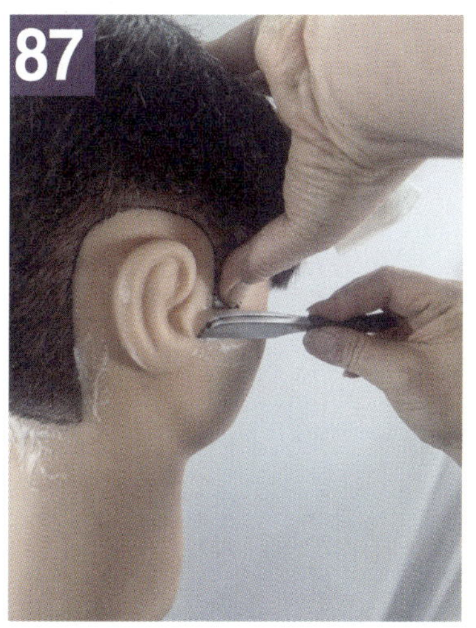

87 우측 구레나룻 왼손 엄지손가락으로 피부를 당기면서 프리핸드 기법으로 면도하기

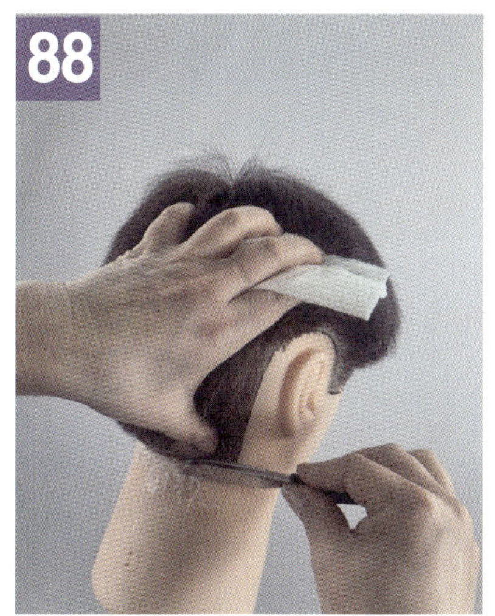

88 목 뒤 라인 주변을 깨끗하게 면도하기

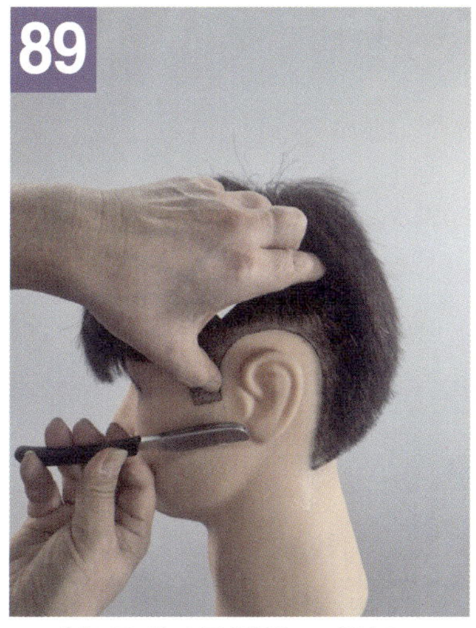

89 좌측 구레나룻 백핸드기법으로 면도하기

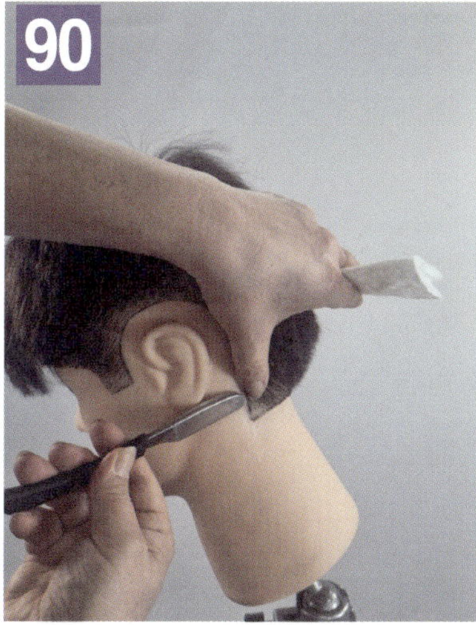

90 좌측 네이프 사이드 잔털 면도하기

❻ 하상고 작업과정

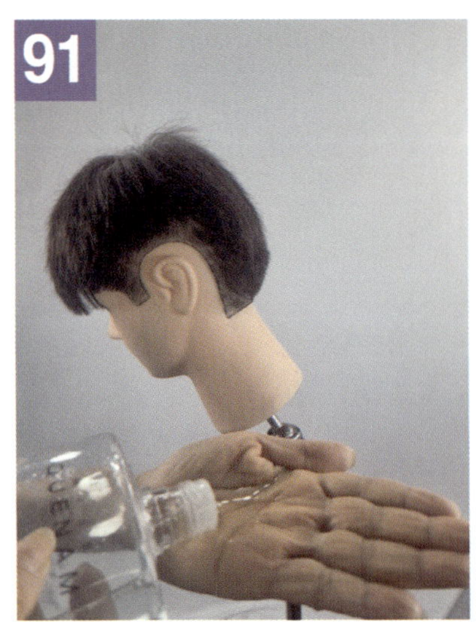

적당한 양을 손바닥에 스킨을 붓는다.

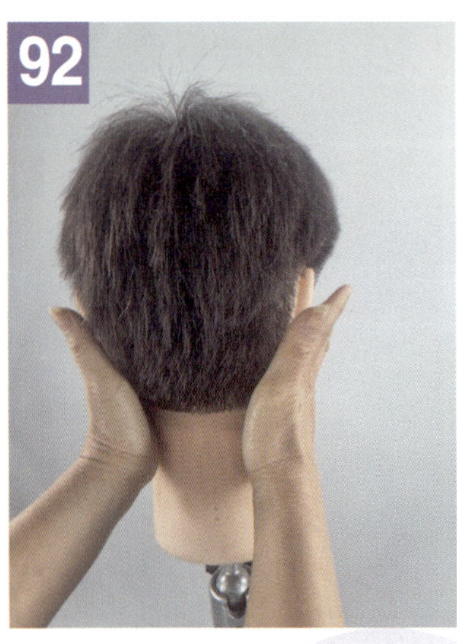

면도 부위 스킨 도포하기

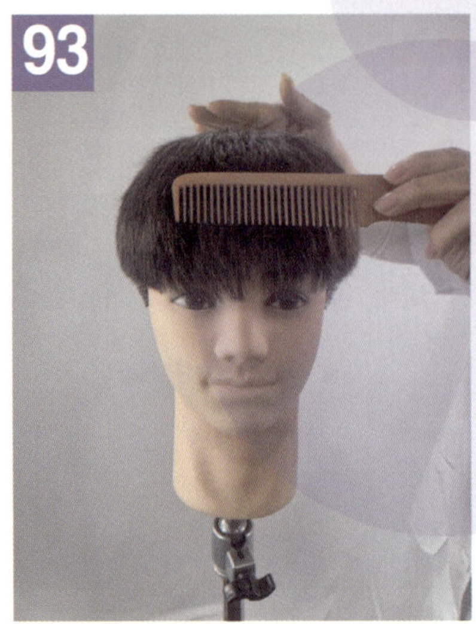

머리카락 빗질 및 주변 정리

❼ 하상고 커트 과정에서 고득점 받는 방법

1. 시험 출제된 순서에 맞게 작업한다.
2. 과도하게 떨거나 피가 나게 되면 감점의 요인이 된다.
3. 작업의 동작이 부드럽고 침착해야한다.
4. 이용사 시험에서 미용동작의 가위 잡는것과 빗잡는 행위는 감점의 대상이 된다.
5. 지간잡이에서 머리카락의 상태가 단정하지 않으면 연습이 안되었다고 판단한다.
6. 마네킹을 거칠게 다루거나, 너무 빠르게 진행하면 감점의 요인이 된다.
7. 결과물 보다는 작업의 중간과정에서 많은 배점이 주어진다.
8. 마네킹을 손님 다루듯이 예의바르게 대한다.

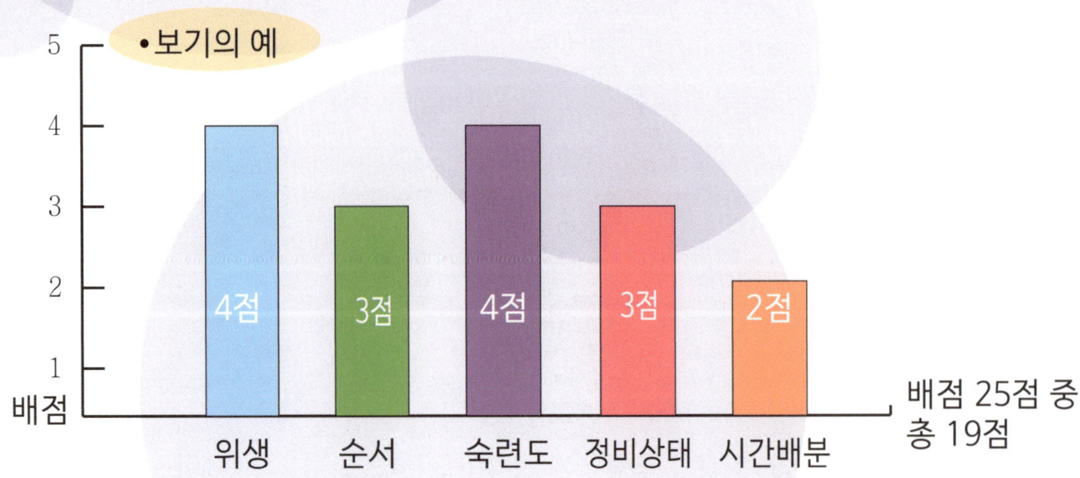

8 하상고 완성

front

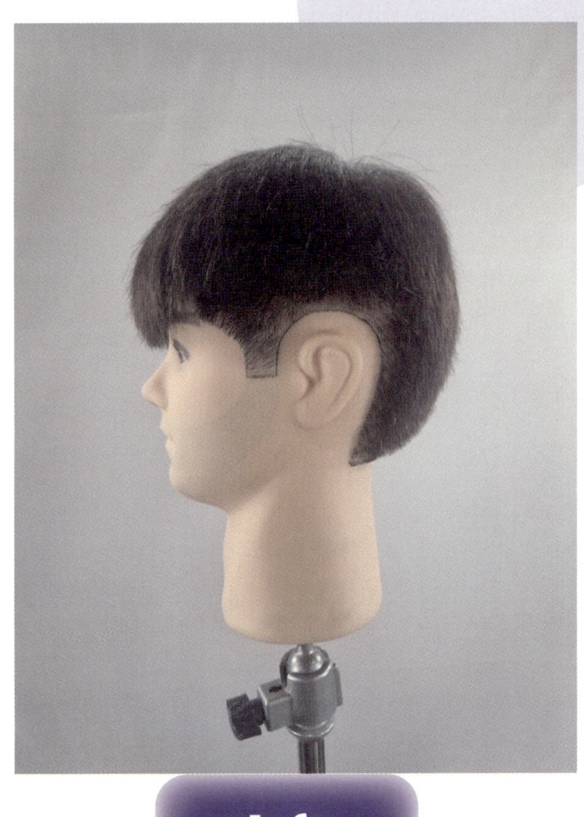

left

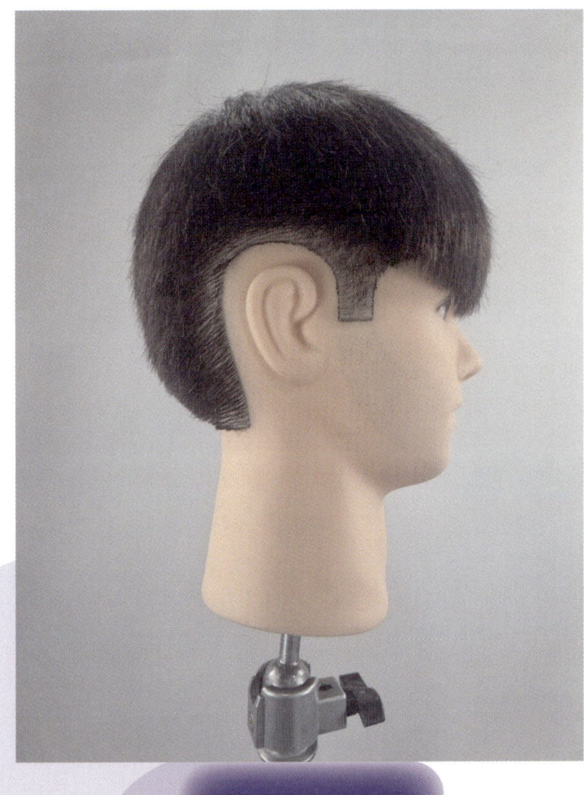

right

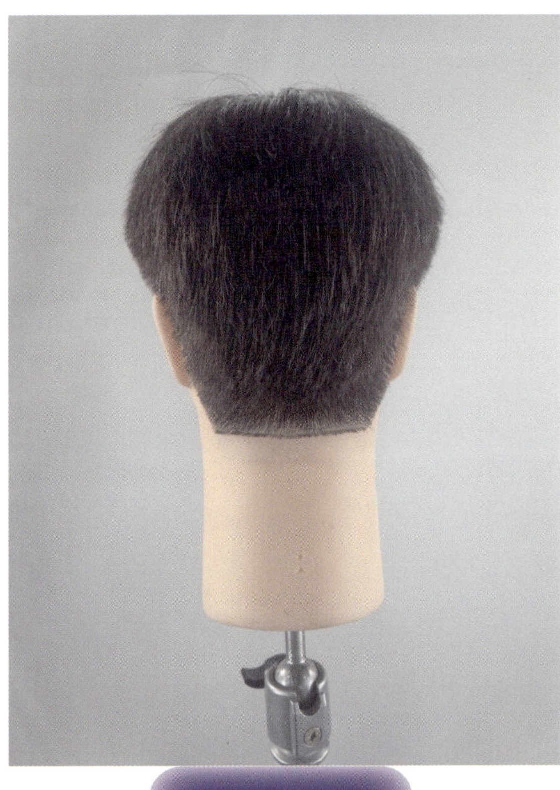

back

2단계
헤어커트(중상고)
Disinfection

❶ 중상고의 이해 및 정의

중상고는 상고머리의 가장 표준적인 형태로, 음영(그라데이션)의 형성 지점이 낮은 중간 형태를 말한다. 보통 후두부(뒷머리)의 튀어나온 부분(옥시피탈 본) 부근까지 그라데이션을 형성하여 두상 보정 효과가 가장 뛰어난 스타일이다.

- **핵심포인트: 적절한 볼륨감 형성, 매끄러운 중간층 연결, 입체적인 두상 표현**

❷ 커트 준비물

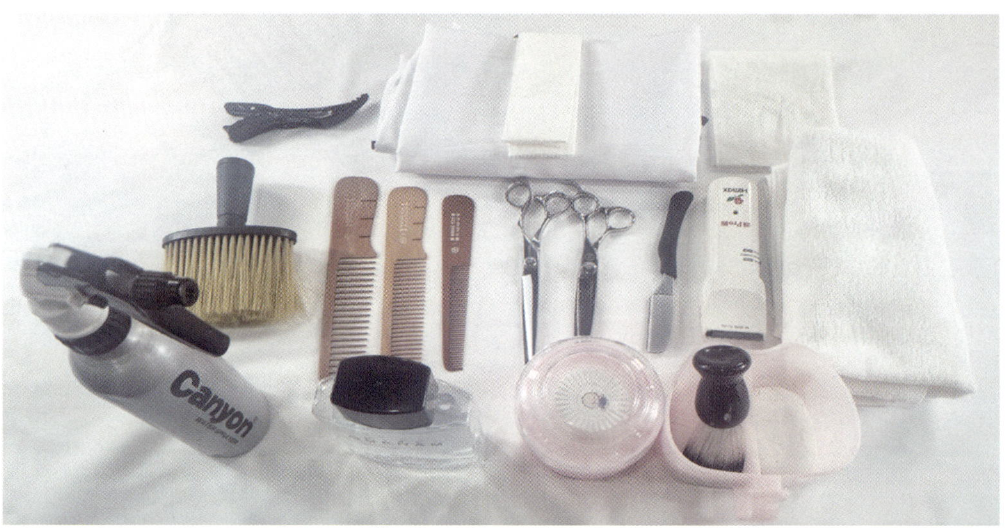

공개문제

1. 작업내용

가위와 클리퍼를 사용하여 도면과 같이 머리카락이 귀 부분을 덮지 않은 단정한 머리형으로 조발한다. (단, **지간깍기는 전두부에서부터 후두부 상단, 양측두부, 후두부 순으로 진행**하고, 클리퍼는 넥라인 (목 뒷부분) 3cm이하, 사이드라인 2cm 이하의 범위로만 사용하여 올려깍기 한 후, 클리퍼 커트한 부위에 가위를 사용하여 싱글링 그라데이션 한다).

2. 작업 순서

- 커트보 치기 → 머리 물 분무하기 → 가르마타기(빗질하기) → 지간깍기 → 하단부 떠내깍기 숱고르기 → 클리퍼 조발하기 → 가위와 빗으로 싱글링 커트하기 → 첨가분 칠하기 → 수정커트 옆선 및 뒷선 정리하기 → 머리카락 털기 및 커트보 정리하기 → 뒷면도하기 → 정리정돈 하기

3. 유의사항

- 두발은 남성적이며, **자연스럽게 연결되고, 전체적인 색조와 균형이 이루어지도록** 한다. (뒷면도 포함, 클리퍼는 지정된 부위만 사용하여야 하며, 사용 시 덧날과 빗 사용 금지)
- '숱고르기'는 틴닝가위만, '가위와 빗으로 싱글링 커트하기'와 '수정커트, 옆선 및 뒷선 정리하기'는 장가위만 사용한다.
- **뒷면도의 범위는 목 뒤쪽(네이프), 목 옆쪽(귀 뒤쪽 헤어라인의 털**
- **구렛나루(수염)은 1cm 정도만 면도한다.**

③ 중상고 세부 순서

1. 커트의 주요 특징 및 형태

- **음영의 분포** : N.P 라인에서 위로 3cm, E.P 2cm 정도까지 음영의 위치가 형성되어 시원하면서도 안정적인 느낌을 준다.
- **각　도** : 커트 시 하단부의 각도를 하상고 보다 약간 더 세워 중량감을 중간 지점에 위치시킨다.
- **적용 대상** : 가장 대중적인 스타일로, 뒷머리 볼륨을 살리고 싶거나 단정한 비즈니스 스타일을 원하는 경우에 적합하다.

2. 세부 작업순서

A. **커트보 치기** : 목종이, 수건, 커트보를 순서대로 착용시켜 위생적인 환경을 조성

B. **머리 물 분무하기** : 분무기로 모발을 충분히 적신 후 빗질하여 모류를 파악

C. **지간(Guide) 잡기** : 커트의 기준이 될 가이드라인을 설정(전두부-후두부 상단-양측 두부-후두부)

D. **하단부 떠내깎기** : 빗을 사용하여 하단부의 길이를 설정한다. 하상고 보다는 높게, 하지만 너무 치켜 올라가지 않도록 주의하며 커트

E. **틴닝(Thinning) 숱 고르기** : 모발의 숱을 고르게 정리하여 층이 지는 부분의 무게감을 덜어준다.

F. **클리퍼 조발하기** ; N.P 3cm 이하, E.P 2cm 이하로 클리퍼 올려깎기

G. **싱글링(Singling) 연결** : 빗과 가위를 이용하여 커트 면을 매끄럽게 다듬고. 특히 중상고는 볼륨이 형성되는 중간 지점의 연결이 핵심이다.

H. **천가분(파우더) 및 털기** : 목덜미와 귀 주변에 분을 칠해 라인을 확인하고, 잔여 머리카락을 깨끗이 털어낸다.

I. **수정 커트** : 뒷선, 옆선 튀어나온 부분을 세워 깎기로 정리하기

J. **머리카락 털기 및 정리** : 커트 보와 마네킹에 붙은 머리카락을 털이개로 깨끗이 털어내고 정리

K. **뒷면체(면도)** : 면도기로 목 뒤 라인과 귀 옆 주변, 구레나룻 1cm를 선명하게 정리

L. **스킨 소독 및 주변 정리** : 면도 부위를 소독하고 주변을 정돈하며 과제를 종료

④ 중상고 커트 기법

1. 이용사 실기시험 도면 해석 (중상고)

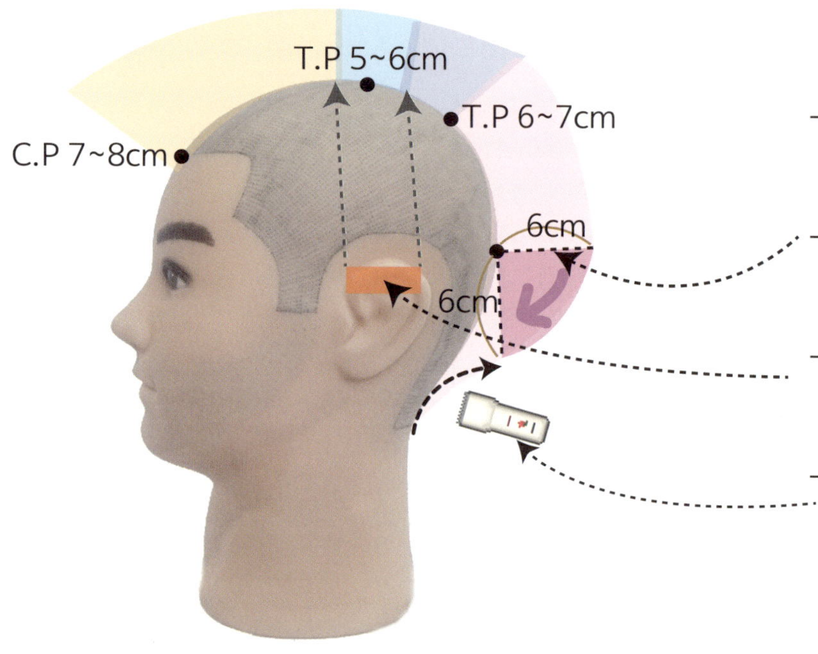

- 공단에서 발표한 중상고의 길이는
  C.P 7~8cm, T.P 5~6cm, G.P 6~7cm이다.

- G.P 6~7cm와 연결하여 B.P에서 6cm를
  만들면 N.P라인 4cm위에 떨어지게 된다.

- 귀의 폭만큼 TOP에서 5~6cm를 설정하여
  G.P 6~7cm를 연결하는 것이 좀 더 용이하다.

- N.P 라인에서 클리퍼의 동작은 포물선을 그리면서
  머리카락의 역방향으로 올려쳐야 한다.

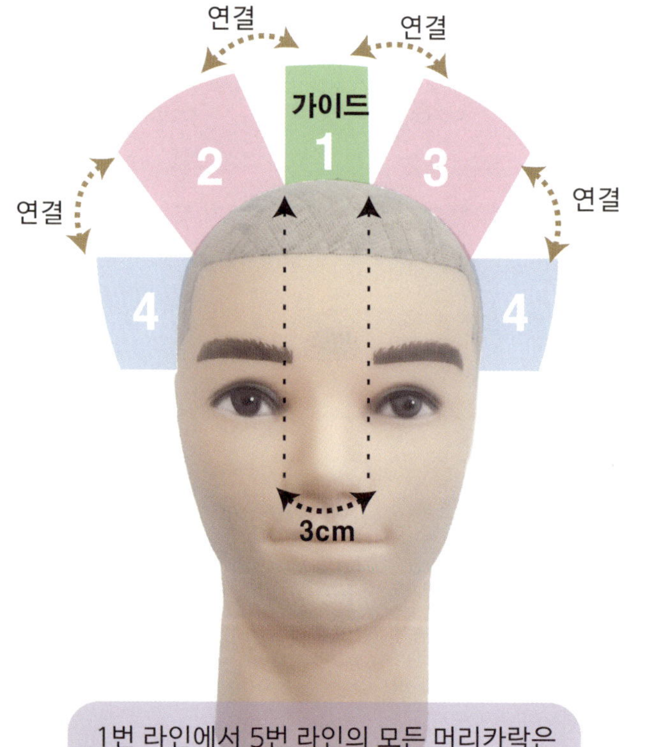

- 코의 폭만큼 C.P라인으로 올라가서
  공단에서 발표한 C.P 7~8cm, T.P 5~6cm,
  G.P 6~7cm을 완성하여 가이드를 만들어준다.

- 만들어진 가이드로 2번, 3번 라인을 두상
  각도로 연결하여 커트한다.

- 4번라인도 수정커트할 때 3번 라인과 연결
  하여 커트한다.

⑤ 지간잡기 순서(전두부-두정부-후두부 상단-양측두부-후두부)

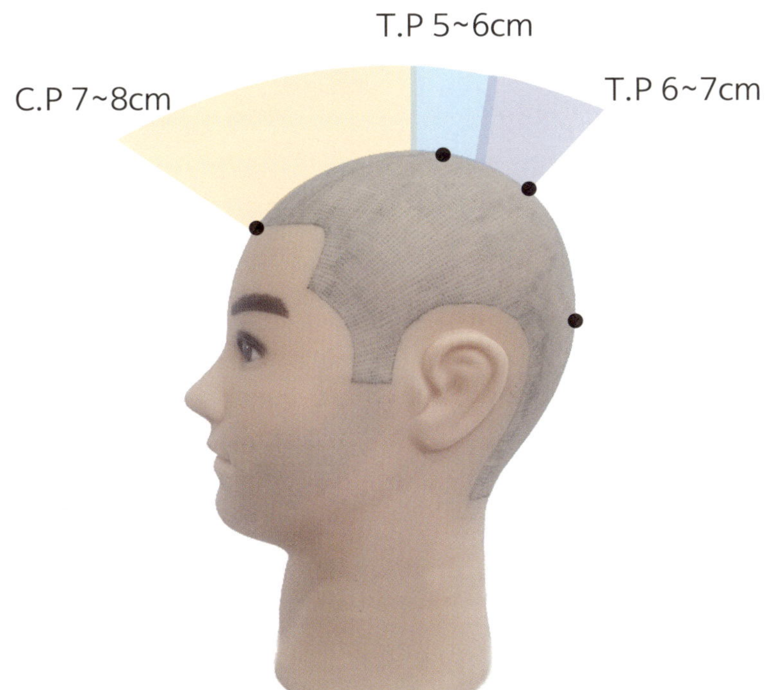

1. 공단에서 발표한 센치를 먼저 만들어준다.

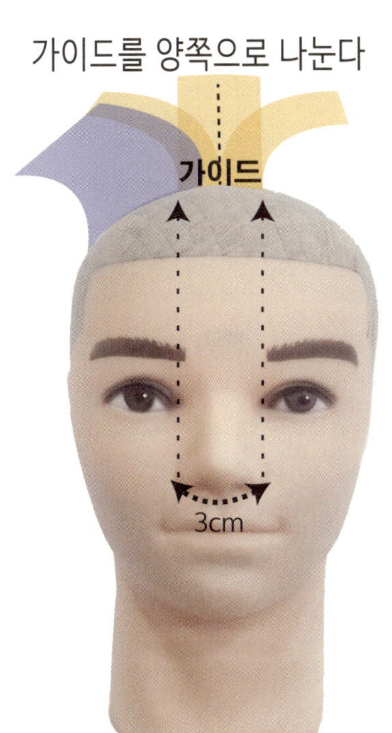

2. 만들어진 센치가 가이드가 되고
   양쪽으로 나누어 연결하여 커트한다.

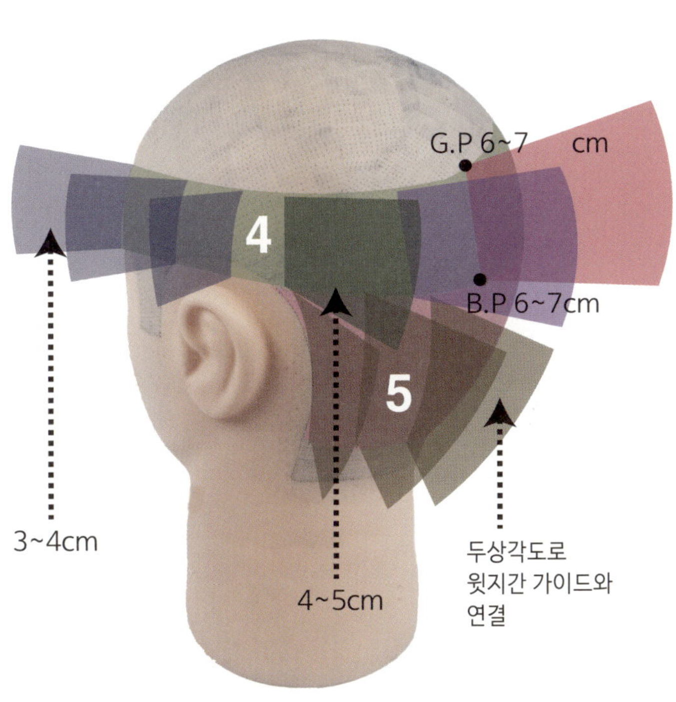

3. 양측 두부는 귀 뒤라인 까지를 말한다.
   대략 3번의 지간을 잡아 커트한다.
   귀 뒤까지 길이가 3~4cm가 좋다.

4. 후두부는 귀 뒤라인 부터 반대편 귀
   뒤까지를 말한다.
   대략 5번의 지간을 잡아 커트한다.
   전체 길이가 4~6cm가 적당하다.

5. 5번 라인은 4번 라인의 가이드를
   가지고 연결하여 두상 각도로 커트를
   진행한다.

⑥ 중상고 작업과정

마네킹 원 상태의 정면 모습

핀셋으로 머리 고정

목종이(넥 페이퍼) 두르기

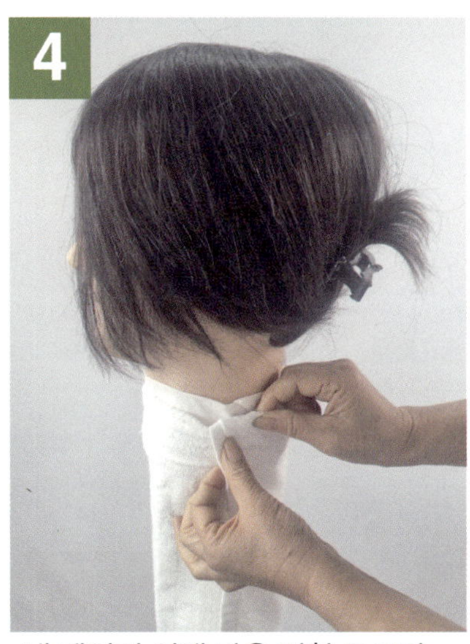

넥 페이퍼 위에 타올 밀착 두르기

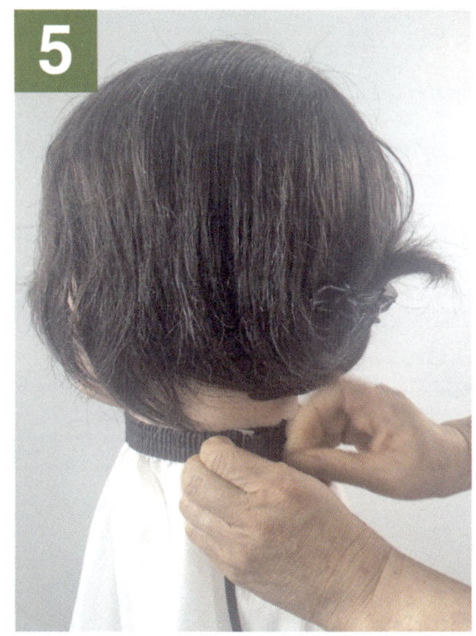

커트보 두르기

두발 전체 분무 (수분 공급)

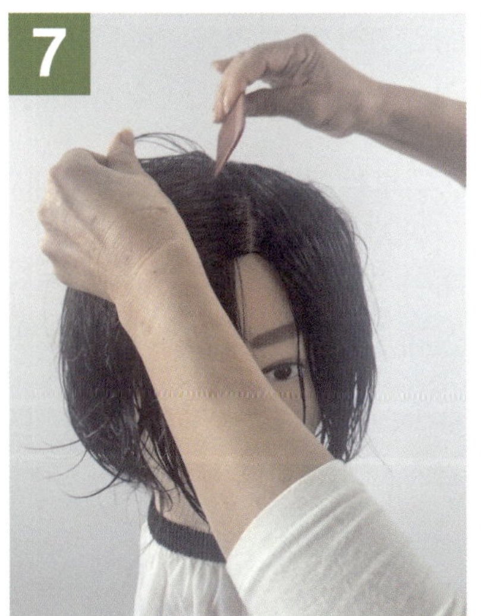

옆 가르마 섹션 나누기

정중선(센터)에서 미간 너비만큼
가이드라인 설정

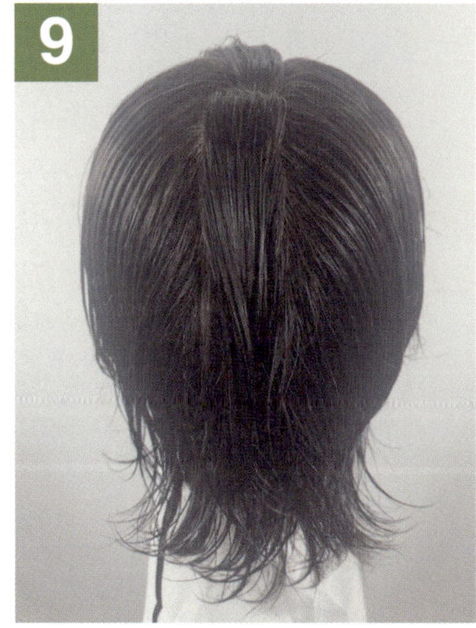

후두부 상단 가이드라인 설정

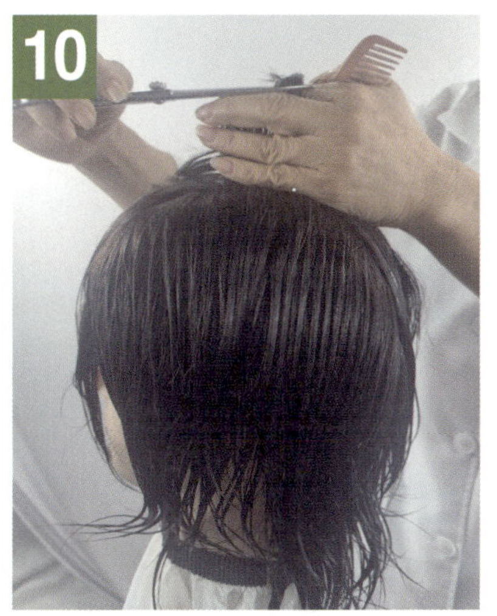

10. T.P~G.P 두상 각 90°로 1번 영역 지간 커트

11. C.P~T.P 두상 각 90°로 2번 영역 지간 커트

12. T.P~G.P 길이를 확인하고 위로 똑바로 잡고 3번 영역 지간 커트

13. 정중선으로 나눈 가이드를 보고 우측 2번 영역으로 연결하여 커트

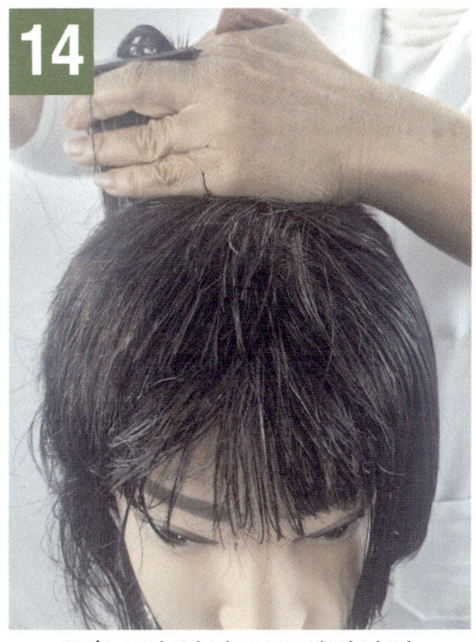

14. 우측 1번 영역으로 연결하여 지간 커트

15. 후두부 상단 3번 영역으로 연결하여 가로 커트

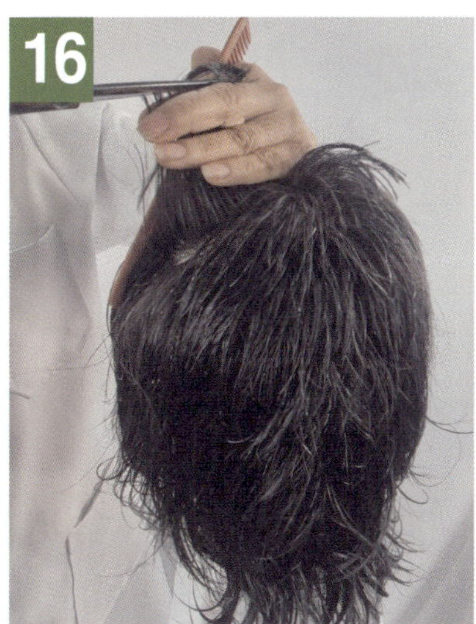

16. 좌측 가이드 1번 영역으로 연결하여 지간 커트

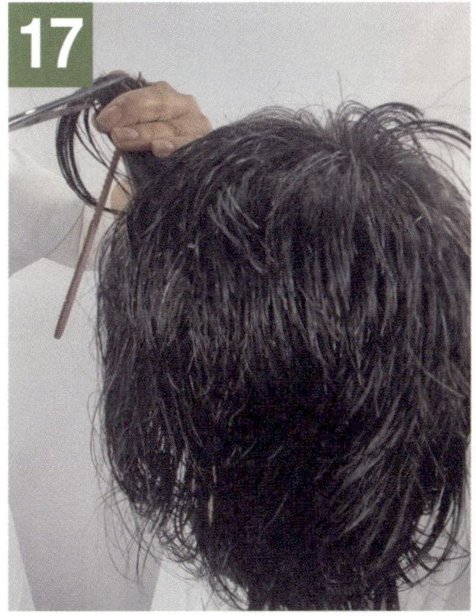

17. 좌측 가이드 2번 영역으로 연결하여 지간 커트

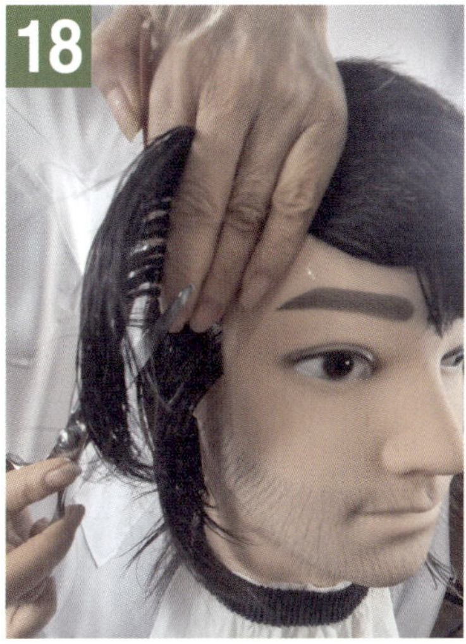

18. 우측 사이드 옆으로 똑바로 4번 영역 세로 커트

❻ 중상고 작업과정

우측 귀 위 라인 4번 영역 연결하여
세로 커트

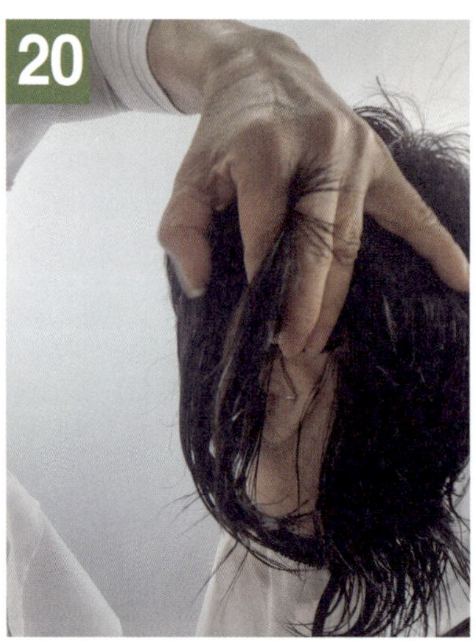

좌측 귀 위 라인 4번 영역 연결하여
세로 커트

좌측 사이드 옆으로 똑바로 4번 영역
세로 커트

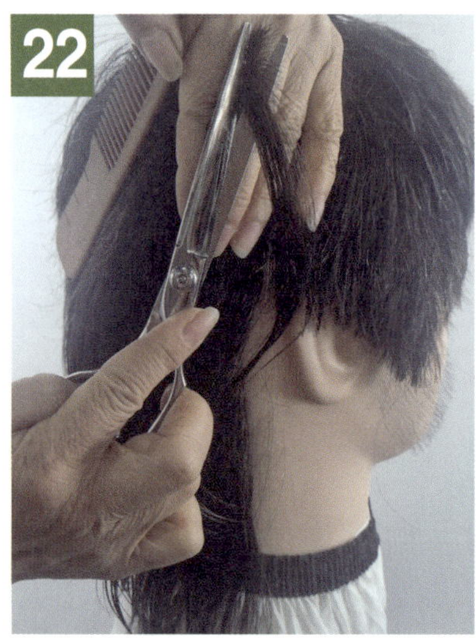

우측 이어백 (귀 뒤)으로 4번 영역으로
연결하여 세로 커트

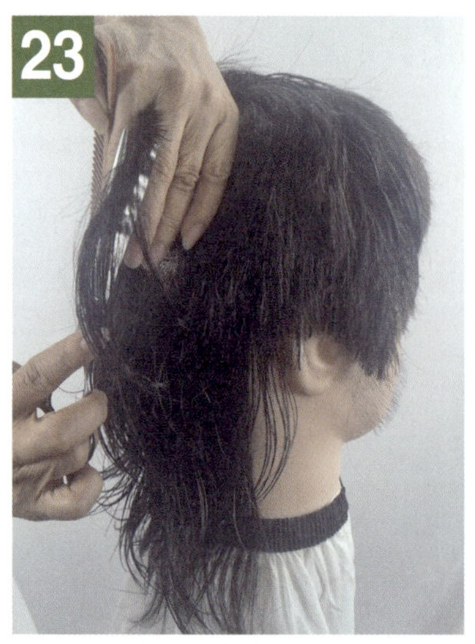

후두부 사이드 4번 영역으로 연결하여
지간커트

후두부 B.P 4번과 같은 방법으로
지간 커트

좌측 사이드 4번과 연결하여 지간 커트

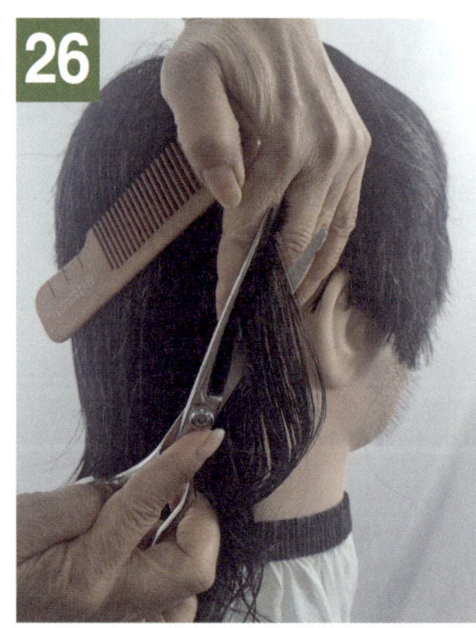

우축 E.B.P 하단 (네이프) 연결하여
커트

우측 하단 N.P라인과 연결하여 커트

좌측 하단 같은 방법으로 연결하여
세로 커트

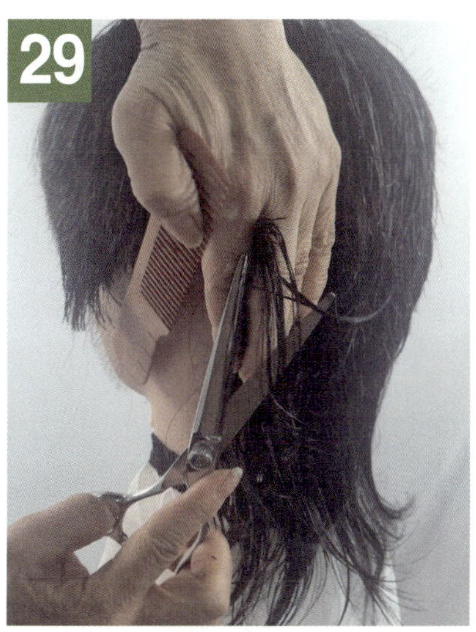

좌측 동일한 방법을 이용하여 전체적인
기장 밸런스 확인 지간깎기 마무리

N.P 중앙 하단부 빗 삽입 하단부
짧게 떠내깎기 시작

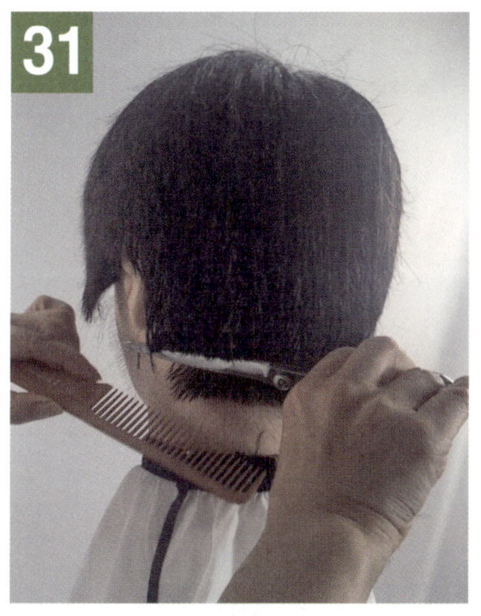

좌측 네이프 사이드 빗의 각도를
조절하며 떠내깎기

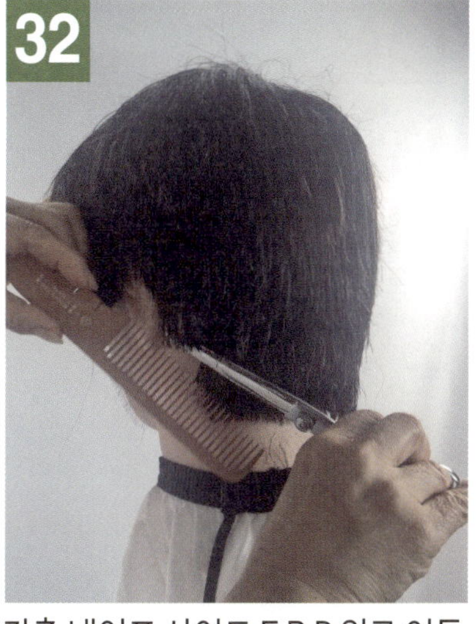

좌측 네이프 사이드 E.B.P 위로 이동
하면서 떠내깎기

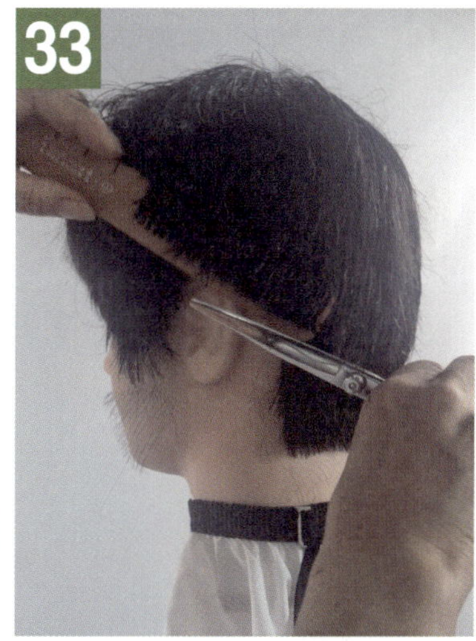

위로 이동하면서 같은 방법으로
떠내깎기

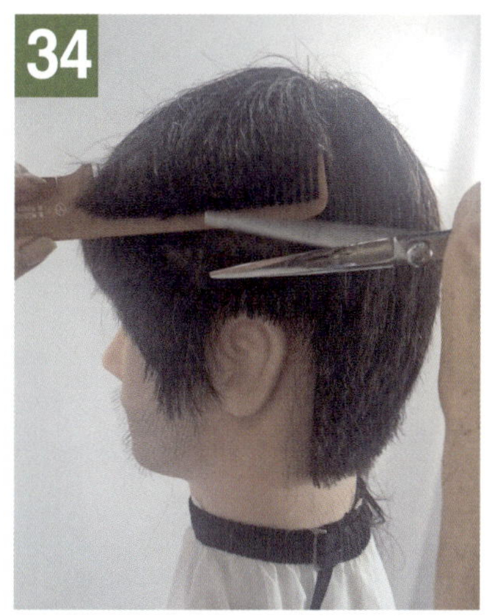

E.B.P 기준선까지 그라데이션 형성
하면서 떠내깎기

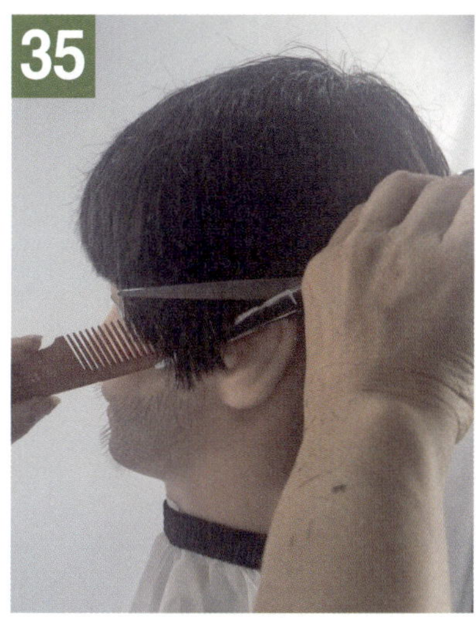

좌측 S.C.P에서 위로 이동하면서
그라데이션 떠내깎기

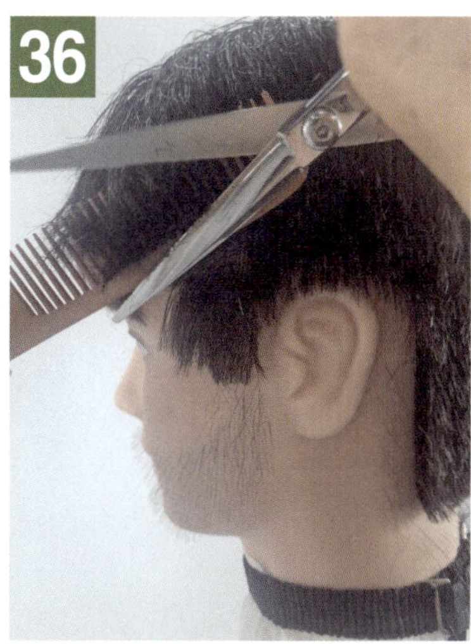

위로 올라가면서 연결 커트

❻ 중상고 작업과정

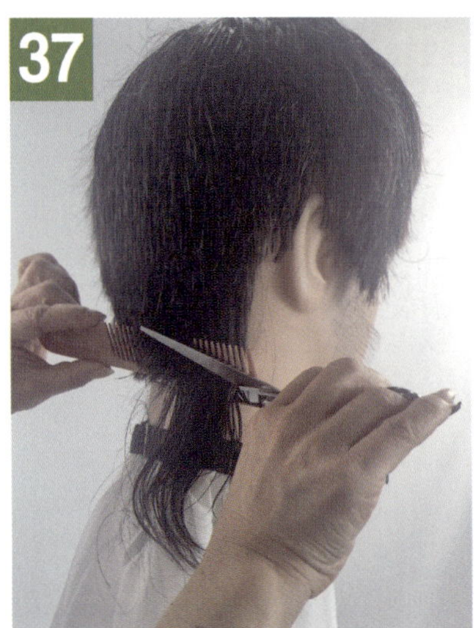

37

우측 N.C.P 영역을 떠내깎기

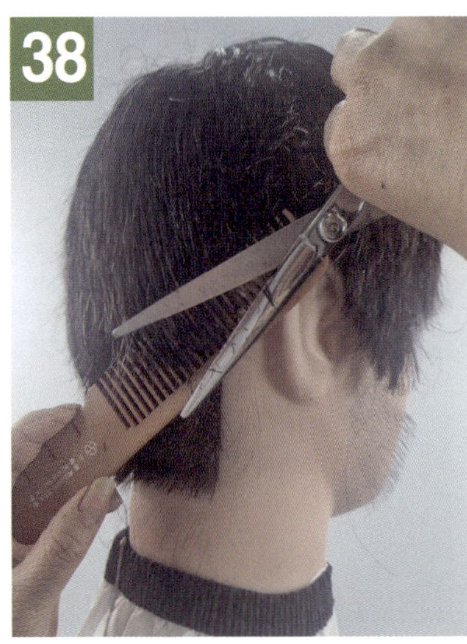

38

좌측 사이드라인 위로 이동하면서
사선 커트

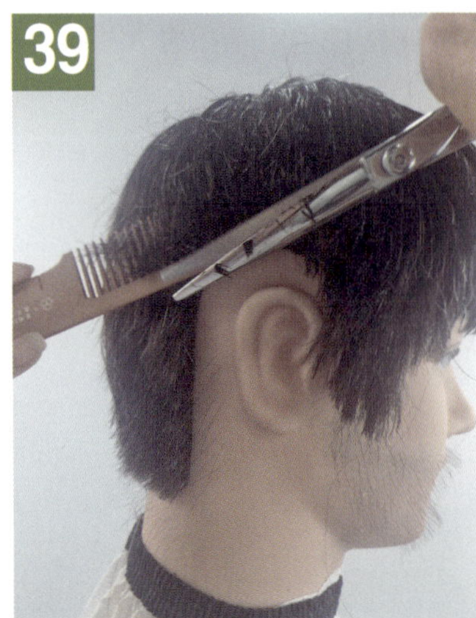

39

좌측 이어라인 위로 이동하면서
사선 커트

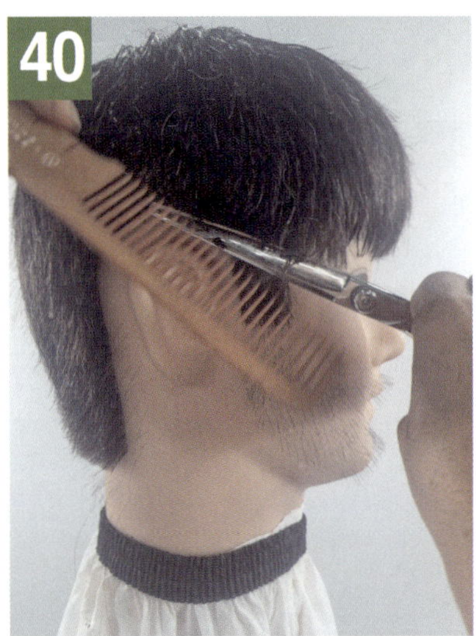

40

우측 S.C.P 빗을 세워서 떠내깎기

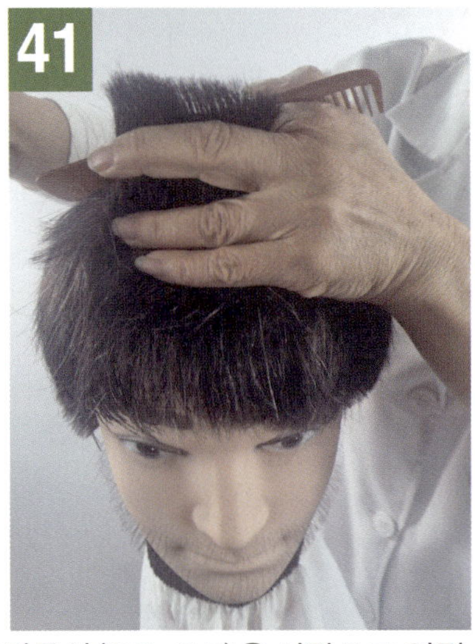

41

정중선(C.P~G.P)을 시작으로 연결
하여 숱고르기

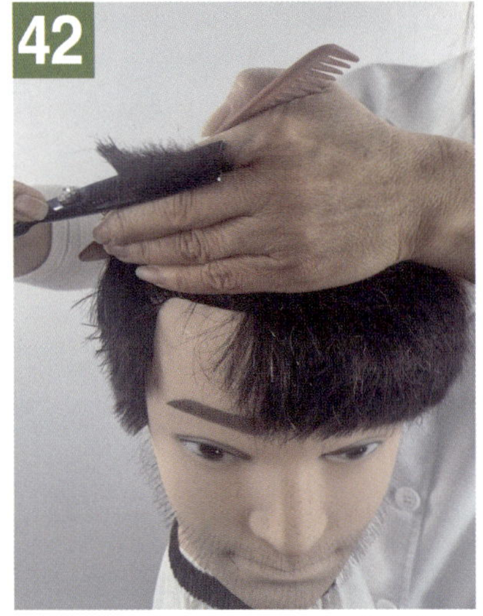

42

우측 정중선 1번 영역으로 연결하여
엔드 테이퍼링

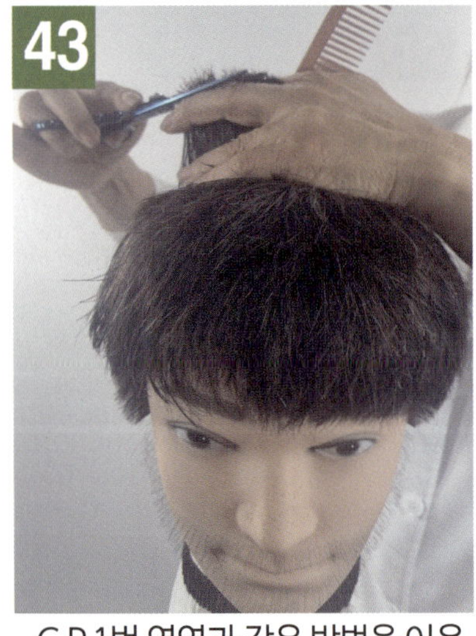

43

G.P 1번 영역과 같은 방법을 이용
하여 숱고르기

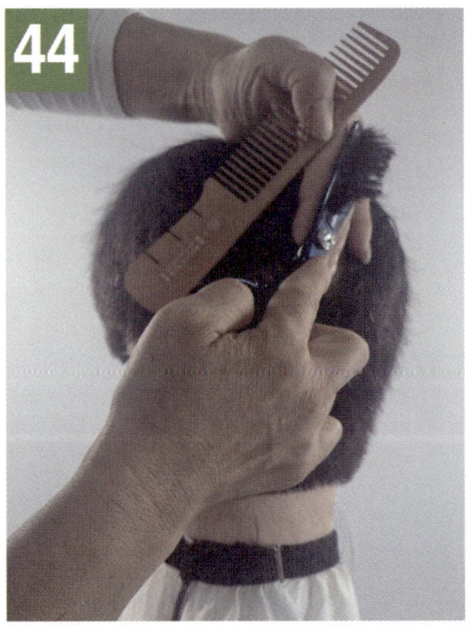

44

후두부 상단 G.P와 연결하여 숱고르기

45

N.P 라인에서 후두부 상단까지 위로
이동하면서 딥 테이퍼링

좌측 N.S.P 빗을 대고 딥테이퍼링

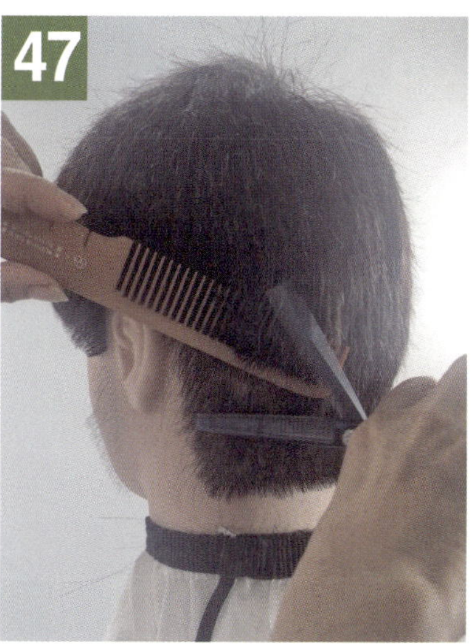

좌측 귀 뒤 라인 빗을 45°로 잡고 딥테이퍼링

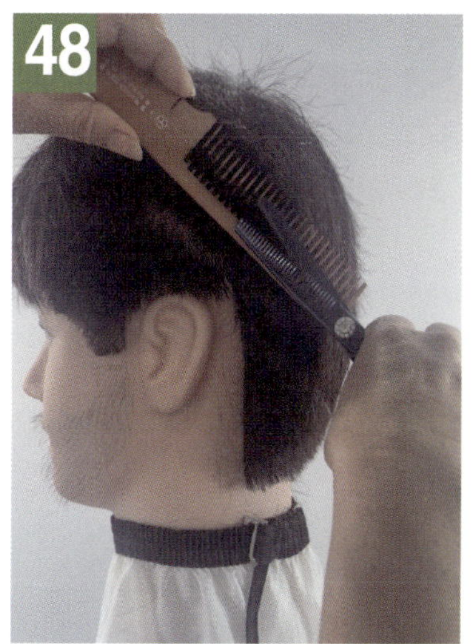

이어서 위로 올라가면서 두피면 가까이 딥 테이퍼링

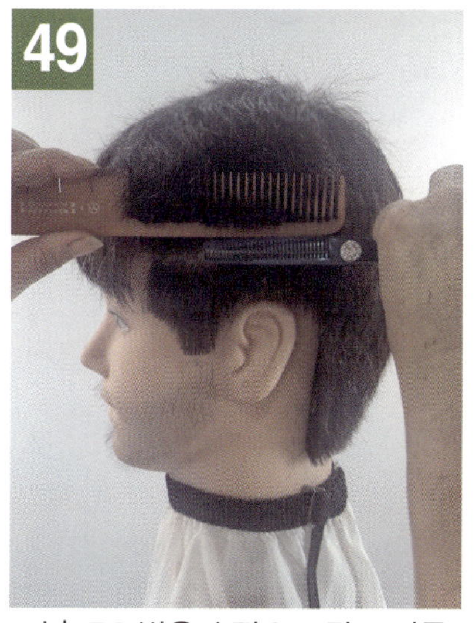

좌측 E.P 빗을 수평으로 잡고 이동 하면서 숱고르기

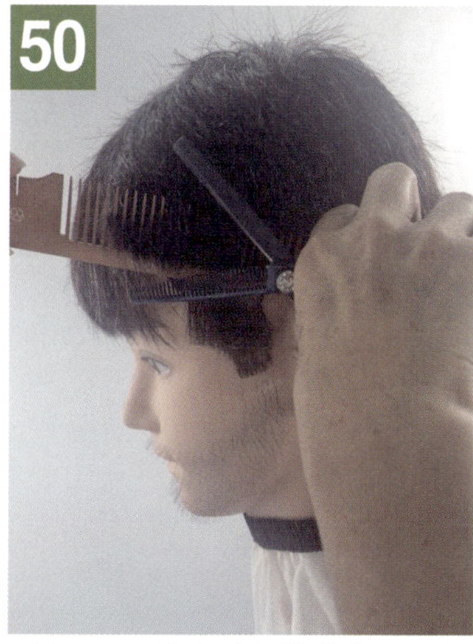

좌측 S.C.P에서 위를 향해 숱고르기

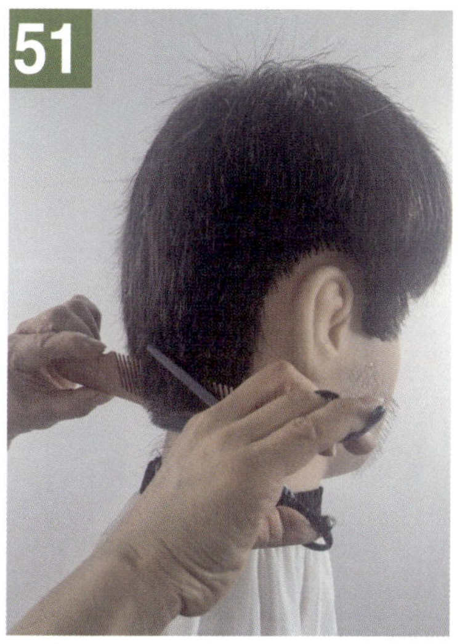

우측 N.S.P 빗을 대고 딥테이퍼링

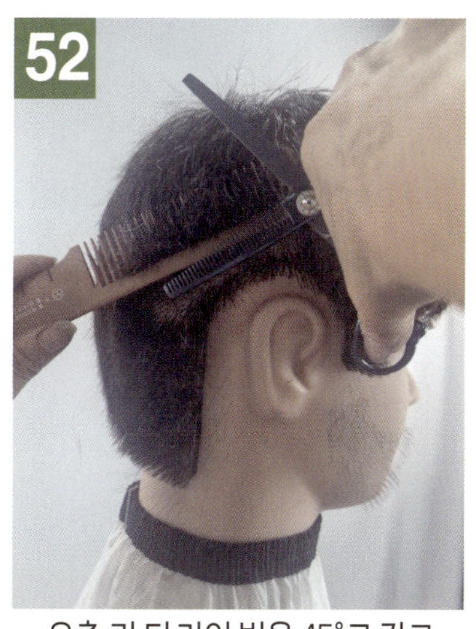

우측 귀 뒤 라인 빗을 45°로 잡고 딥테이퍼링

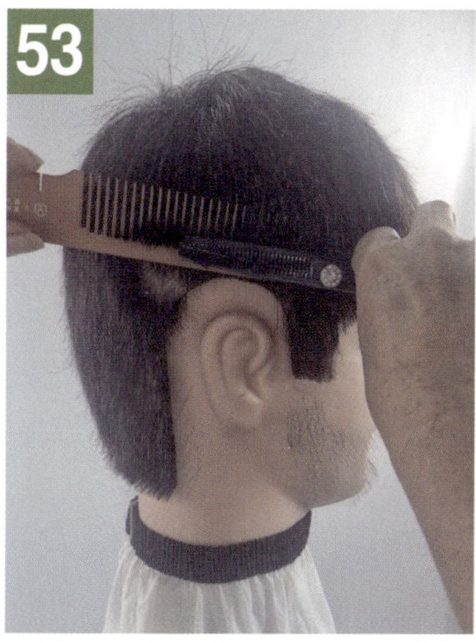

우측 E.P 빗을 수평으로 잡고 이동 하면서 숱고르기

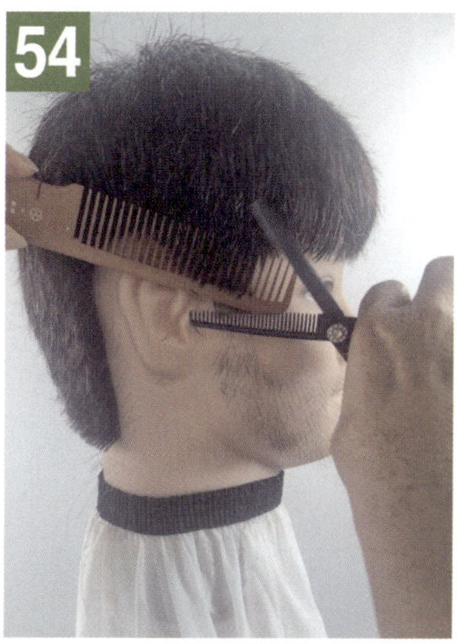

이어서 위로 올라가면서 두피면 가까이 딥 테이퍼링

❻ 중상고 작업과정

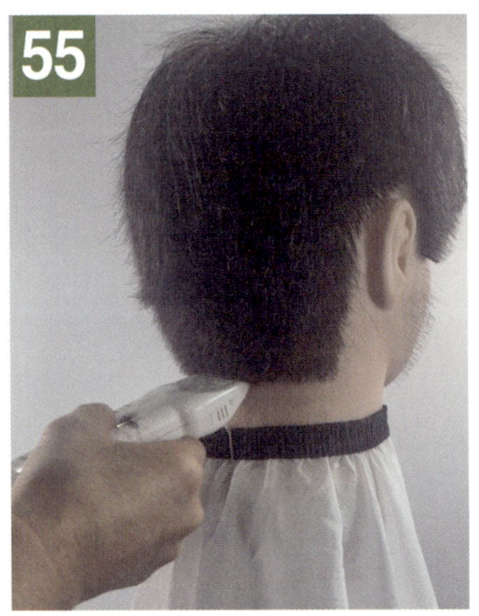

55

N.P을 클리퍼로 높이 3cm, 클리퍼를 수평으로 유지하여 올려치기 한다.

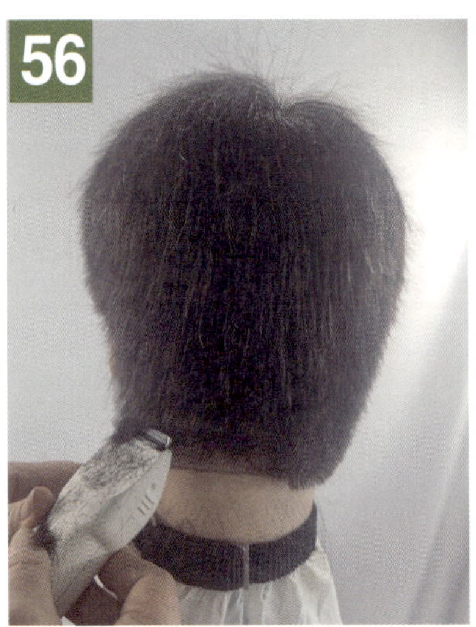

56

좌측 N.S.P 센터 중앙에 맞춰서 위로 이동하면서 끌어올려 작업

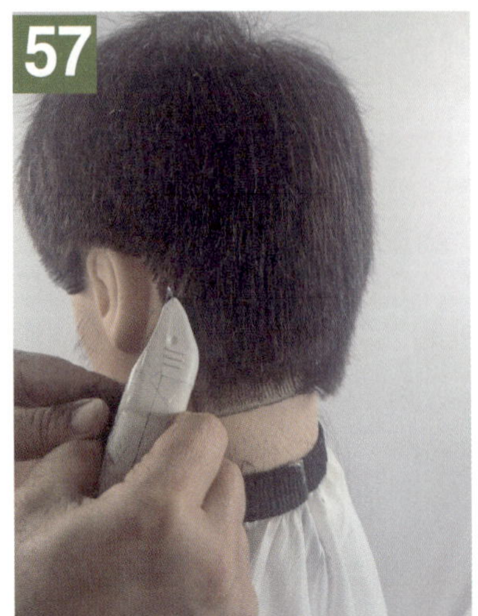

57

좌측 N.C.P에서 귀 라인을 따라 이동하면서 돌려깎기

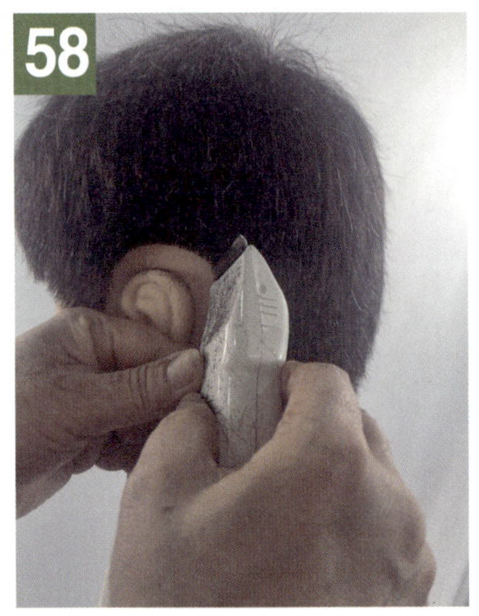

58

좌측 이어서 클리퍼로 연결하여 귀 둘레를 돌려깎기

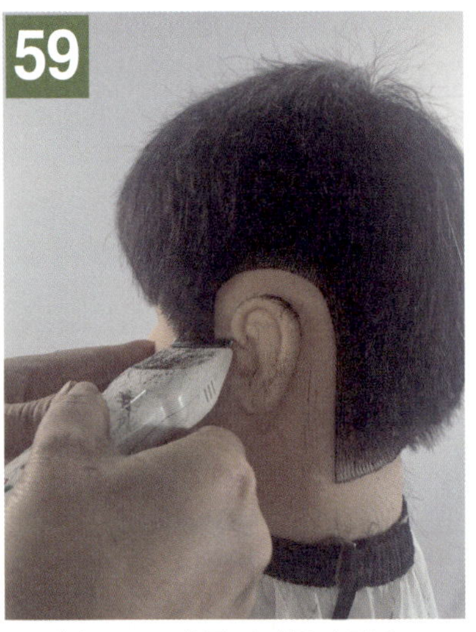

59

좌측 S.C.P에 클리퍼를 수평으로 대고 위로 올려깎기

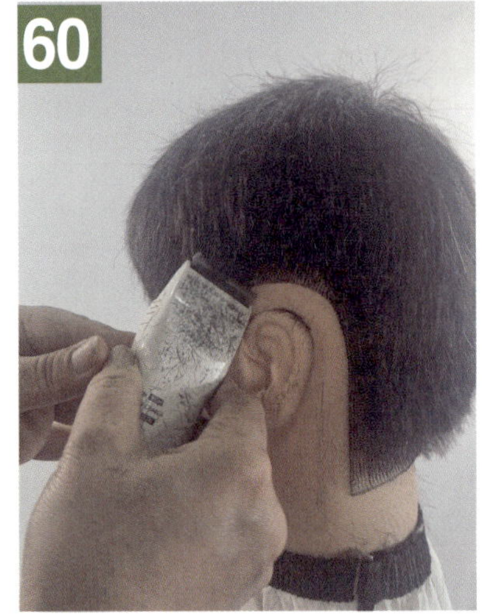

60

좌측 귀 라인을 따라 연결

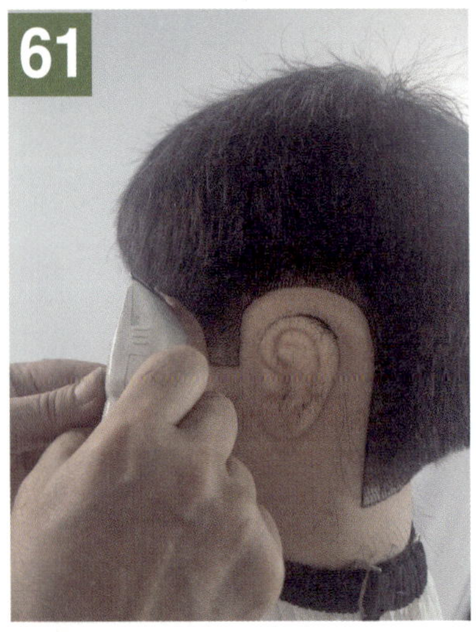

61

좌측 S.P에 튀어나온 머리 라인 정리

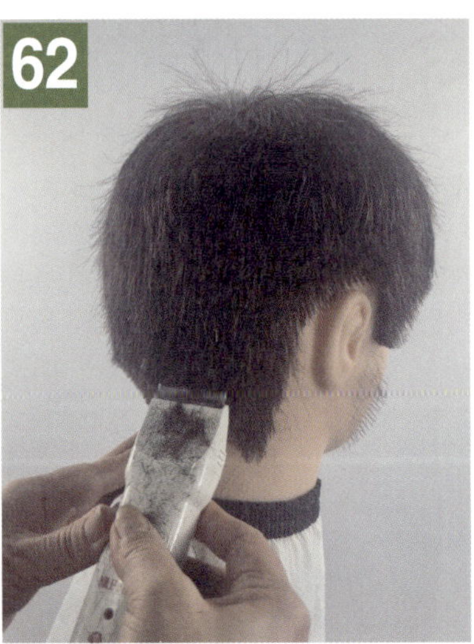

62

우측 N.S.P 센터 중앙에 맞춰서 위로 이동하면서 끌어올려 작업

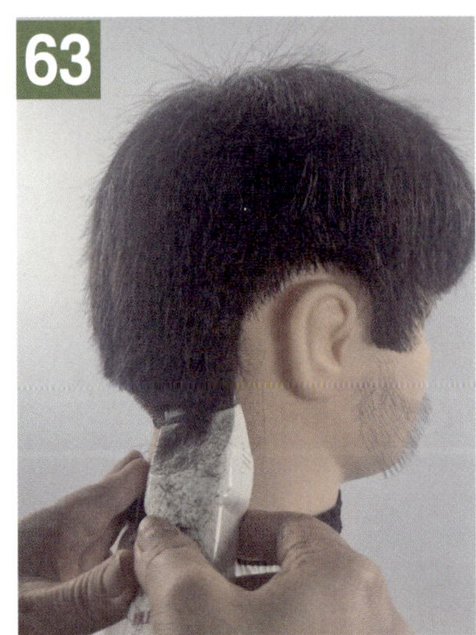

63

우측 N.C.P에서 클리퍼를 사선 방향을 유지하면서 끌어올리기

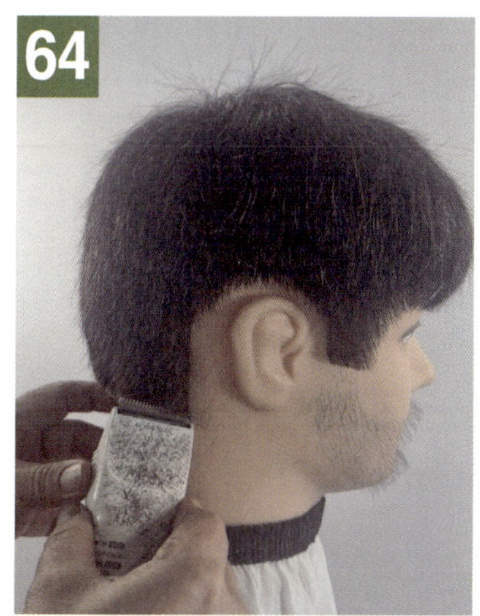

우측 30˚~45˚ 각도로 클리퍼를 세워
시계 반대 방향으로 올려깎기

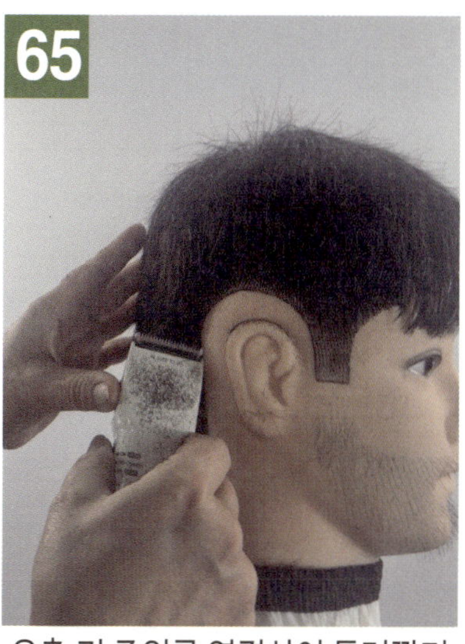

우측 귀 주위를 연결하여 돌려깎기

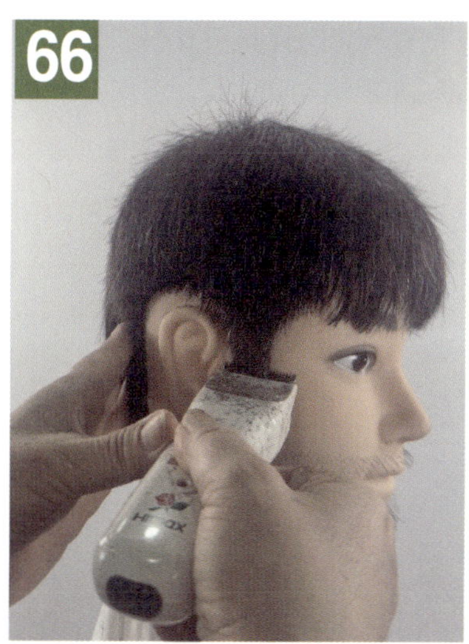

우측 S.C.P에 클리퍼를 수평으로
대고 위로 올려깍기

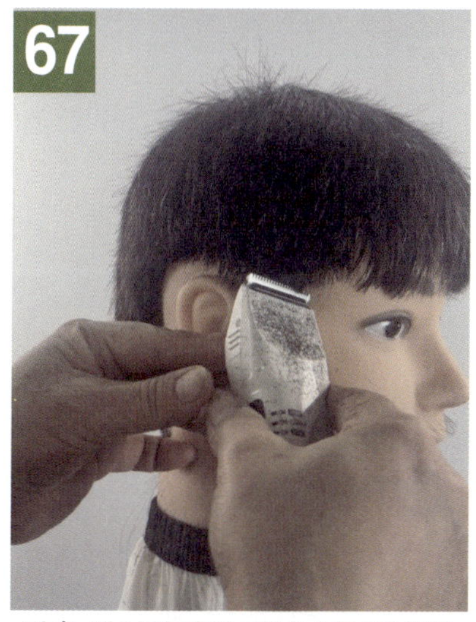

좌측 헤어라인에 튀어나온 머리를
클리퍼로 라인 정리

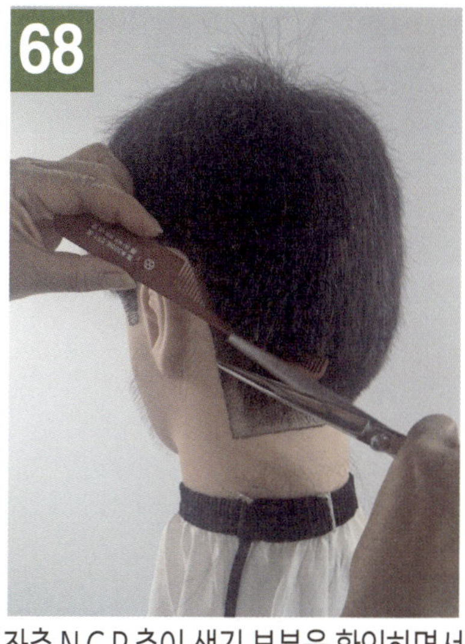

좌측 N.C.P 층이 생긴 부분을 확인하면서
싱글링(Shingling) 작업 시작

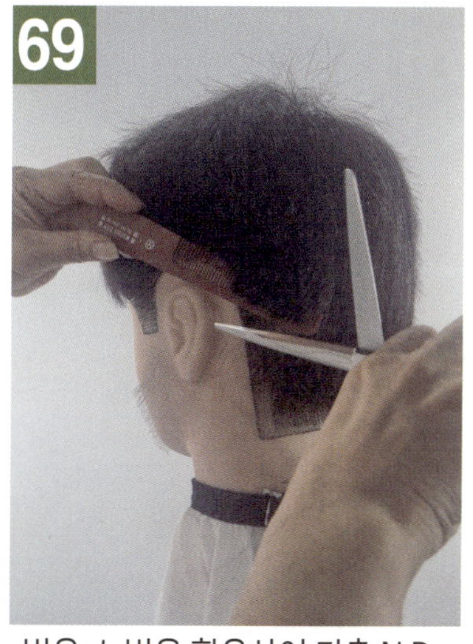

빗은 소 빗을 활용하여 좌측 N.P
에서 위로 연속깎기

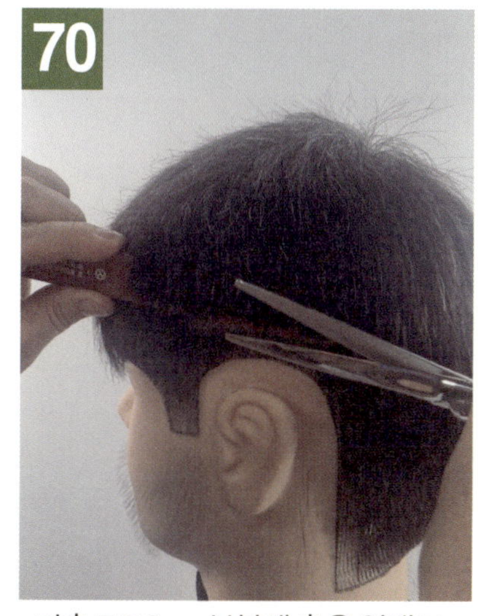

좌측 E.P 2cm 부분에 층을 없애고
명암처리

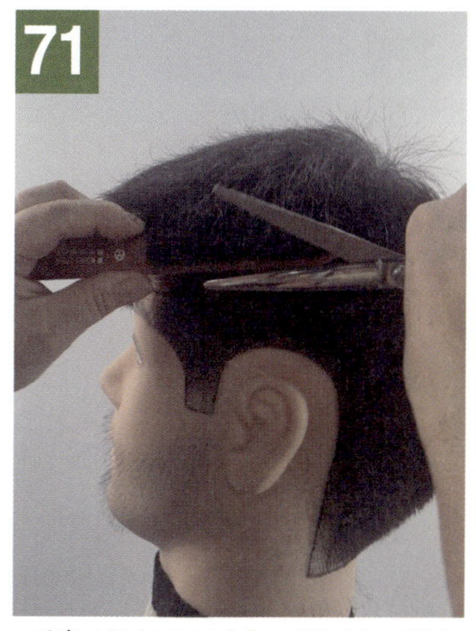

좌측 사이드도 같은 방법으로 연결
하여 층을 고르게 싱글링 커트

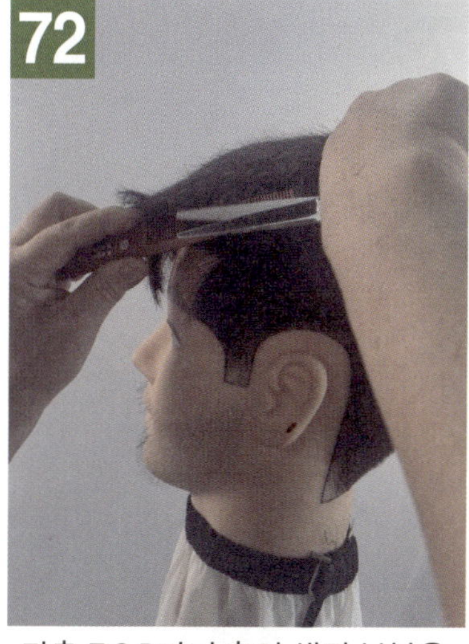

좌측 F.S.P까지 층이 생긴 부분을
두상각으로 올리면서 싱글링 커트

❻ 중상고 작업과정

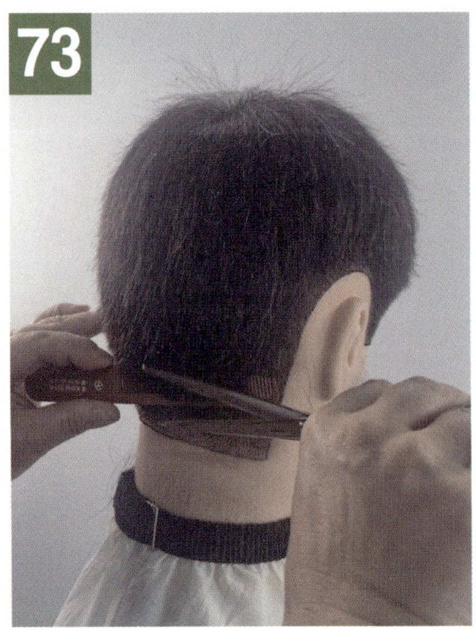

73

우측 N.S.P 는 가이드에 맞춰 싱글링 커트한다.

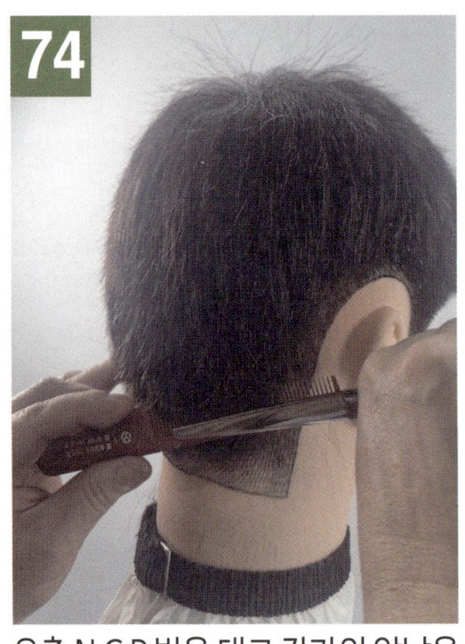

74

우측 N.C.P 빗을 대고 장가위 앞날을 이용해서 연속깎기

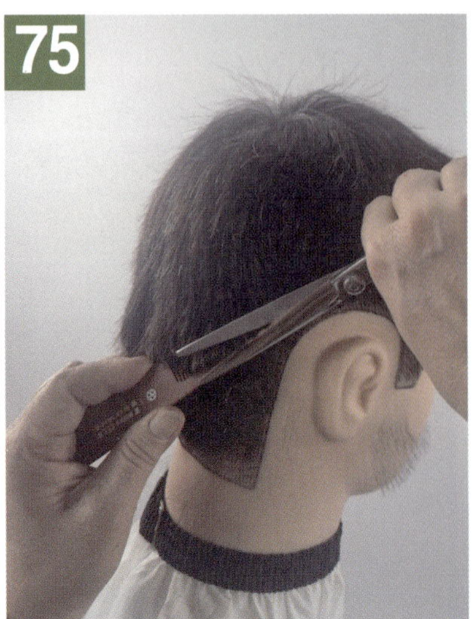

75

우측 귀 뒤 라인으로 연결하여 사선 방향으로 연속깎기

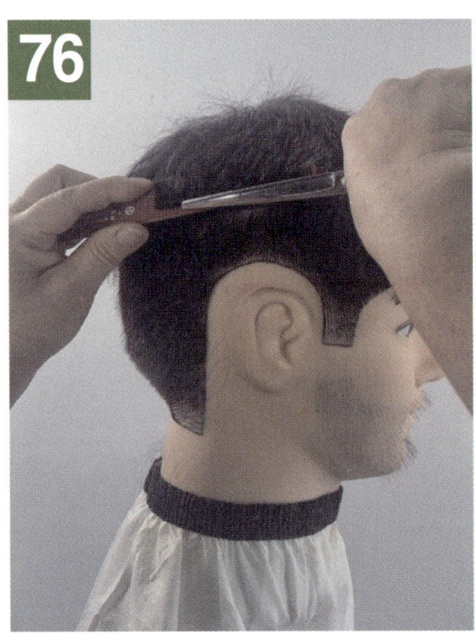

76

우측 E.P 2cm 기준선을 일정한 동작을 유지하면서 싱글링

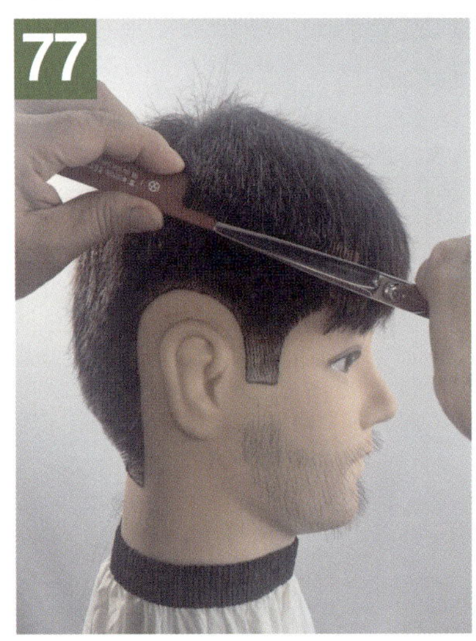

77

우측 S.C.P~F.S.P까지 빗을 전대각으로 가위와 일정하게 유지하면서 연속깎기

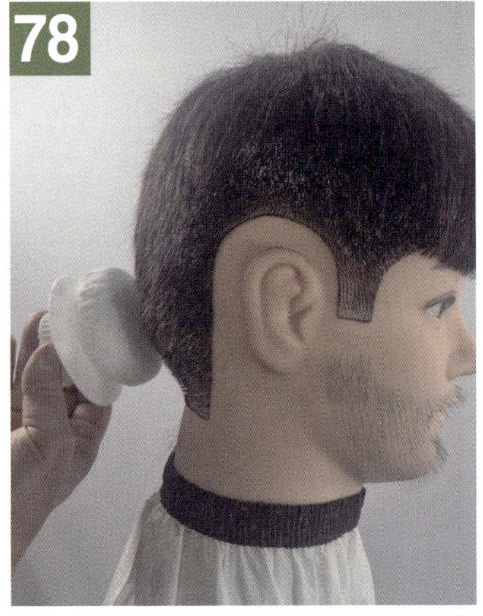

78

목 뒤 층의 남아 있는 경계선 부위에 천가분 도포

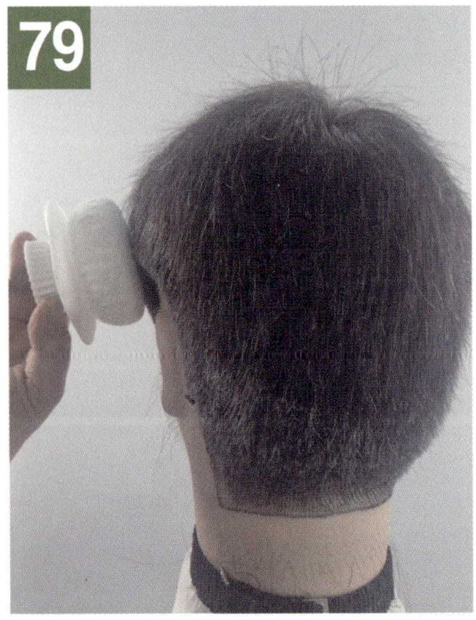

79

옆 라인 천가분 도포 후 미세하게 튀어나온 머리카락 확인

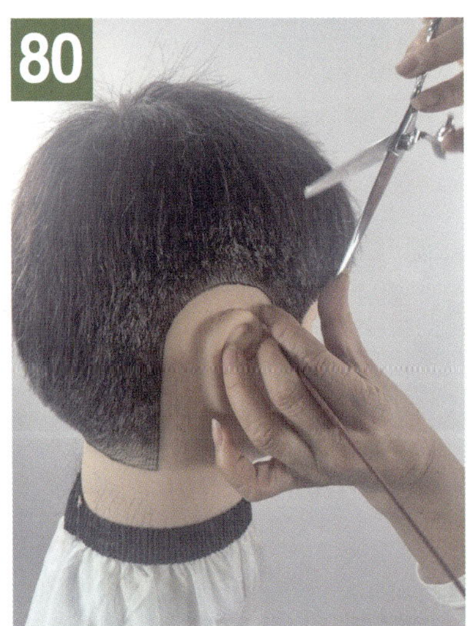

80

우측 사이드 돌출된 머리카락을 옆 가위질

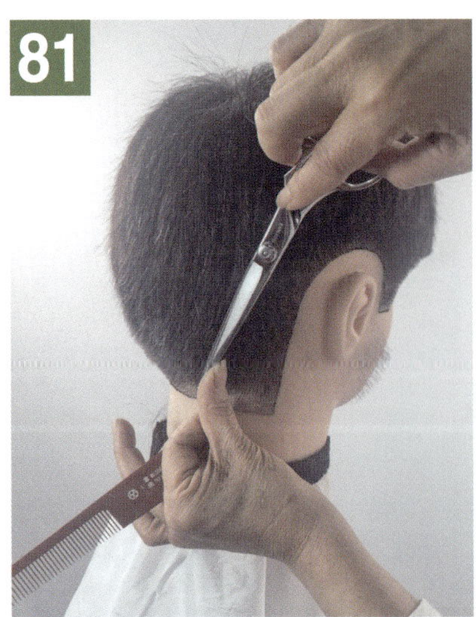

81

우측 귀 뒤 라인도 연결하여 돌출된 부분을 옆 가위질

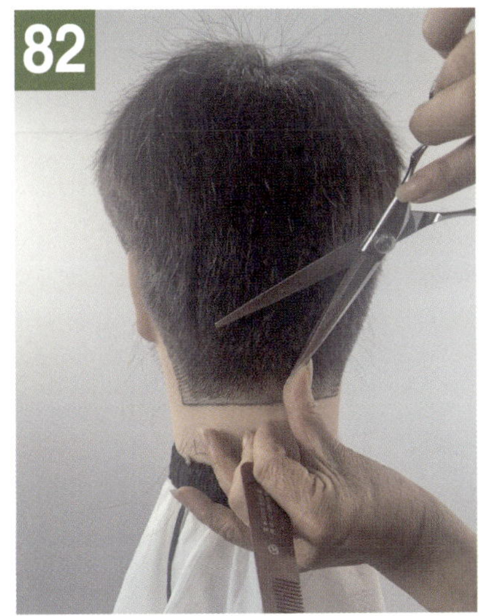

82 후두부 넓은 면을 측면에서 돌출부위를 확인한 후 옆 가위질

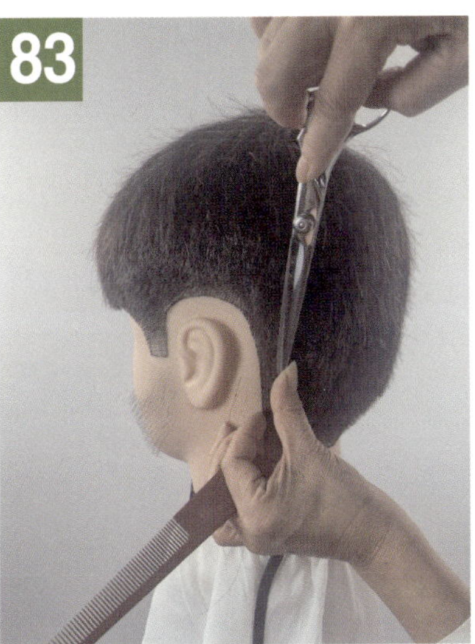

83 좌측 N.C.P에서 좌측 사이드까지 이어서 튀어나온 머리카락을 깨끗하게 정리

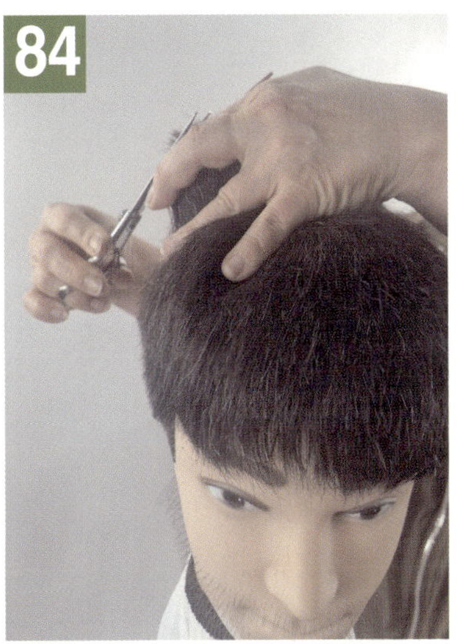

84 우측 전두부 정리된 머리카락을 잡아 보고 연결되지 않은 부분을 수정 커트

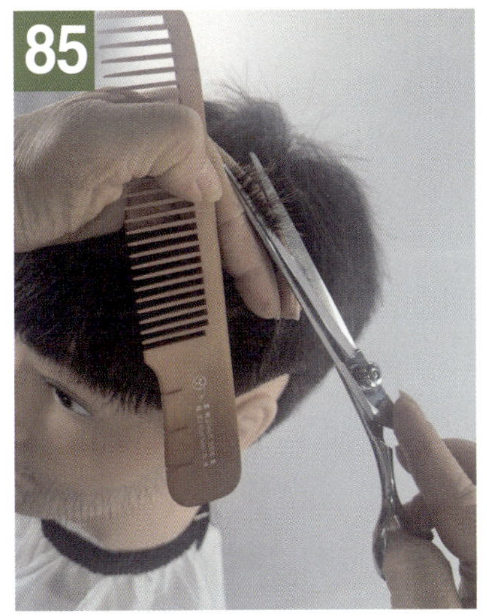

85 좌측 전두부 연결되지 않은 부분을 수정 커트

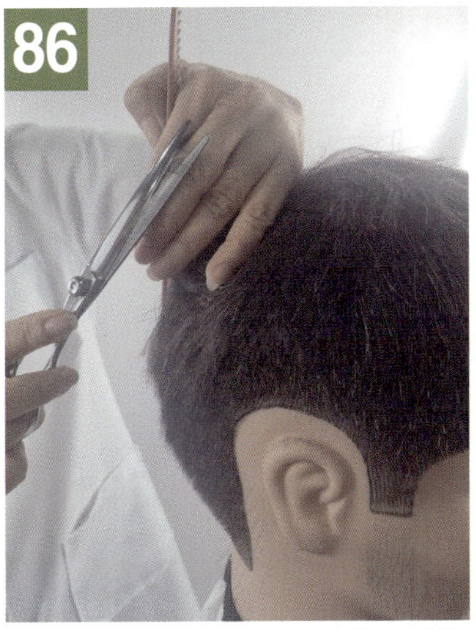

86 후두부 상단도 연결되지 않은 부분을 수정 커트

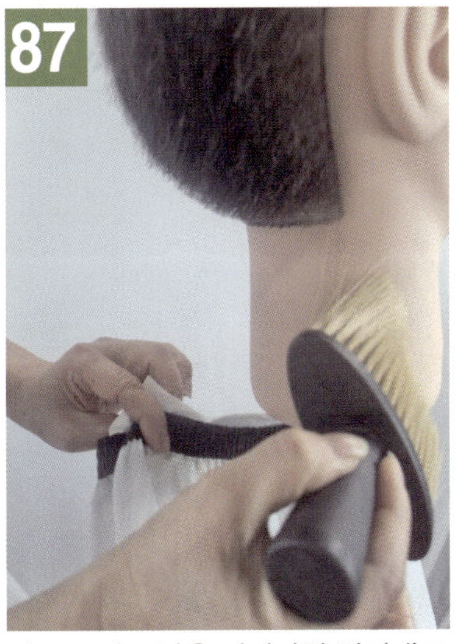

87 커트보 빼고 남은 머리카락 털이개로 제거

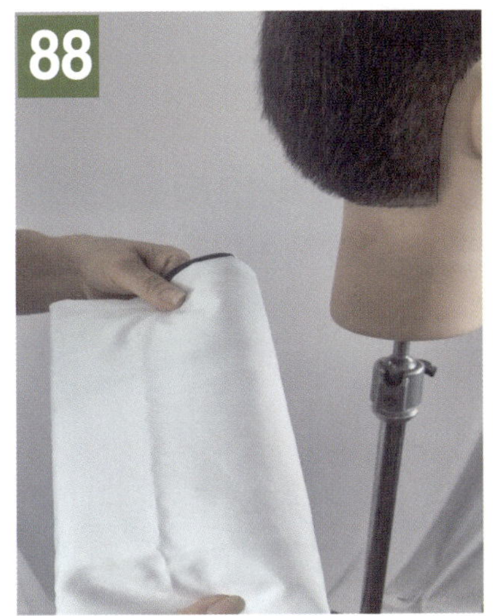

88 커트보 정리

89 이발을 끝내고 난 후 면도를 하기 위한 구레나룻 비누 거품 바르기

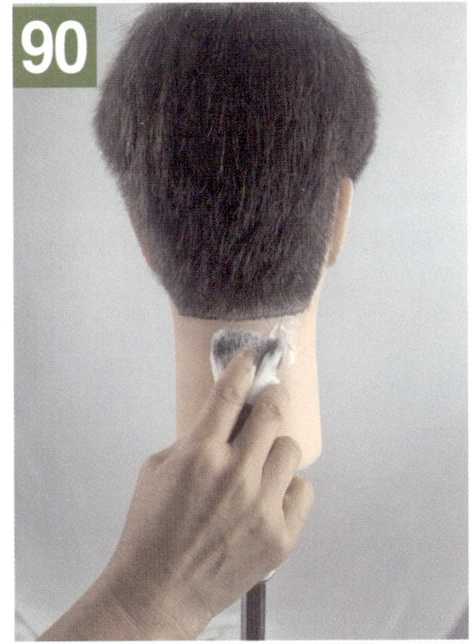

90 목덜미 비누 거품 바르기

⑥ 중상고 작업과정

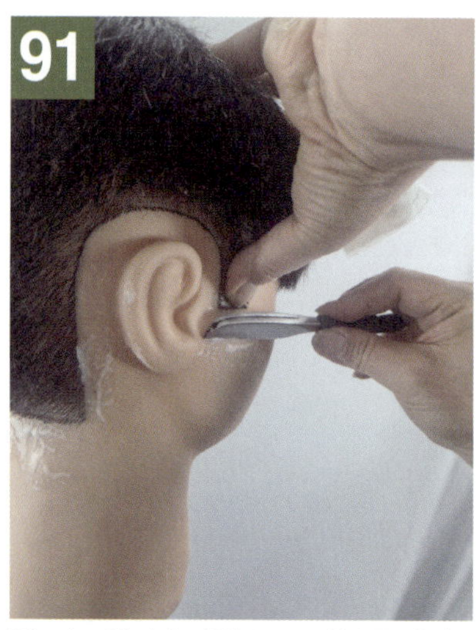

면도는 엄지손가락으로 피부를 당겨 면도칼로 프리핸드 기법으로 한다.

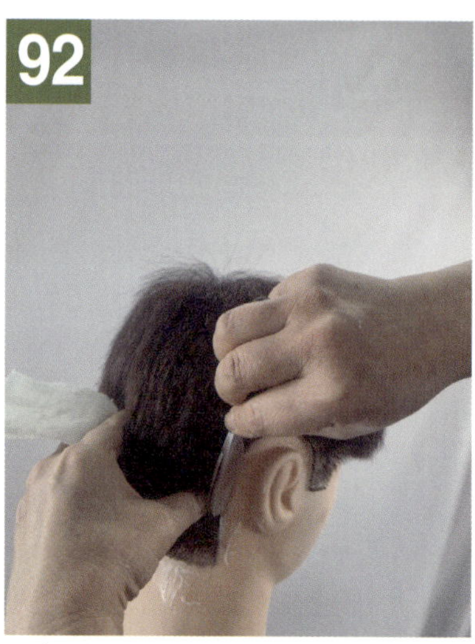

우측 귀 라인 면도도 같은 방법 이용하여 프리핸드 기법으로 한다.

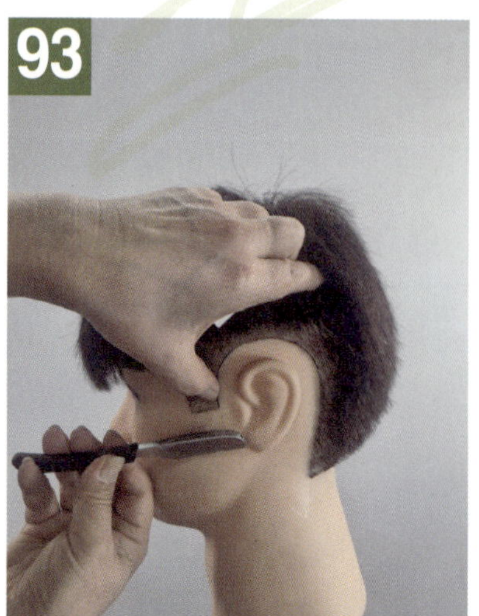

좌측 구레나룻는 왼손 엄지손가락으로 피부를 당겨 백 핸드기법으로 한다.

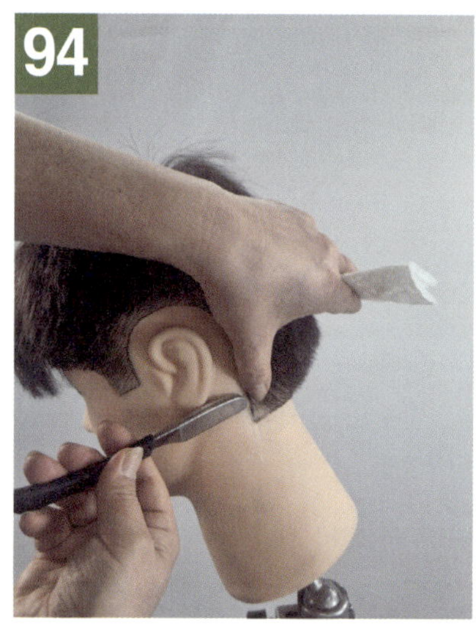

좌측 귀 뒤 라인 면도도 같은 방법을 이용하여 백 핸드기법으로 한다.

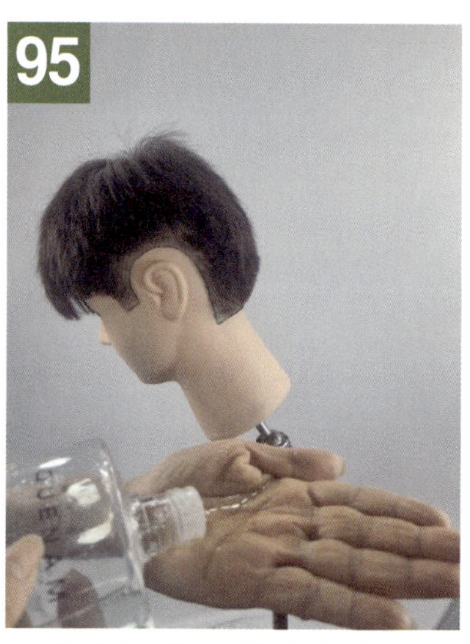

면도부위에 스킨 소독하기

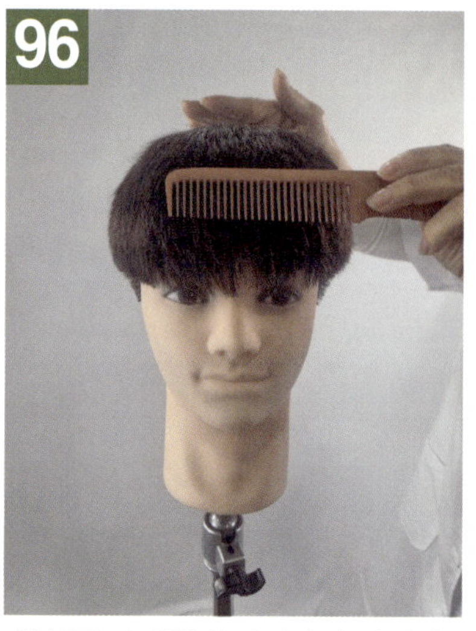

완성된 마네킹에 머리카락 빗질과 주변 정리정돈 한다.

⑦ 실전 합격 전략 (Checklist)

1. 그라데이션 위치 : 음영의 위치가 너무 낮아 하상고 같거나, 너무 높아 둥근형처럼 보이지 않는가?

2. 입체감 : 뒷머리의 볼륨이 적절한 위치(중간 지점)에 형성되어 있는가?

3. 라인의 선명도 : 면도 작업을 통해 목덜미 라인이 깨끗하고 대칭이 맞는가?

4. 기구 취급 : 가위와 빗을 다루는 동작이 능숙하고 안전한가?

5. 자세와 동작 : 자신의 동작이 부드럽고 편안하게 작업하고 있는가?

6. 시간체크 : 작업과정을 너무 빠르거나, 너무 느리지 않게 적정하게 하고 있는가?

7. 작업순서 : 작업 과정을 모두 순서대로 하고 있는가?

8. 오동작 : 기구별 동작을 올바르게 하고 있는가?

⑧ 중상고 완성

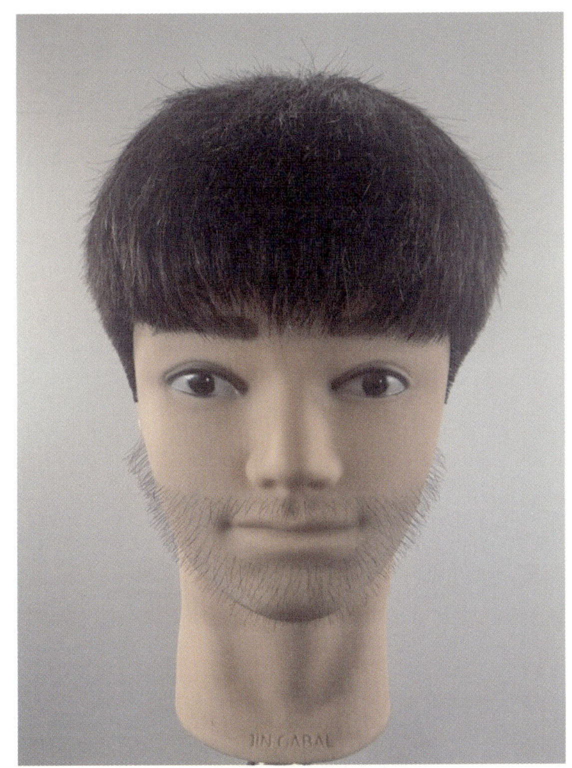

front

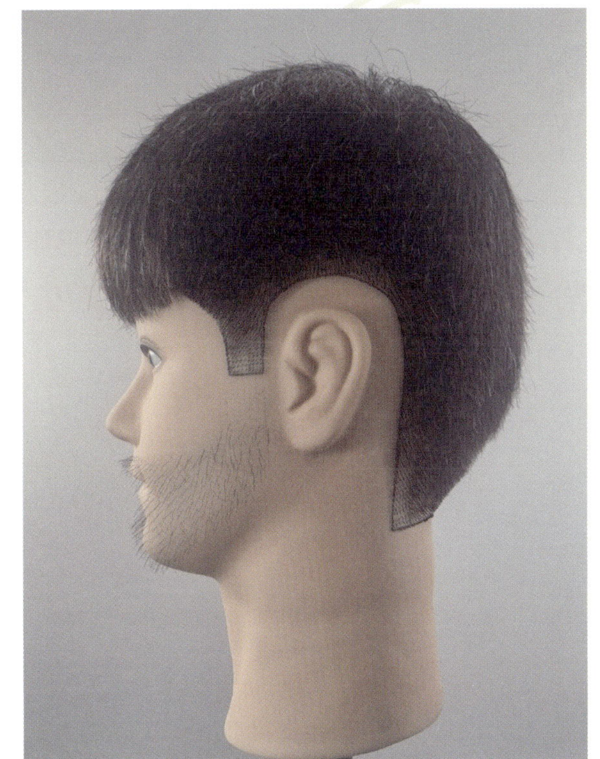

left

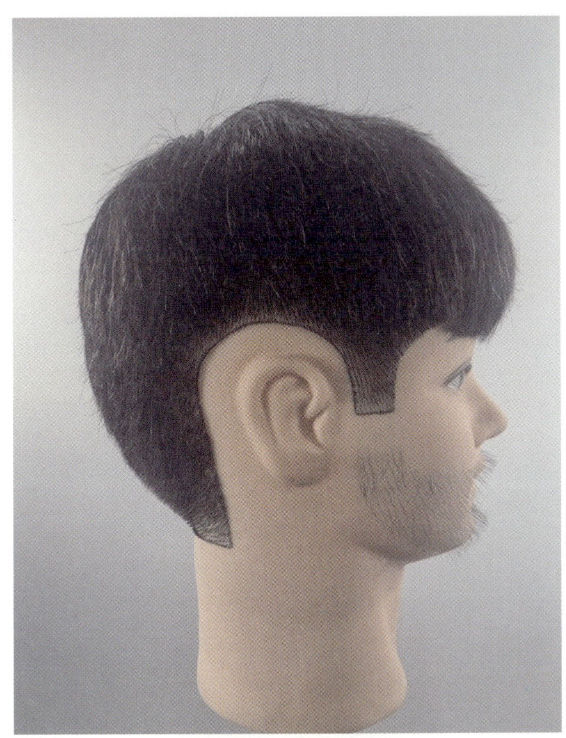

right

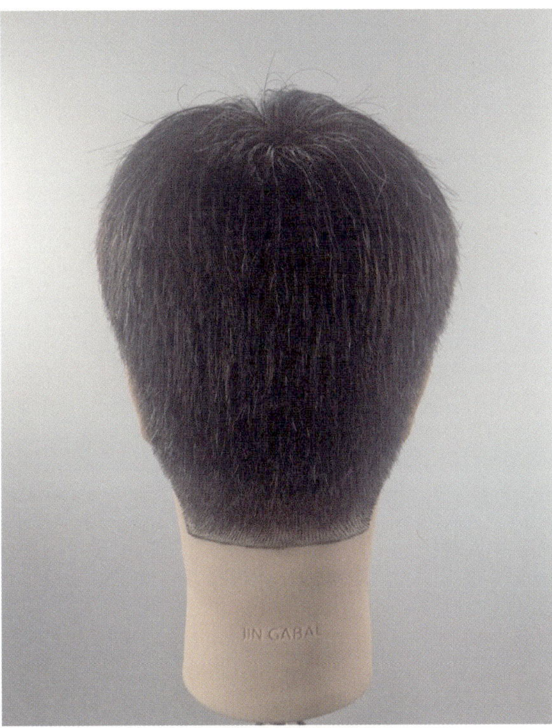

back

Barber Practical Exam

2단계
헤어커트(둥근스포츠)
Disinfection

1 커트의 이해 및 정의

둥근형은 상고머리 유형 중 음영(그라데이션)의 위치가 가장 높은 지점까지 형성되는 스타일이다. 네이프 라인에서 시작하여 후두부의 윗부분(Golden Point 하단)까지 클리퍼로 짧게 깎아 올리며, 뒷머리의 볼륨감을 위쪽으로 끌어올린 형태를 말한다. 스포츠머리(크루컷)에서 파생되거나 영향을 받은 현대적인 헤어스타일에는 크롭컷, 아이비리그컷, 소프트 모히칸, 버즈컷 등이 있다. 이러한 스타일들은 스포츠머리의 짧고 깔끔한 특징을 유지하면서 앞머리 길이, 볼륨, 스타일링 방식에 변형을 준 것이다.

2 커트 준비물

2. 작업내용

빗과 클리퍼를 사용하여 도면과 같이 머리카락이 귀 부분을 덮지 않은 단정한 머리형으로 조발하시오. (단, 클리퍼 조발하기는 **전두부에서부터 후두부 상단, 양측두부, 후두부 순으로 진행**하되, 1차로 거칠게 자른후 2차로 세밀하게 진행하고, 올려깍기는 넥라인(목 뒷부분) 4cm이하, 사이드 라인 3cm 이하의 범위로만 작업한다)

3. 작업 순서

• 커트보 치기 → 머리 물 분무하기 → 클리퍼 조발하기 → 숱고르기 → 첨가분 칠하기
  수정커트하기 → 머리카락 털기 및 커트보 정리하기 → 뒷면도하기 → 정리정돈 하기

4. 유의사항

• 두발은 남성적이며, **자연스럽게 연결되고, 전체적인 색조와 균형이 이루어지도록** 한다.
(뒷면도 포함, 클리퍼는 지정된 부위만 사용하여야 하며, 사용 시 덧날 사용은 금지)
• 빗과 클리퍼로 마네킹 조발(지간잡기 금지) 후 숱고르기와 수정커트 하되, 숱고르기 시 틴닝가위,
  수정커트 시 장가위로만 사용하여 커트한다.
• **뒷면도의 범위는 목 뒤쪽(네이프), 목 옆쪽(귀 뒤쪽 헤어라인의 털)**
• **구렛나루(수염)은 1cm 정도만 면도한다**

③ 둥근형 세부 순서

1. 커트의 주요 특징 및 형태

- 음영의 위치 : 두피가 비치는 짧은 구간(음영)의 위치가 N.P 4cm, E.P 3cm로 하여 후두부 상단까지 높게 형성
- 각도 및 형태 : 하단부 각도를 가파르게 설정하여 위로 갈수록 급격한 변화를 주는 형태를 취한다. 옆머리와 뒷머리가 매우 짧아 전체적으로 활동적이고 시원한 인상을 준다.
- 주의사항 : 층이 높아져서 자칫 너무 짧아 보이지 않도록 윗머리와의 연결(Blending)에 각별히 유의해야 한다.

2. 세부 작업순서

A. **커트보 준비** : 목종이, 수건, 커트 보를 착용시키고 마네킹의 머리카락을 털어낼 준비

B. **머리 물 분무** : 모발을 충분히 적신 후 올바른 모류 방향으로 빗질

C. **클리퍼 기초 라인 잡기** : 둥근형의 높은 층을 예상하여 클리퍼로 기초 라인을 설정(전두부–후두부 상단–양측 두부–후두부 순으로)

D. **클리퍼 세밀 작업** : 빗을 두피에서 세워 두상의 각도로 클리퍼을 이용해서 높은 위치까지 과감하게 진행한다.

E. **올려깎기 작업** : 아래쪽은 아주 짧게 N.P 4cm 이하 E.P 라인 3cm 이하로 위로 갈수록 점진적으로 길어지도록 음영을 조절하며 올려 깎는다.

F. **틴닝(Thinning) 숱 고르기** : 모량이 많은 부분의 숱을 쳐내어 음영을 고르게 맞추고 무게감을 줄임

G. **천가분(파우더) 도포** : 목덜미와 귀 주변에 분을 칠하여 잔털을 확인한다.

H. **수정 커트** : 빗과 가위를 이용하여 층이 생긴 부분(Step)을 없애고 매끄러운 면을 만든다. 둥근형 커트는 깎아낸 면이 넓으므로 층이 생기지 않도록 정교하게 작업해야 한다.

I. **머리카락 털기 및 정리** : 커트보와 마네킹에 붙은 머리카락을 털이개로 깨끗이 털어내기

J. **뒷면체(면도)** : 면도기를 사용하여 높은 층 아래의 목 뒤 라인과 귀 옆 주변, 구레나룻 1cm를 아주 깨끗하고 선명하게 정리한다. 라인이 흐릿하면 둥근형 특유의 깔끔함이 사라진다.

K. **스킨 소독 및 정돈** : 면도 부위를 스킨으로 소독하고, 주변의 머리카락을 정리하여 작업 종료

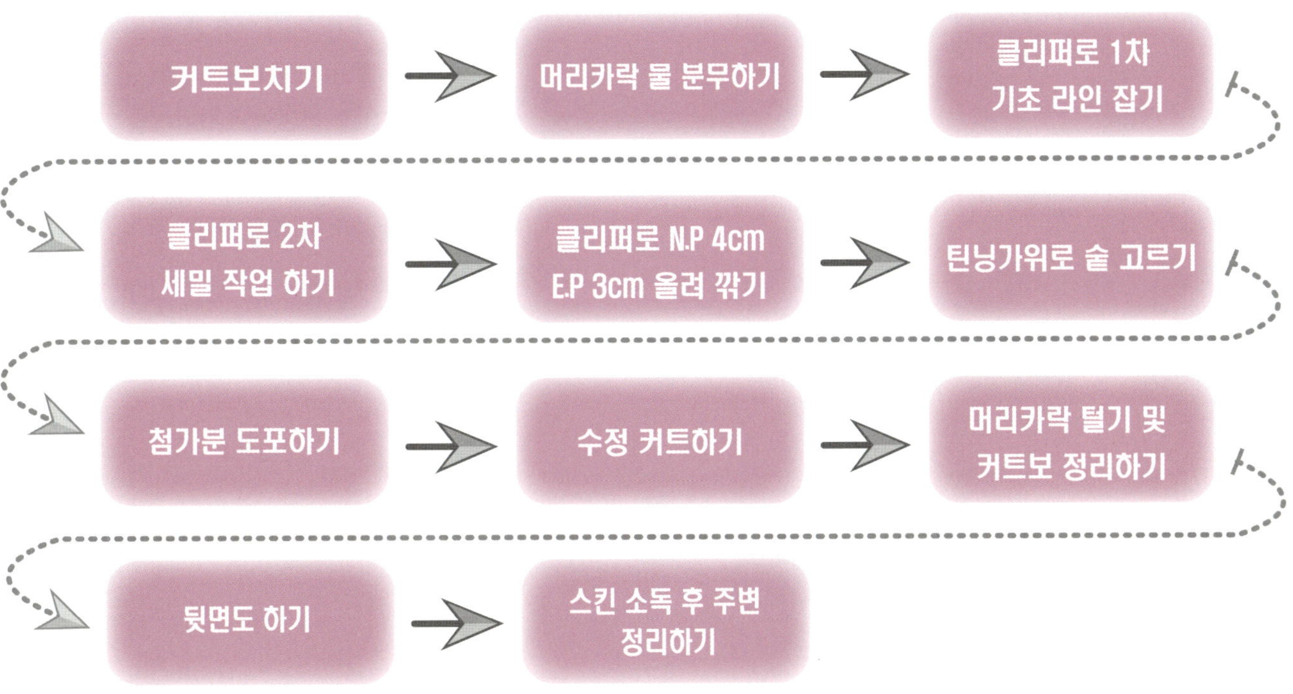

④ 둥근형 커트기법

1 . 이용사 실기시험 도면 해석 (둥근형)

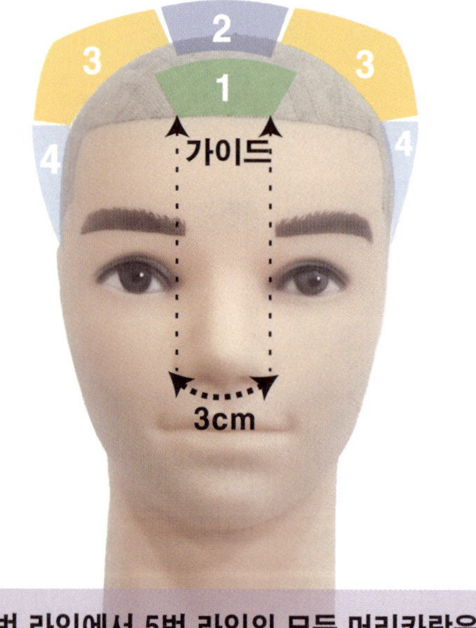

- 공단에서 발표한 중상고의 길이는
  C.P 3~4cm, T.P 2~3cm, G.P 3~4cm이다.

- G.P 3~4cm와 연결하여 B.P에서 2cm를
  만들고 N.P라인 4cm이하 그라데이션과
  만나면 자연스럽게 연결이 된다.

- 귀의 폭만큼 TOP에서 2~3cm를 설정하여
  G.P 3~4cm를 연결하면 된다.

- N.P라인에서 클리퍼의 동작은 포물선을 그리면서
  머리카락의 역방향으로 올려쳐야 한다.

- 코의 폭만큼 C.P 라인으로 올라가서
  공단에서 발표한 C.P 3~4cm, T.P 2~3cm,
  G.P3~4cm을 완성하여 가이드를 만들어준다.

- 만들어진 가이드로 2번, 3번 라인을 두상
  각도로 연결하여 클리퍼로 면치기 커트한다.

- 4번라인은 양측 두부, 후두부이다.

2. 클리퍼 거칠게 깍기 순서(전두부-두정부-후두부 상단-양측두부-후두부)

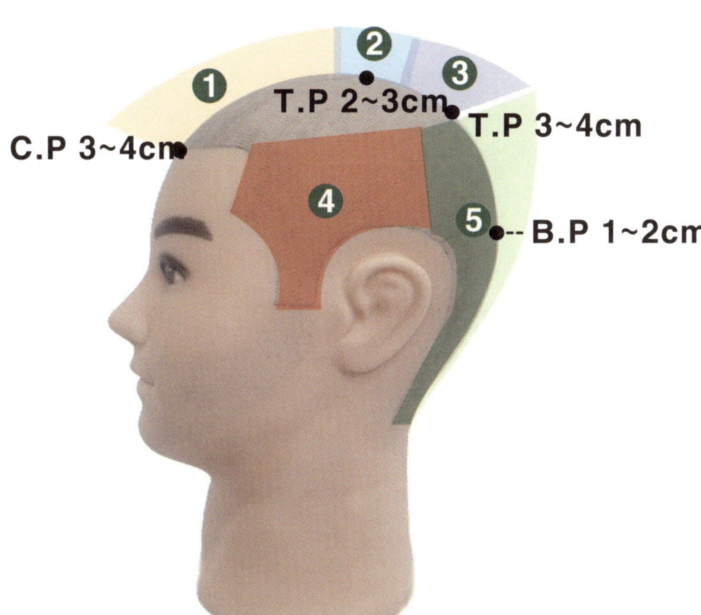

1. **거칠게깍기**는 클리퍼로 상단의 머리카락을 **5cm 정도의 길이로** 만들어준다.

2. 거칠게 깍기의 사이드의 길이는 E.P 헤어라인 1cm띄어서 수직으로 올려치기 한다.

3. 거칠게깍기 후 세밀깍기에서는 대략적인 둥근형의 길이를 만들어야 한다. B.P에서는 1~2cm의 길이가 남도록 한다.

4. 클리퍼로 헤어라인의 그라데이션을 표현 할 때는 공단에서 발표한 N.P 4cm이하, E.P라인 3cm이하를 지켜야 감점이 없다.

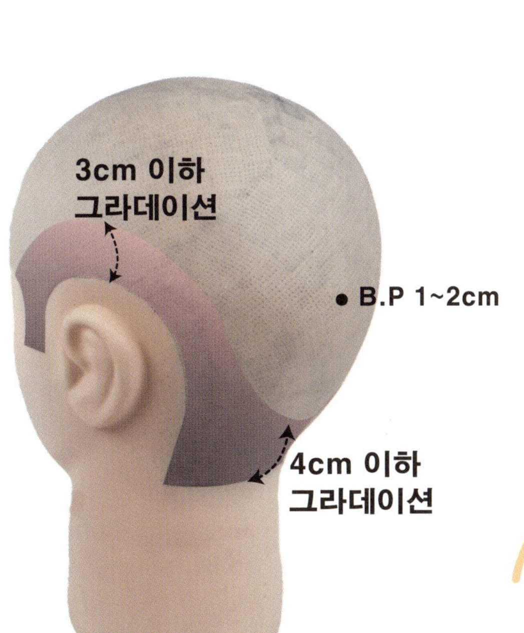

5. 클리퍼의 각도에 따라 달라지는 높이

⑤ 둥근스포츠 작업과정

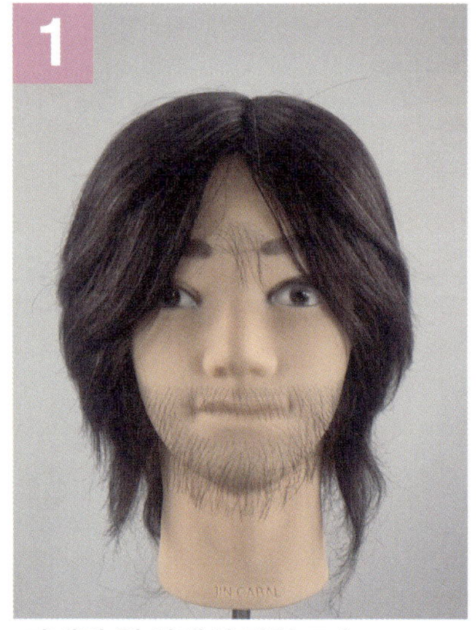

마네킹 원 상태의 정면 모습

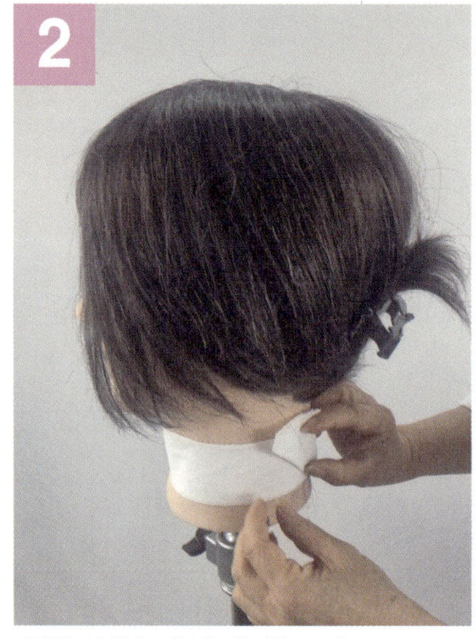

목종이(넥 페이퍼) 두르기

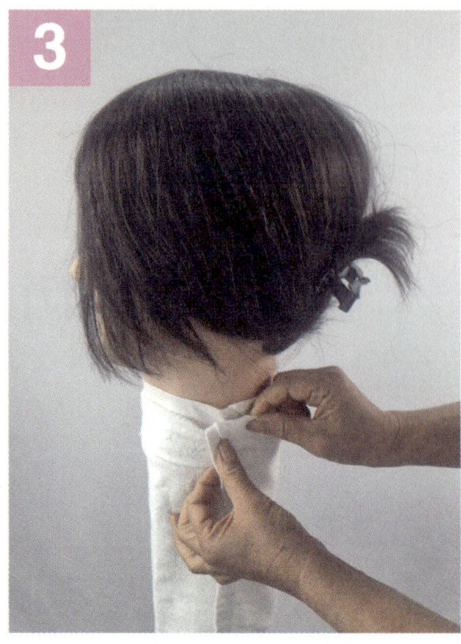

넥 페이퍼 위에 타올 밀착 두르기

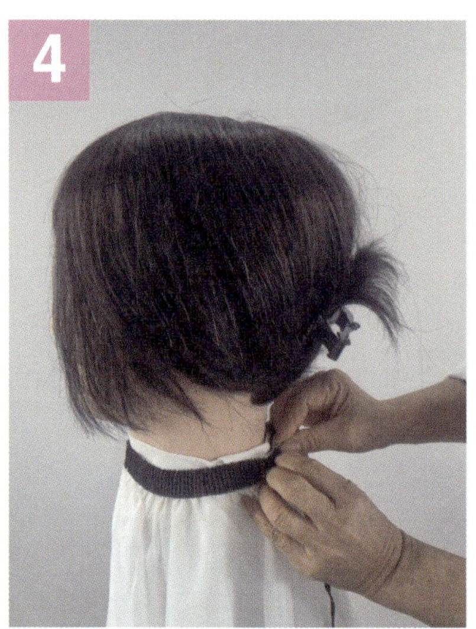

커트보 두르기

두발 전체 분무(수분 공급)

빗질 및 모류 방향 확인

천정부 C.P 가이드 설정하여 클리퍼로
1번 영역 거칠게 깎기

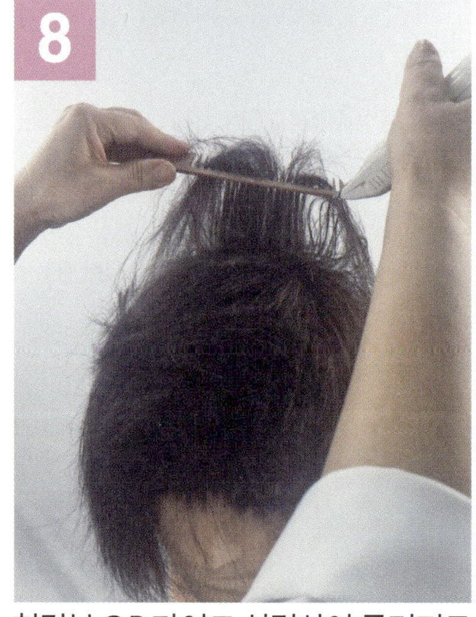

천정부 G.P 가이드 설정하여 클리퍼로
2번 영역 거칠게 깎기

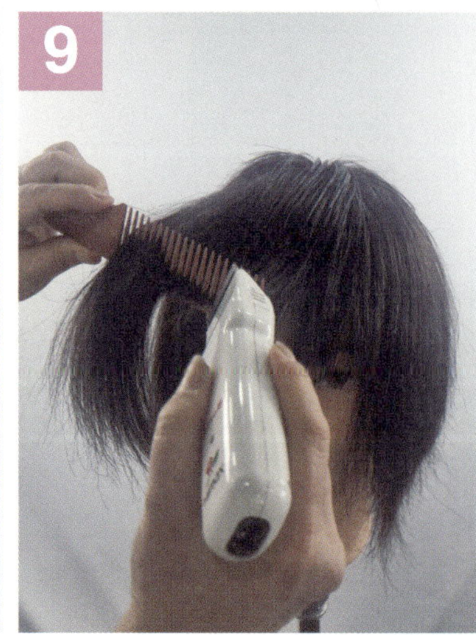

우측 중앙 가이드에 맞춰 1번 영역과
연결

10

우측 중앙 가이드에 맞춰 2번 영역과
연결

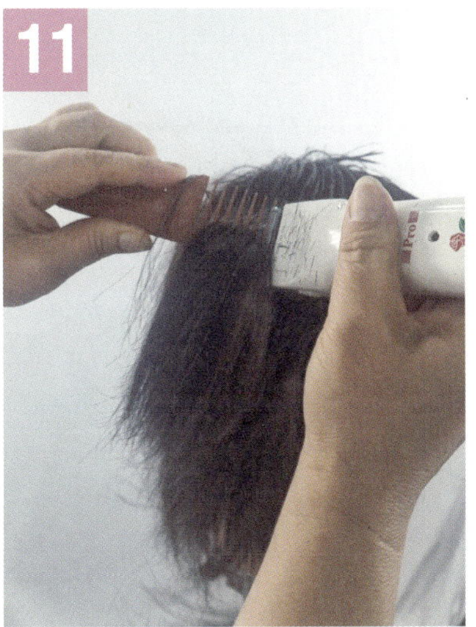

11

좌측 중앙 가이드와 1번 영역과
클리퍼로 연결

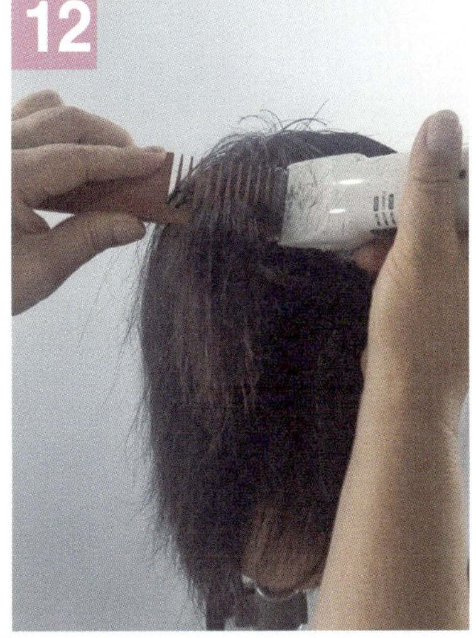

12

좌측 중앙 가이드와 2번 영역과
클리퍼로 연결

13

좌측 S.C.P에서 빗 위에 클리퍼를 대고
이동하면서 면치기

14

좌측면을 위로 올리면서 면치기로
연결

15

좌측면을 위로 올려 전두부와
연결하여 클리퍼 커트

16

후두부 상단 가로로 빗을 대고 클리퍼
커트

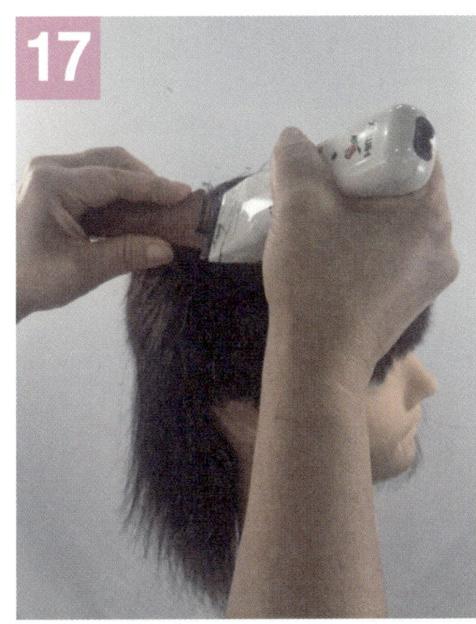

17

우측 두부 상단까지 이어서 클리퍼로
연결

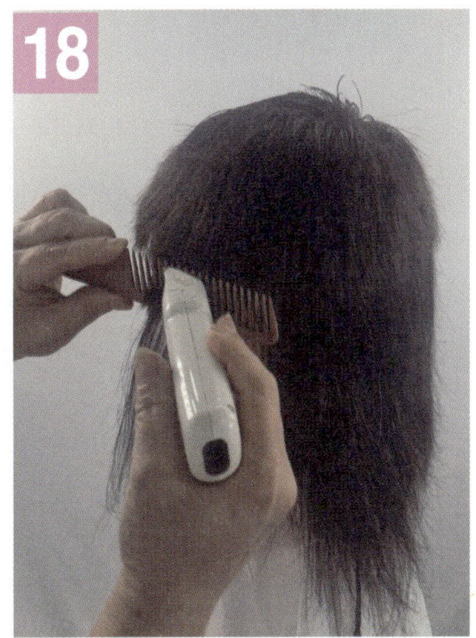

18

우측 S.C.P에서 빗 위에 클리퍼를 대고
이동하면서 면치기

⑥ 둥근스포츠 작업과정

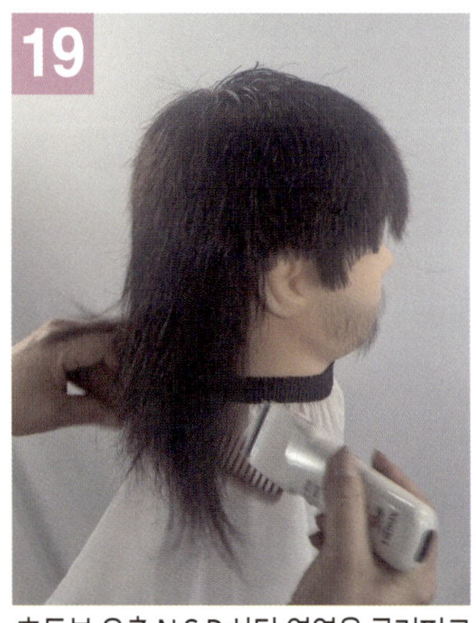

후두부 우측 N.S.P 하단 영역을 클리퍼로 길이 커트

후두부 중앙 N.P 하단 영역을 클리퍼로 길이 커트

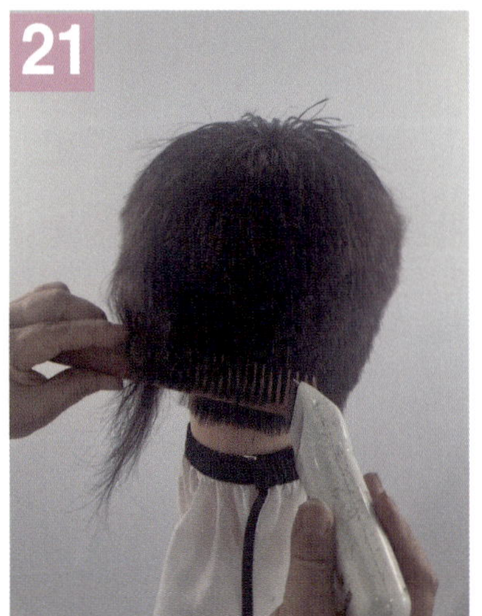

후두부 좌측 N.S.P 하단 영역을 클리퍼로 길이 커트

좌측 N.S.C.P에서 E.P까지 빗을 대고 시계 반대 방향으로 연결하여 돌려깎기

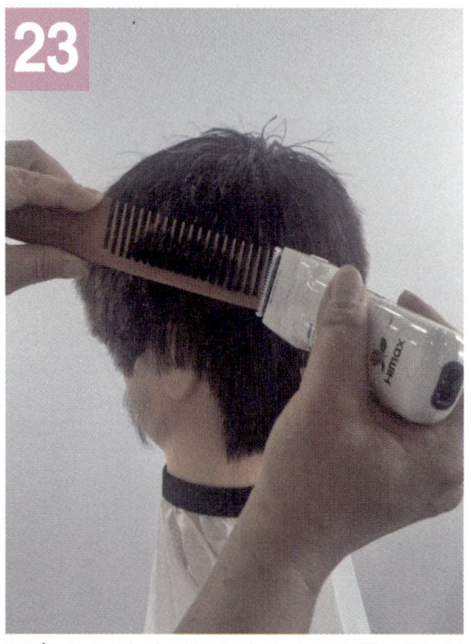

좌측 E.P에서 클리퍼를 위로 올리면서 면치기

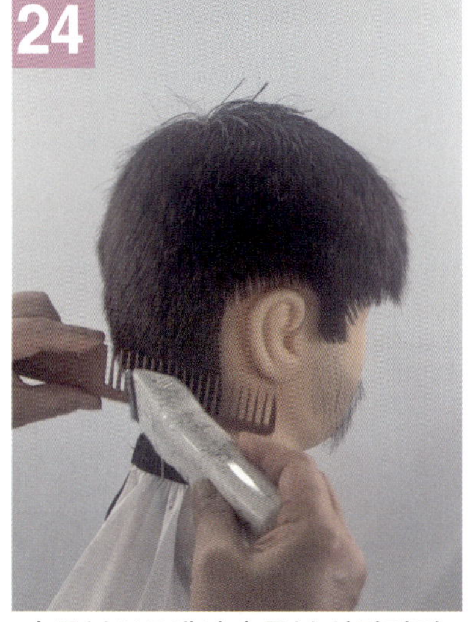

후두부 N.P에서 후두부 상단까지 클리퍼로 연결하여 면치기

우측 후두부 N.S.P에서 후두부 상단까지 클리퍼로 연결하여 면치기

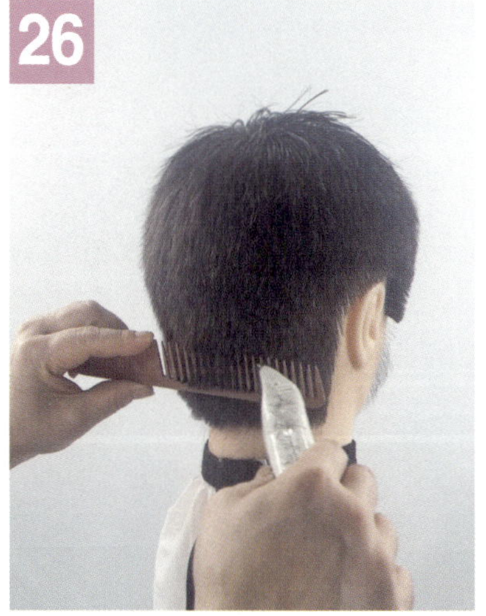

후두부 N.P 튀어나온 부분을 클리퍼로 연결

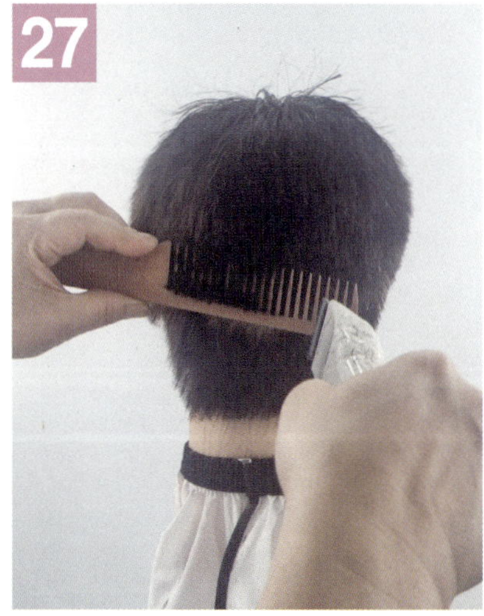

후두부 N.P에서 B.P까지 이어서 빗을 대고 클리퍼로 면치기

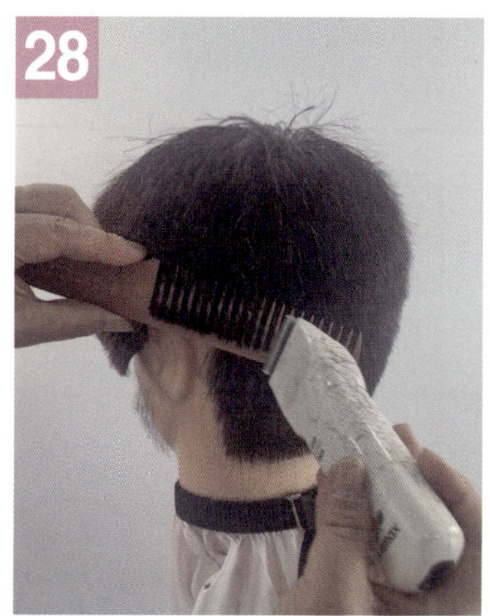

좌측 후두부 귀바퀴라인 튀어나온 부분을 돌려깎기

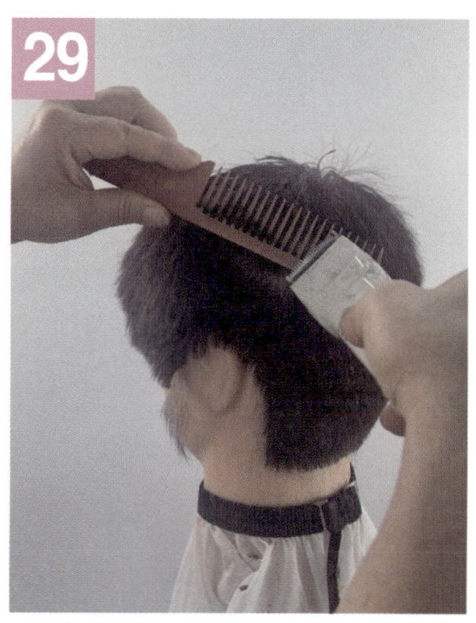

좌측 사이드 E.P에서 후두부 상단과 연결하여 튀어나온 부분을 면치기

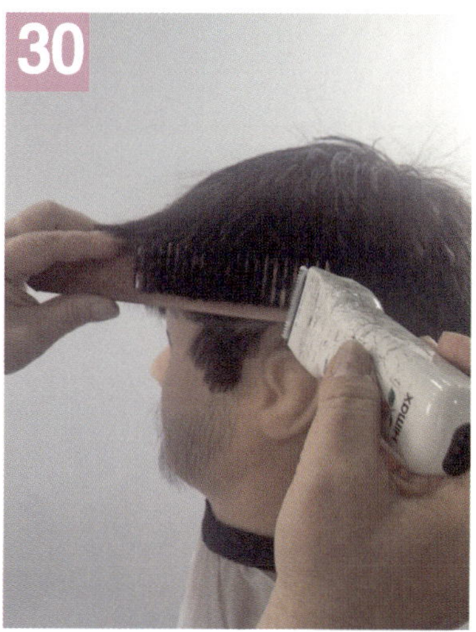

좌측 S.C.P에서 F.C.P까지 연결하여 면치기

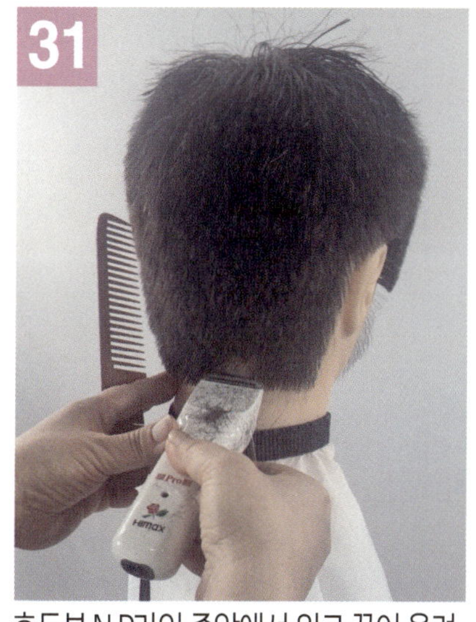

후두부 N.P라인 중앙에서 위로 끌어 올려 4cm 이하 그라데이션 만들기

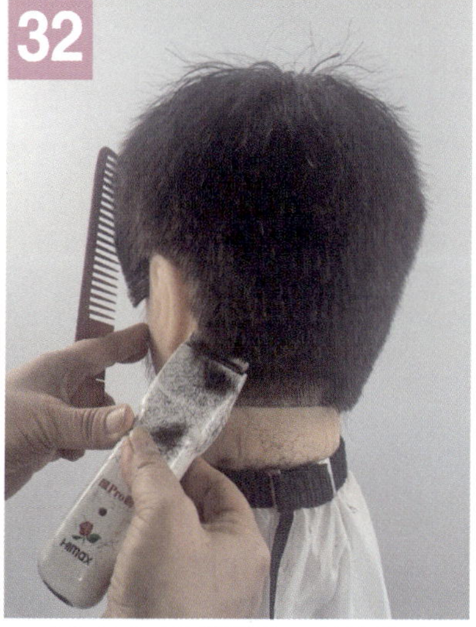

좌측 N.S.C.P에서 위로 끌어 올려 4cm 이하 그라데이션 만들기

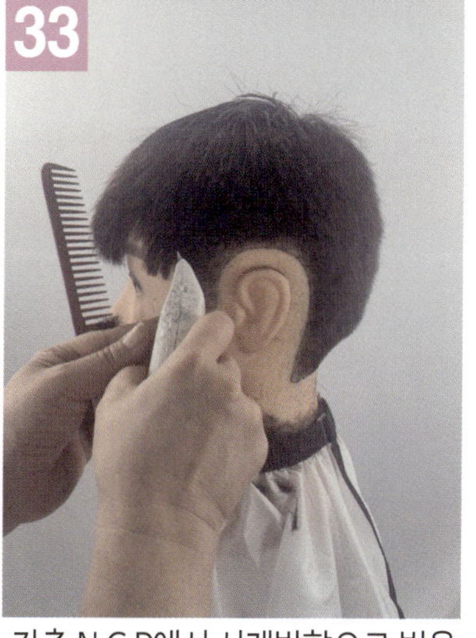

좌측 N.C.P에서 시계방향으로 빗을 대고 돌려깎기

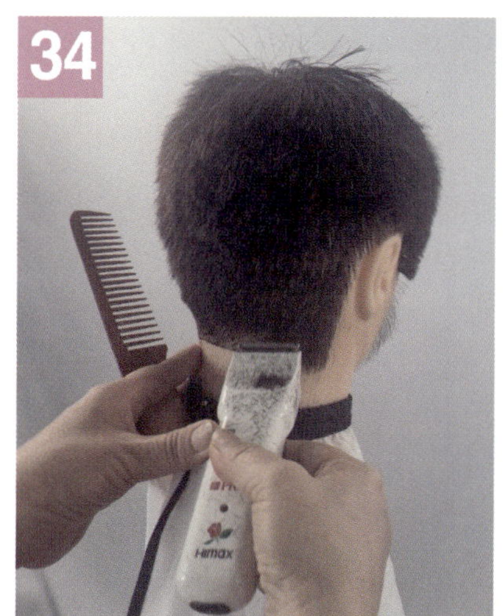

우측 N.S.P에서 위로 끌어 올려 4cm 이하 그라데이션 만들기

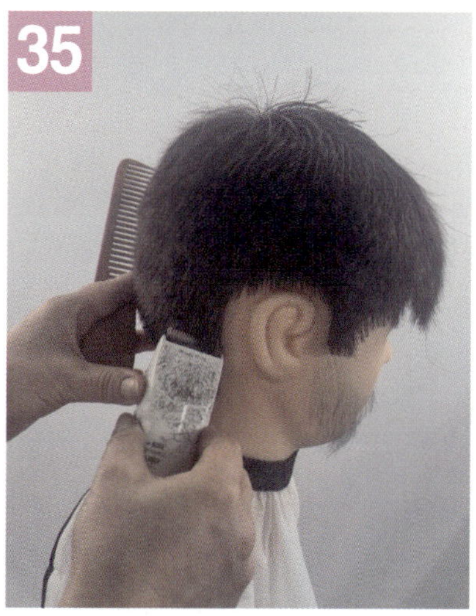

우측 N.S.C.P에서 귀 뒤 라인으로 연결하여 돌려깎기

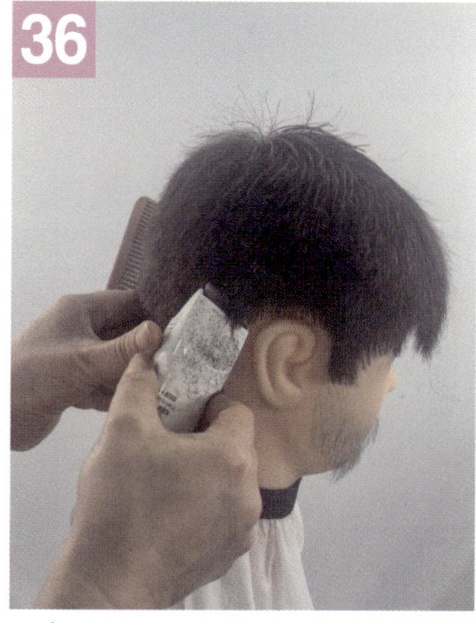

우측 E.B.P에서 S.C.P까지 연결하여 돌려깎기

⑥ 둥근스포츠 작업과정

우측 사이드 헤어라인 튀어나온
라인 정리

천정부 C.P 중심으로 숱고르기

우측 C.P와 연결하여 엔드테이퍼링

C.P 1번 영역과 연결하여 숱고르기

우측 S.C.P에서 위로 올려가며
연속깎기

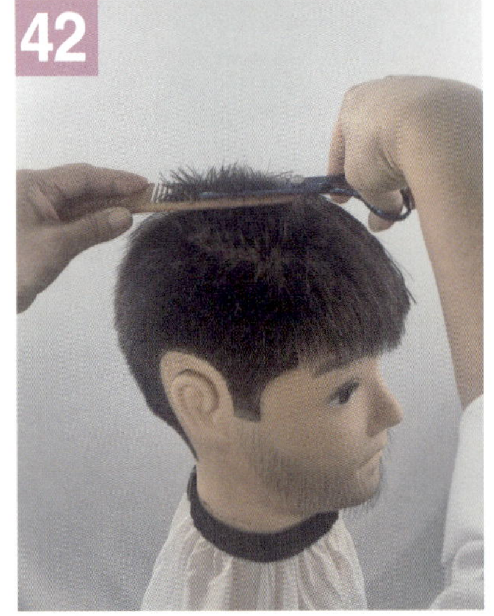

천정부로 연결하여 숱고르기

우측 E.P에서 위로 빗을 대고 연속깎기

좌측 천정부 G.P를 연결하여 숱고르기

좌측 상단 두상 곡면을 따라 G.P를
연결하여 숱고르기

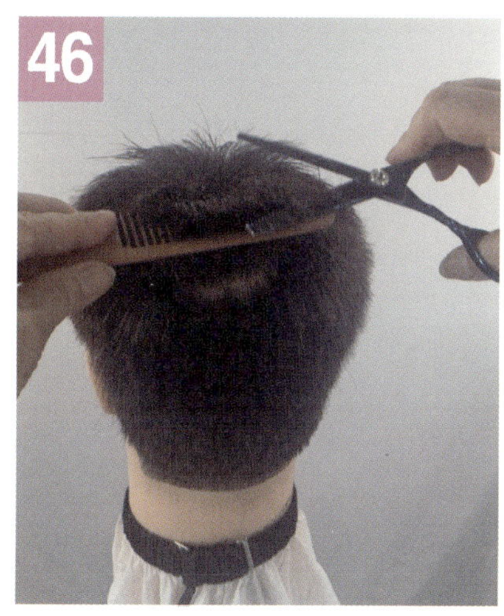

46

후두부 상단 가로 섹션하여 G.P를 향해 숱고르기

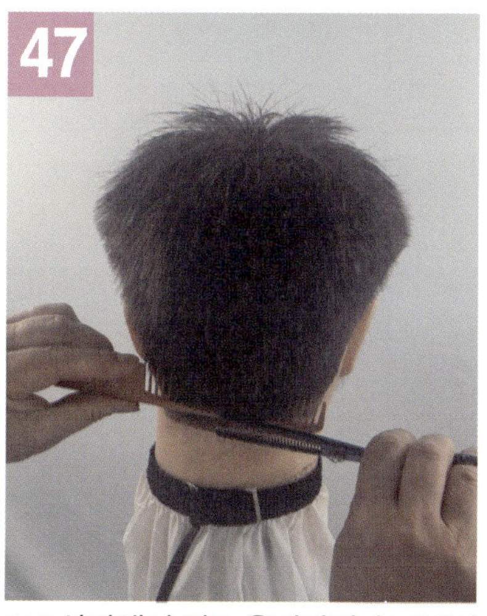

47

N.P 하단에서 위로 올려가며 숱고르기

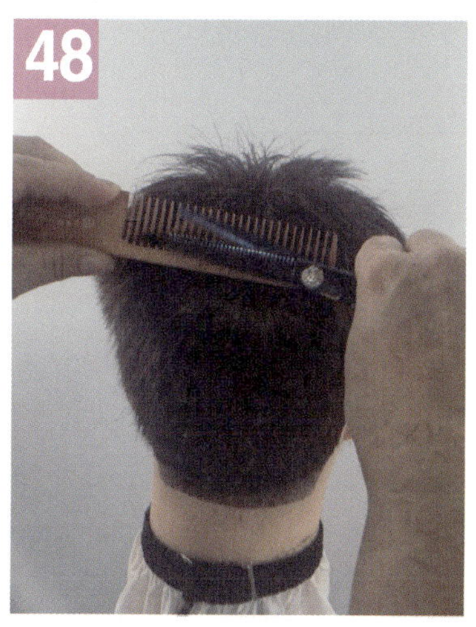

48

B.P에서 상단으로 올라가며 숱고르기

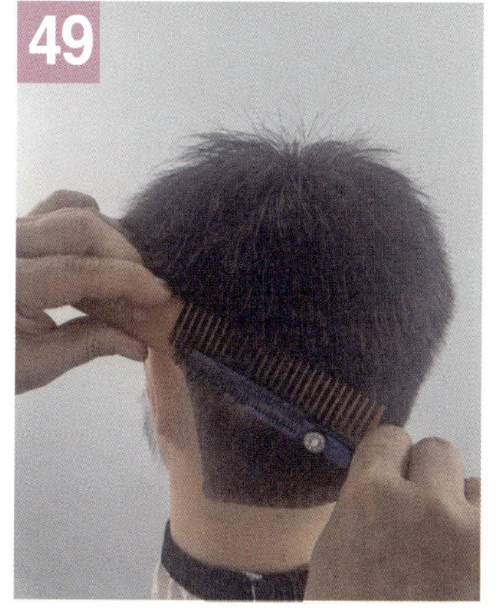

49

좌측 후두부 S.C.P에서 빗을 대고 위로 올려가며 숱고르기

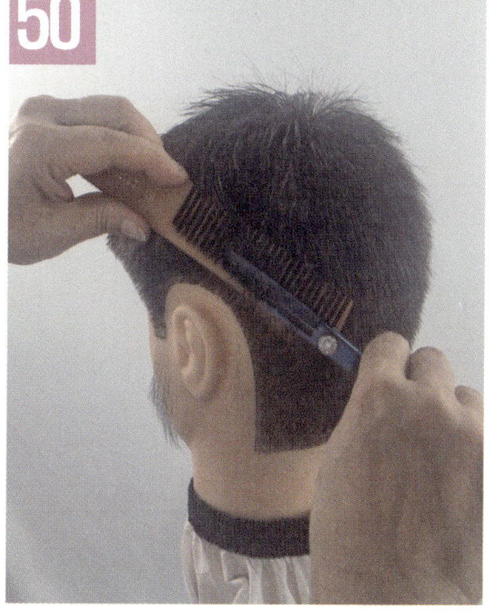

50

귀 뒤 라인 올라가며 돌려깎기 숱고르기

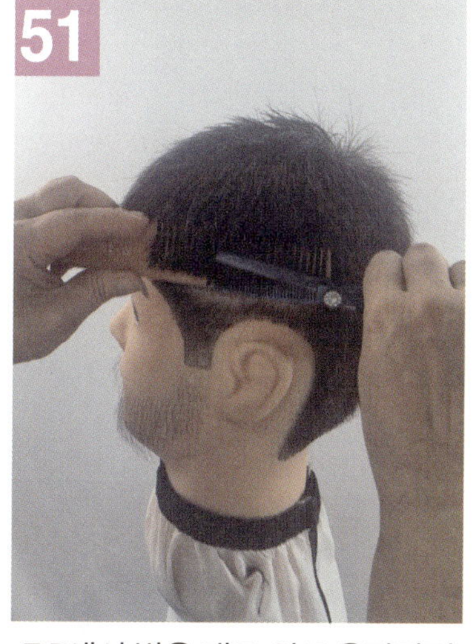

51

E.P에서 빗을 대고 위로 올라가며 연속으로 숱고르기

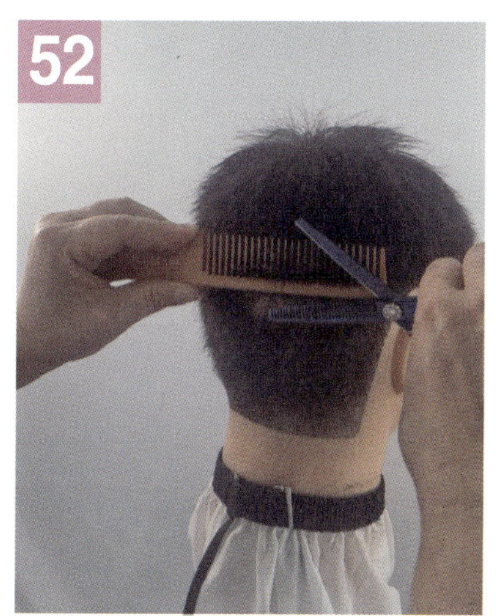

52

우측 후두부 N.S.P에서 빗을 대고 위로 올려가며 숱고르기

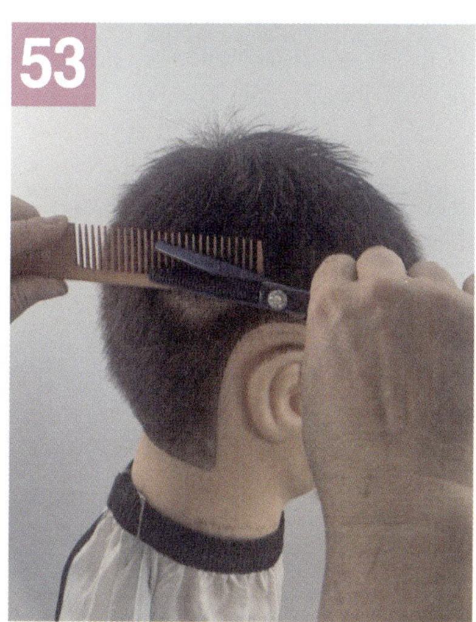

53

우측 귀 뒤 라인을 돌려가며 숱고르기

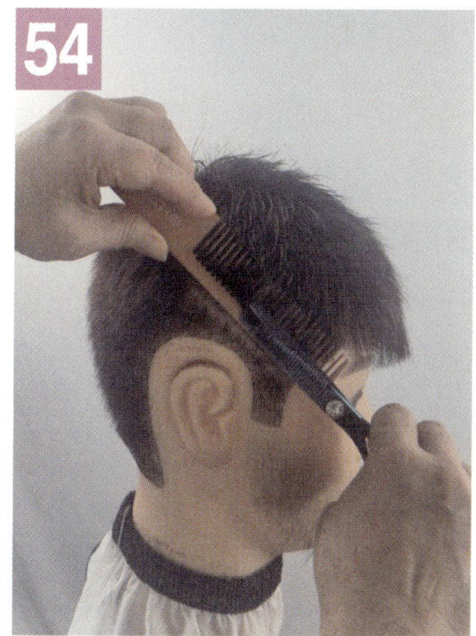

54

우측 E.P에서 상단으로 올라가면서 연속으로 숱고르기

❻ 둥근스포츠 작업과정

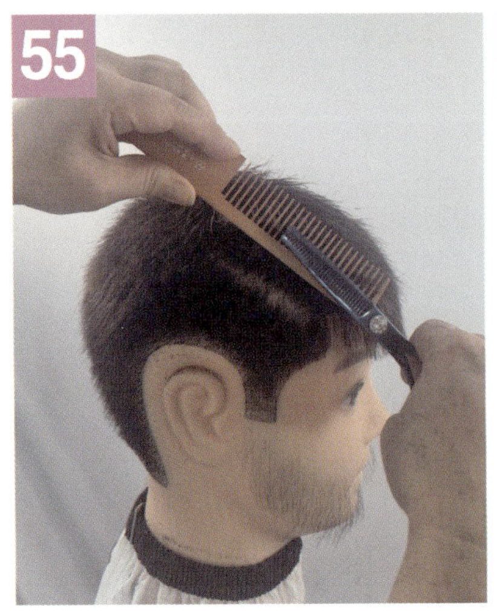

상단에서 코너로 가면서 연속으로
숱고르기

천가분 바르기

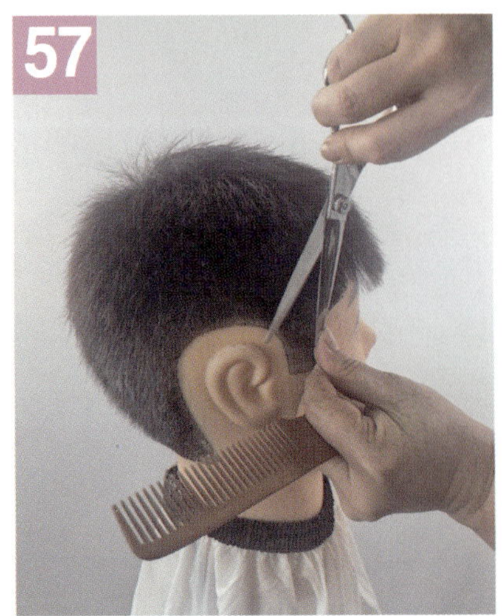

우측 옆면에서 옆 가위질 세워각기

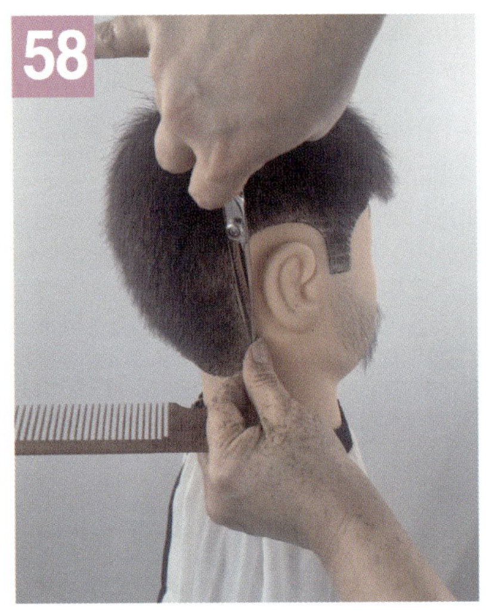

우측 귀 뒤 라인 옆 가위질

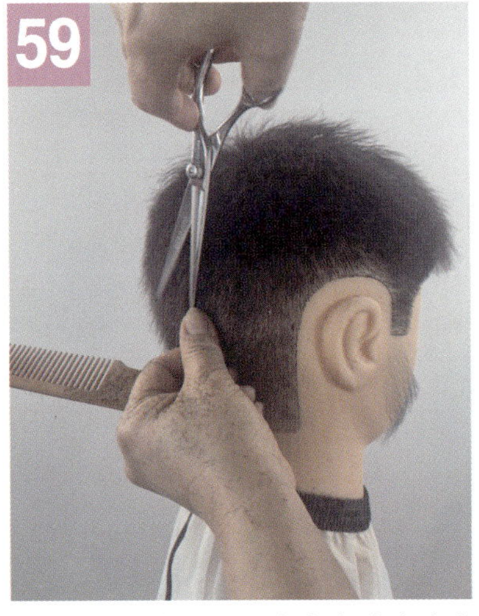

후두부 백 라인으로 가면서 옆가위질

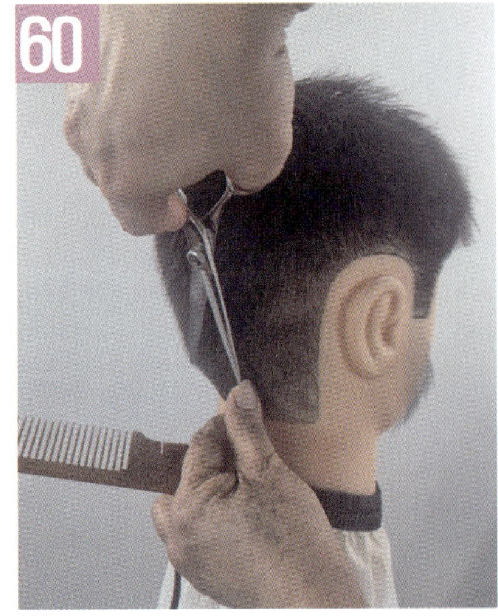

후두부 하단 S.C.P 부위 세워까기

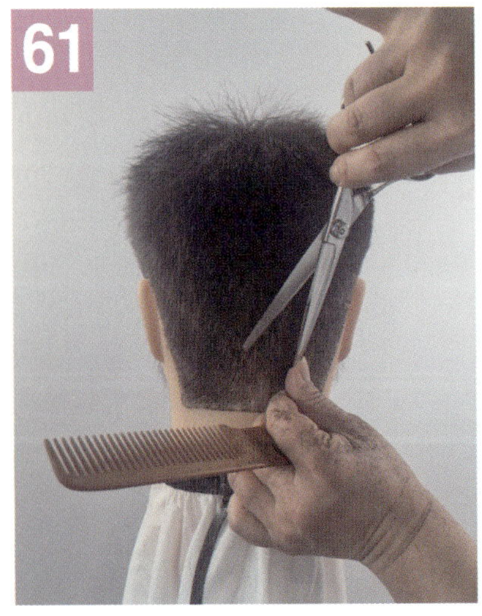

후두부 하단 중심 부위 세워까기

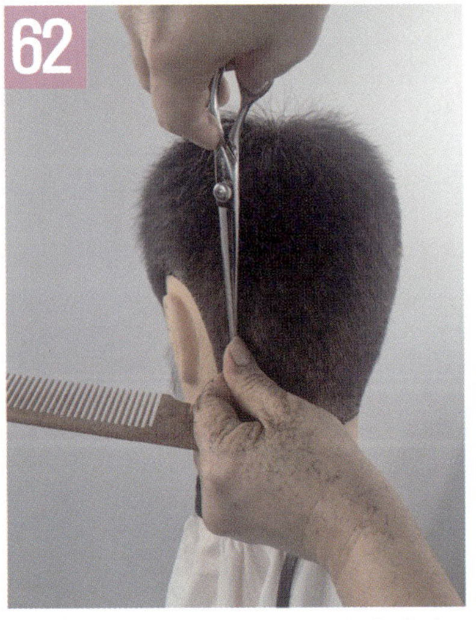

좌측 귀 뒤 라인 연속으로 옆가위질

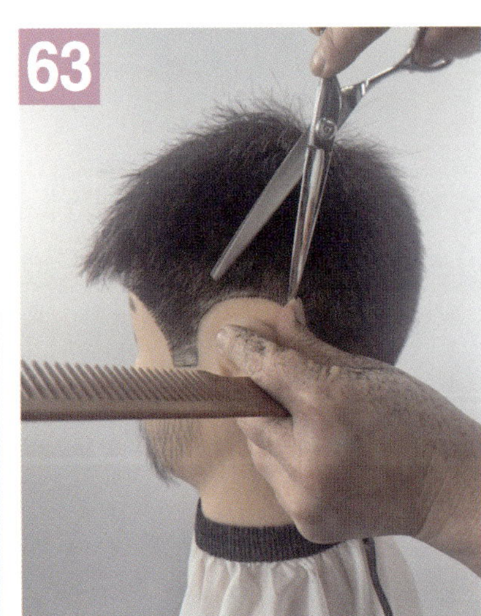

좌측 E.P 연속으로 옆가위질

64

천정부 C.P 수정깎기

65

천정부 G.P 수정깎기

66

천정부 우측면 C.P와 연결하여
코너정리 수정깎기

67

좌측면 천정부를 향해 코너정리
수정깎기

68

좌측면 빗을 대고 코너정리 수정깎기

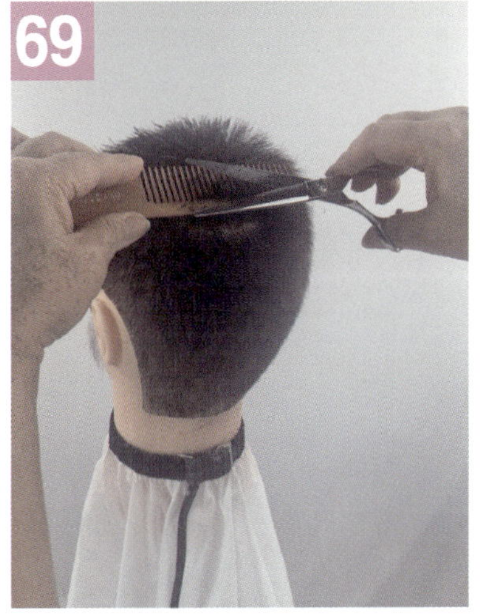

69

후두부 상단 빗을 대고 코너정리
수정깎기

70

좌측면 굴곡에 따라 가위를 굴리며
고르게 코너정리 세워깎기

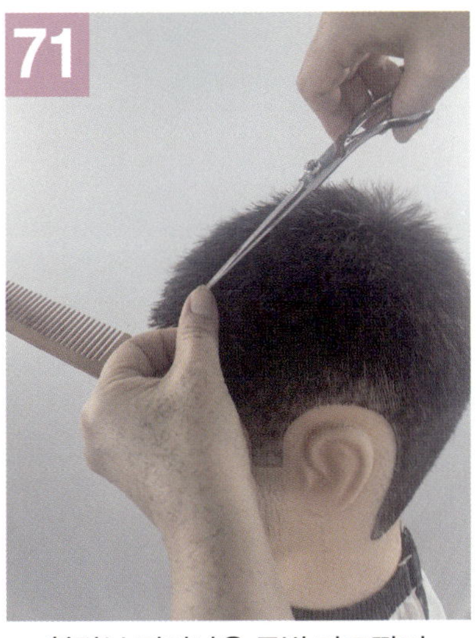

71

천정부 튀어나온 두발 가로깎기

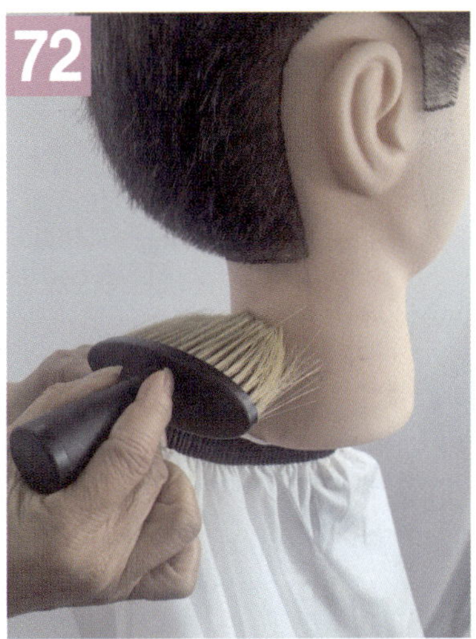

72

커트보를 빼고 남은 머리카락
털이솔로 털어내기

⑥ 둥근스포츠 작업과정

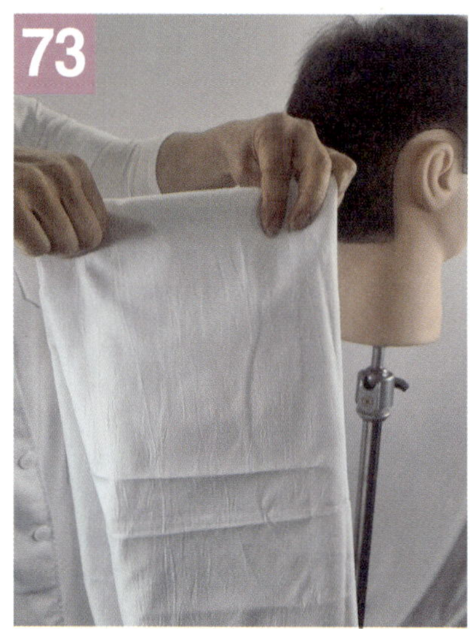

73

커트보 정리하기

74

구레나룻 라인, 귀 주변 및 목덜미
거품 도포

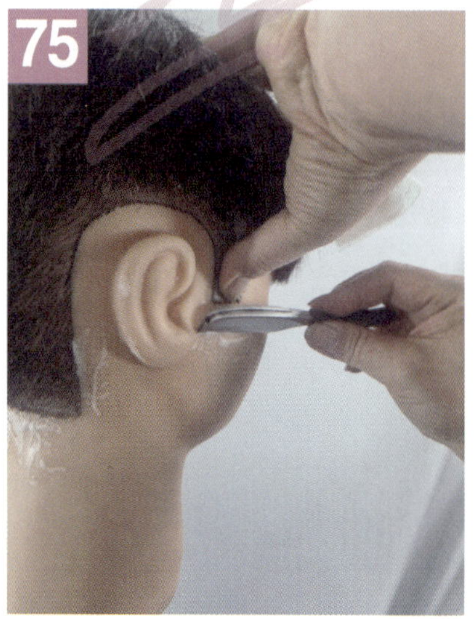

75

구레나룻 왼손 엄지손가락으로
피부를 당기면서 면도하기

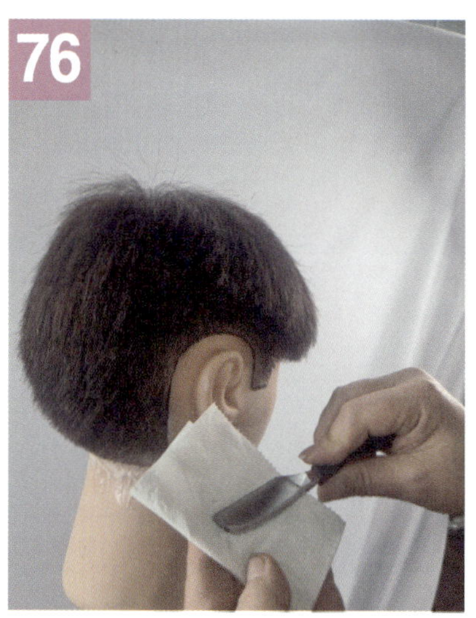

76

면도칼에 묻은 잔털 닦아내기

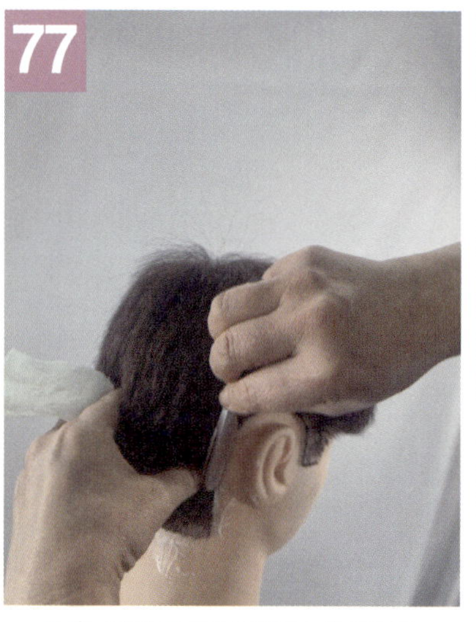

77

우측 사이드 프리핸드 기법으로
면도하기

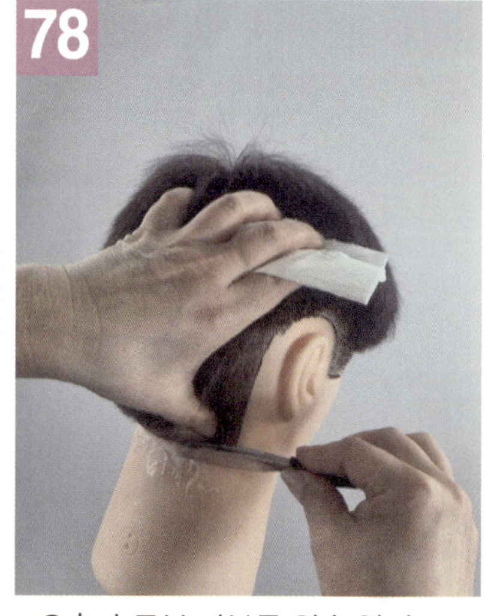

78

우측 후두부 피부를 왼손 엄지로
당기면서 면도하기

79

좌측 구레나룻 백핸드기법으로
면도하기

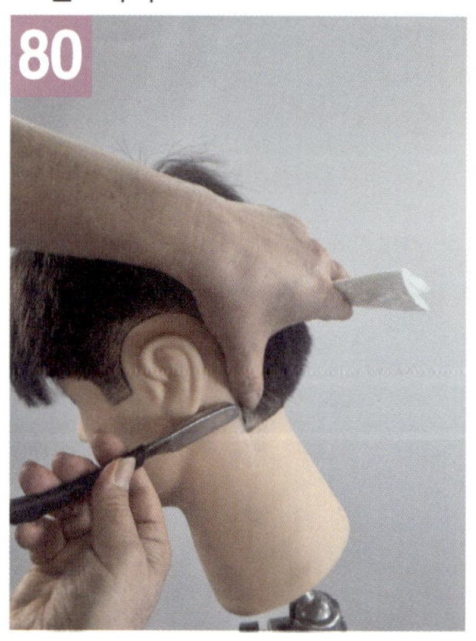

80

좌측 사이드 백핸드기법으로 면도하기

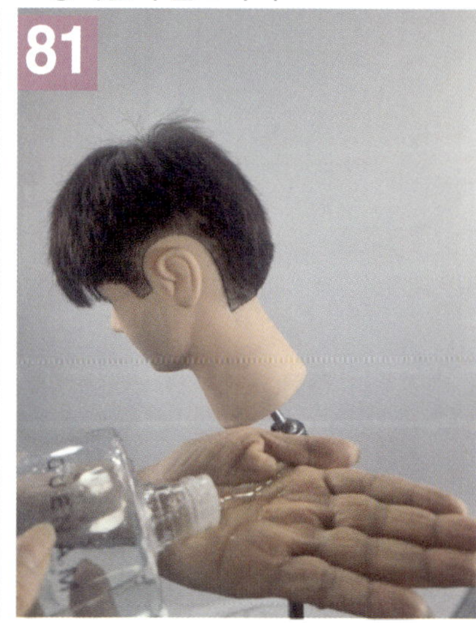

81

스킨 바르고 주변정리

⑦ 둥근스포츠 완성

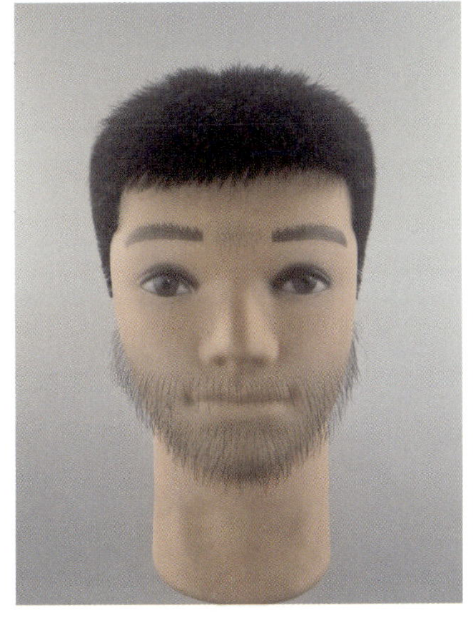

front

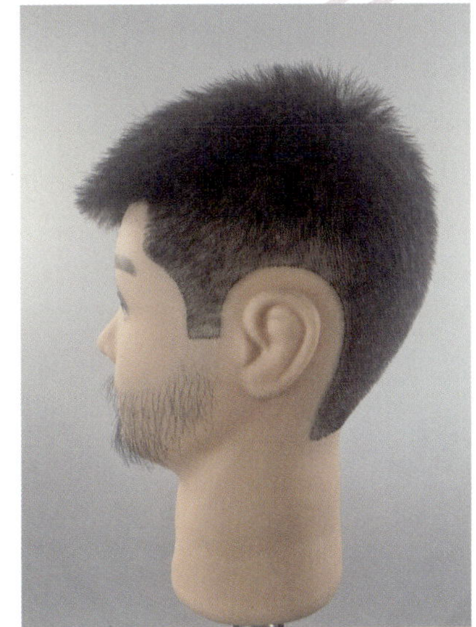

left

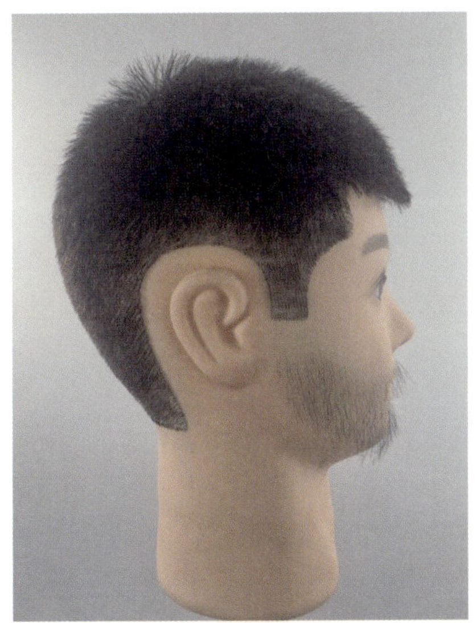

right

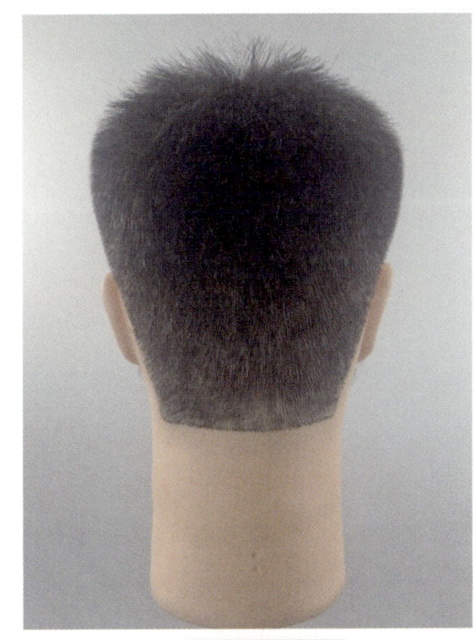

back

⑧ 실전 합격 전략 (Checklist)

1. 그라데이션 위치 : 음영의 위치가 너무 낮아 중상고 같지 않는가?
2. 입체감 : 뒷머리의 볼륨이 적절한 위치에 형성되어 있는가?
3. 라인의 선명도 : 면도 작업을 통해 목덜미 라인이 깨끗하고 대칭이 맞는가?
4. 기구 취급 : 가위와 빗을 다루는 동작이 능숙하고 안전한가?
5. 자세와 동작 : 자신의 동작이 부드럽고 편안하게 작업하고 있는가?
6. 시간체크 : 작업과정을 너무 빠르거나, 너무 느리지 않게 적정하게 하고 있는가?
7. 작업순서 : 작업 과정을 모두 순서대로 하고 있는가?
8. 오동작 : 기구별 동작을 올바르게 하고 있는가?

Barber Practical Exam

3단계
면 도
shaving

면 도(shaving) (15분)

① 면도의 이해 및 정의

면도란 면도기(면도날)를 사용하여 피부 표면에 난 수염이나 잔털을 깨끗하게 제거하는 위생·이용 기술이다. 피부를 손상시키지 않으면서 면도날을 이용해 수염, 잔모, 각질을 제거하여 청결하고 단정한 상태를 유지하는 작업을 말한다.

② 면도 준비물

2. 작업내용
마네킹의 얼굴을 면도한다.

3. 작업 순서
· 마스크 착용하기 → 면도 준비하기(의자위치, 수건대기) → 면도 거품 내고 도포하기 → 온습포대기 → 얼굴 면도하기 → 얼굴 습포 세척하기 → 스킨 로션 바르기 → 정리정돈하기

4. 유의사항
· 마네킹의 피부 표면이 상하지 않도록 수염 방향에 맞게 면도한다
(면도 시 면도 자세, 방법에 유의하여 2가지 이상의 다양한 면도 기법으로 작업한다).

③ 면도 세부 순서

1. 면도의 목적

① 위생 유지 : 수염·잔모 제거로 세균 번식 예방, 피부를 청결한 상태로 유지

② 단정한 외모 연출 ; 깔끔하고 정돈된 인상 형성, 이발 후 마무리 공정으로 완성도 향상

③ 피부 관리 보조 : 노화된 각질 제거, 피부 표면을 매끄럽게 정리

④ 고객 만족도 향상 : 상쾌함과 청결감 제공, 전문 이용 기술의 표현

 결론 : 면도는 위생과 미용을 목적으로 수염과 잔모를 제거하여 단정한 외모와 청결을 유지하기 위함이다.

2. 면도 시 주의사항

① 위생·소독 관리 : 면도기, 브러시, 컵 등 기구 소독 필수, 고일회용 면도날 사용, 손 세정 및 소독 후 작업

② 면도 각도와 압력 : 면도날 각도: 약 30° 유지, 과도한 압력 금지 (베임·자극 원인)

③ 면도 방향 : "모발이 자란 방향(순방향)"으로 면도, 역방향 면도는 자극·상처 유발 가능

④ 스트레칭(피부 당김) : 마네킹의 얼굴을 손으로 당긴 상태에서 면도

⑤ 사후 관리 : 면도 후 잔여 크림 제거, 소독·진정 제품 사용

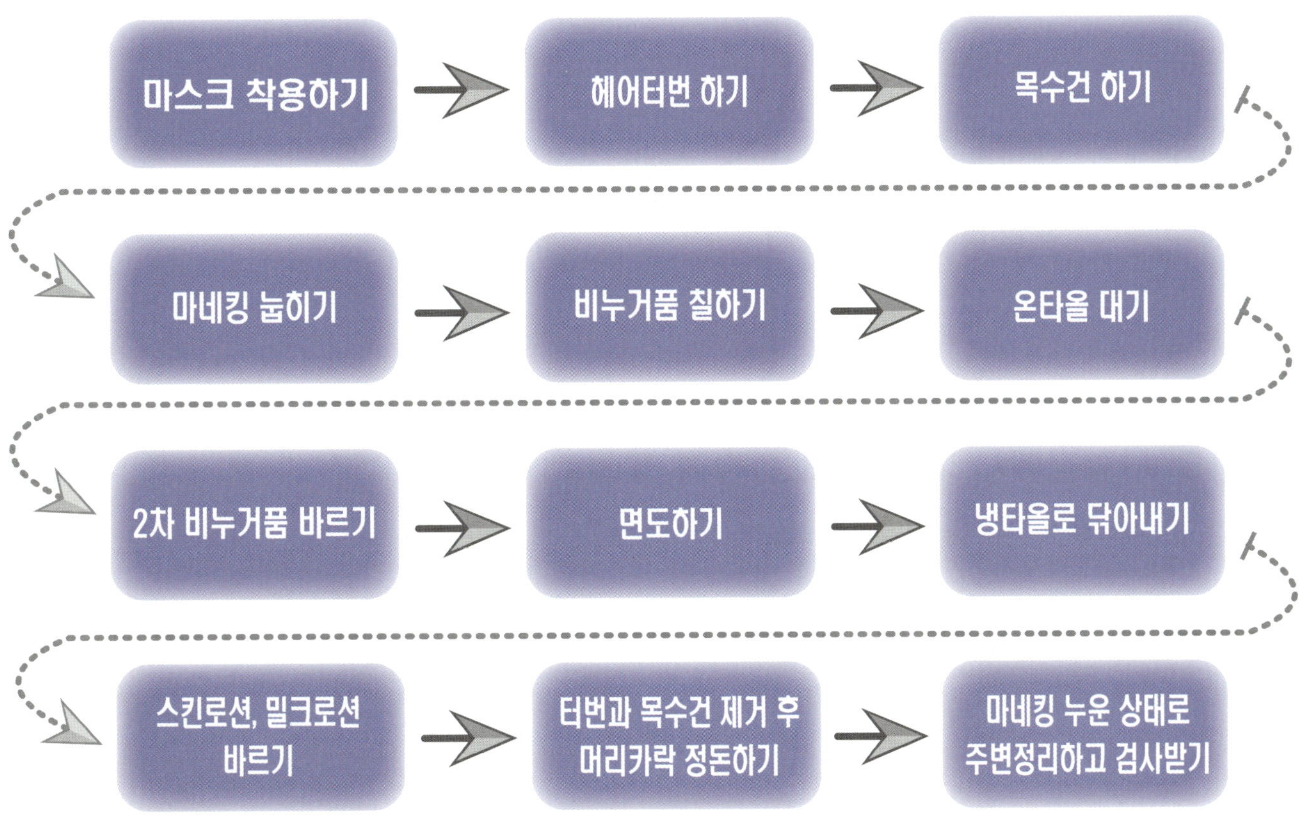

④ 면도 기법

1. 이용사 실기시험에서의 면도 순서

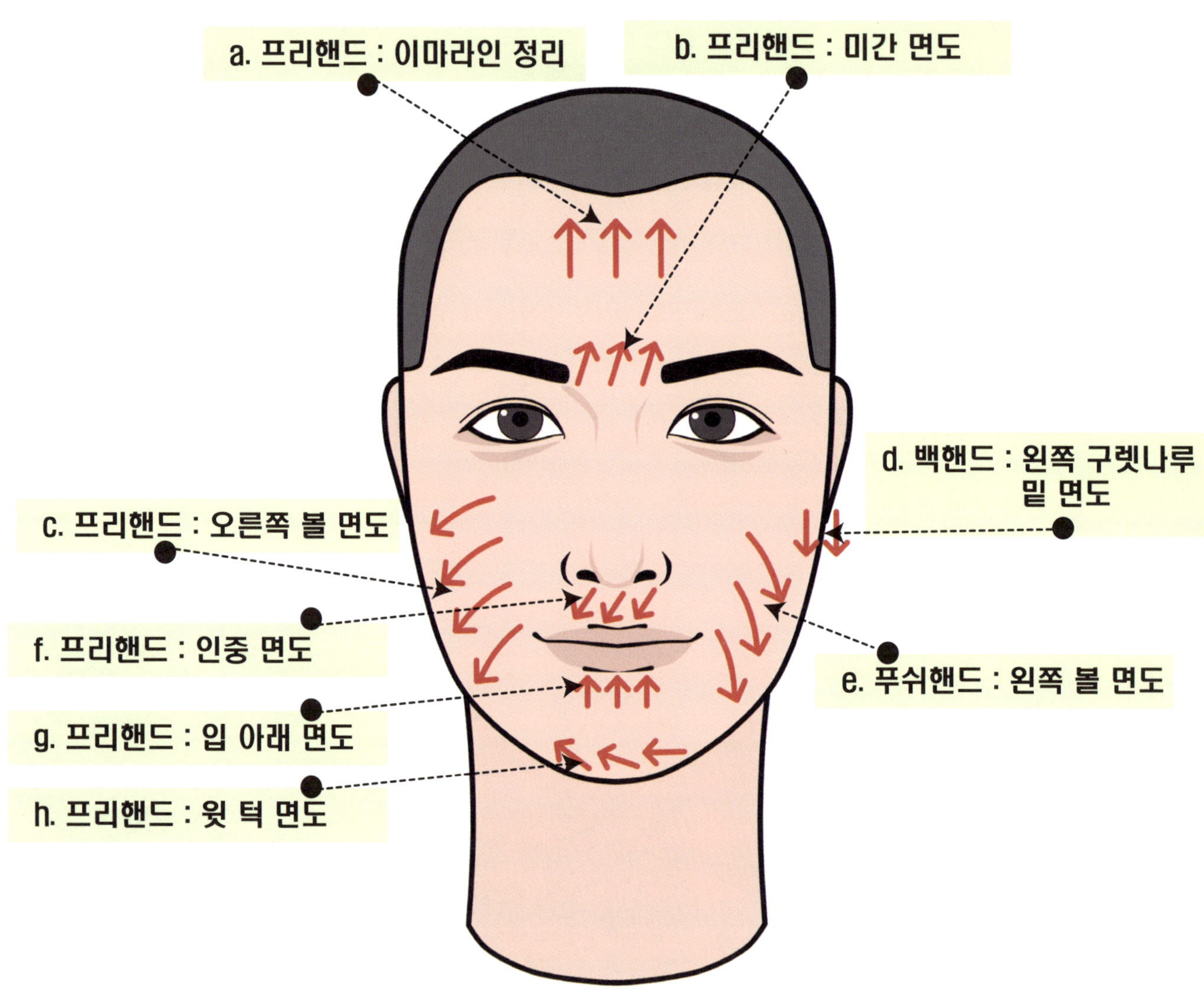

2. 시험장에서 자주 나오는 감점 포인트

- 각도 변화 없이 밀기 ✗
- 스트레칭 없이 면도 ✗
- 날을 세워 긁는 동작 ✗
- 왕복 스트로크 ✗
- 각도 유지 ○
- 한 방향 스트로크 ○
- 피부 보호 우선 ○

핵심요약

면도 도면의 핵심은

'30° 각도 + 왼손 스트레칭 + 짧은 스트로크'

3. 클리퍼 거칠게 깍기 순서 (전두부-두정부-후두부 상단-양측두부-후두부)

● 온타올은 목과 귀를 덮지 않는다.

● 냉타올은 목을 덮지않고 콧망울이 보이도록 한다.

a. 면도 스트로크 도면 (손 움직임)
▶ 기본 스트로크: 짧고 부드럽게
측면 도면

—————▶ ▶ ▶

짧은 직선 이동

주의
- 길게 한 번에 긁듯이 X
- 짧게 나누어 여러 번 O

b. 정면 도면

왼손 → → → 피부 당김
————————————————

↑
면도기 이동
- 왼손 스트레칭 없으면 감점 위험

c. 면도날

/
/ ← 약 30°
/

——┼——————— 피부
도면 해석
날 전체를 눕히면 (0°) → 면도 안 됨

날을 세우면 (90°) → 베임 발생

- 날과 피부 사이 약 30° 유지 = 안전 + 효과적

⑤ 면도 작업과정

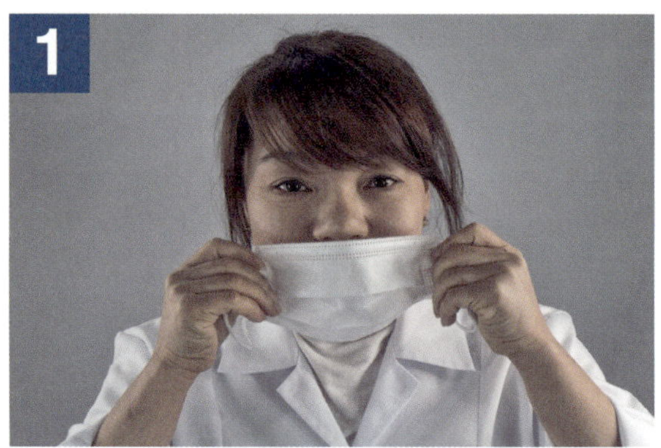

시술자 위생 마스크 쓰기

머리카락이 있는 부분 수건 두르기(귀를 덮지 않게 조심)

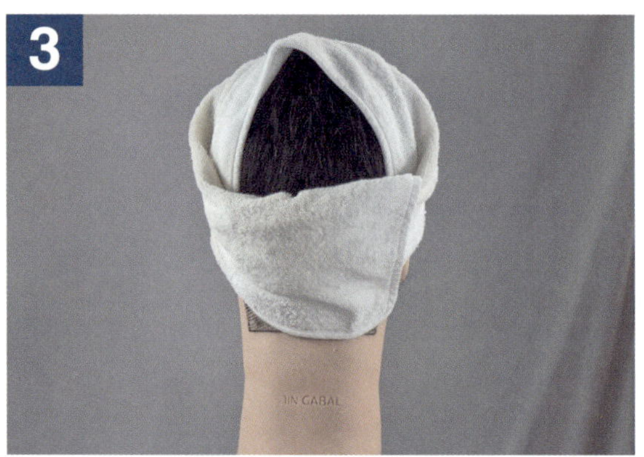

머리에 수건 두른 후면 모습

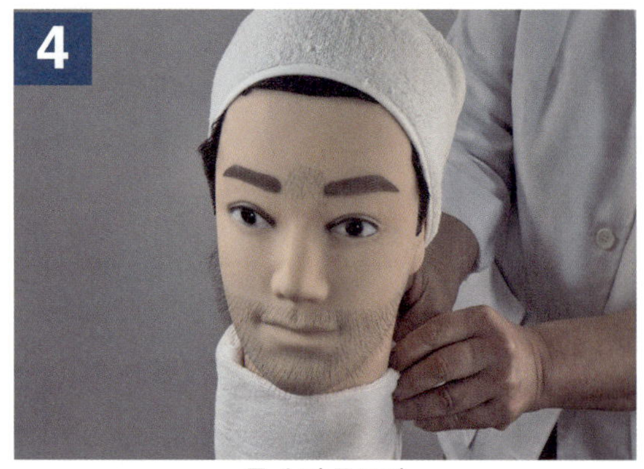

목 수건 두르기

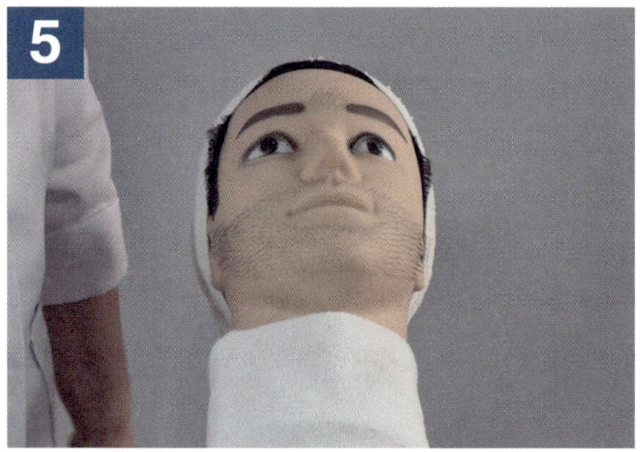

마네킹 의자를 적절한 각도로 눕히기

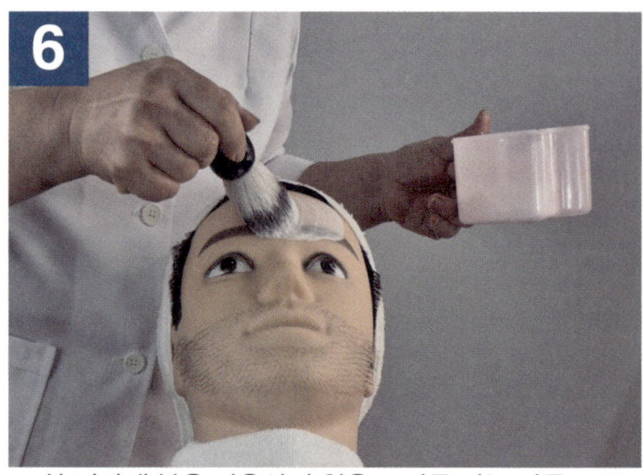

1차 이마에 붓을 이용하여 원을 그리듯 비누 거품 도포

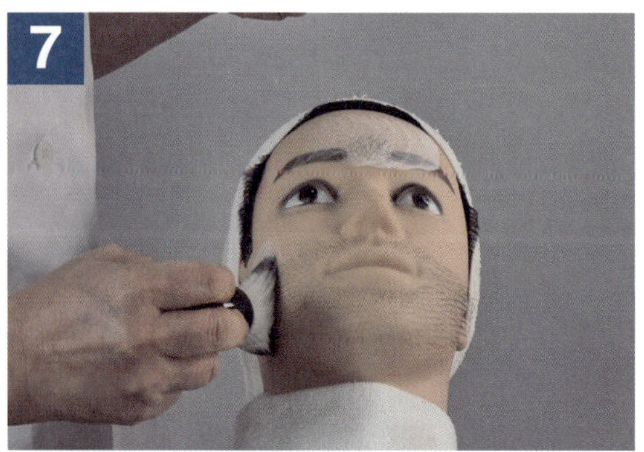

우측 볼 시계 반대 방향으로 비누 거품 바르기

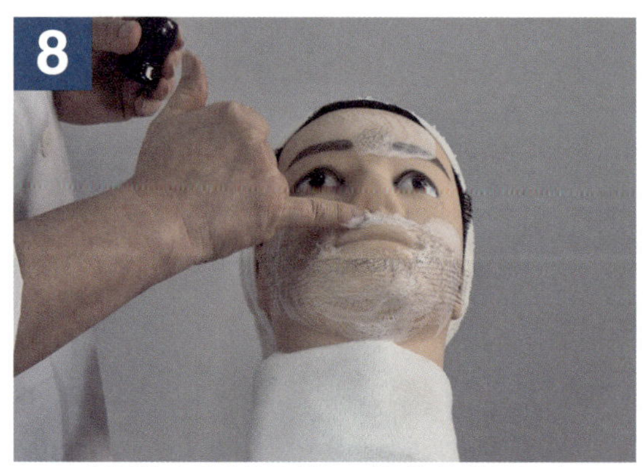

인중을 손가락으로 비누 거품을 묻혀 바르기

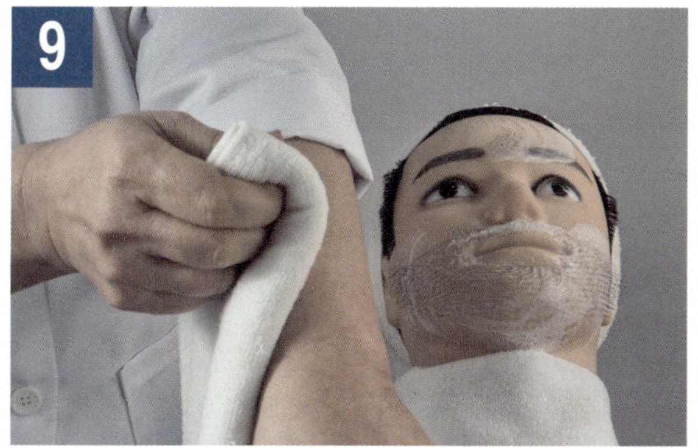

온타올을 시술자의 좌측 손목에 대고 온도 체크

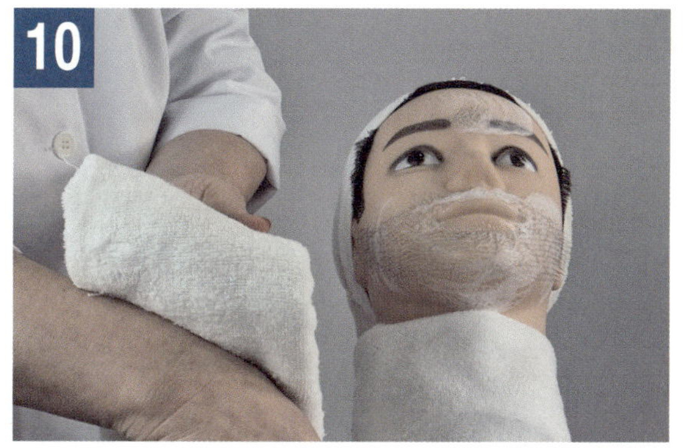

시술자의 우측 손목에 스팀 타올 대고 온도 체크

온수포를 얼굴에 밀착시켜 주고 귀를 덮지 않기

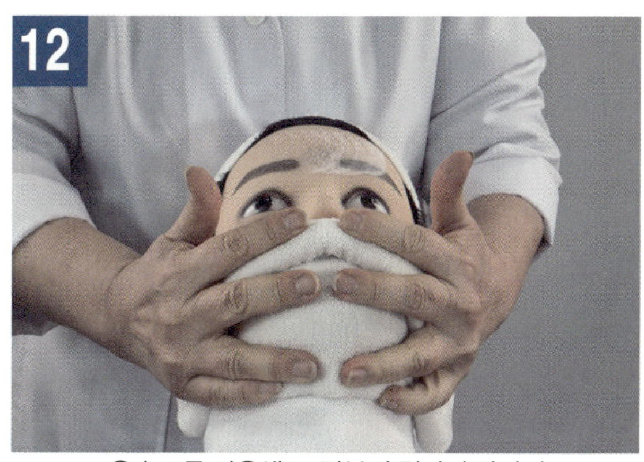

온습포를 이용해 코 밑부터 턱까지 감싸기

이마 우측에서 머리난 부분까지 면도하기

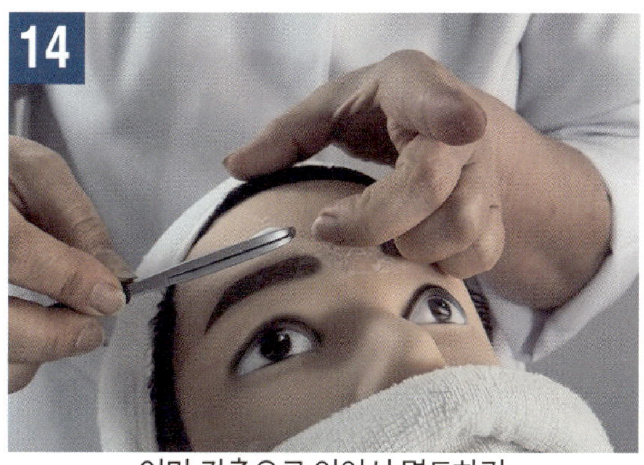

이마 좌측으로 이어서 면도하기

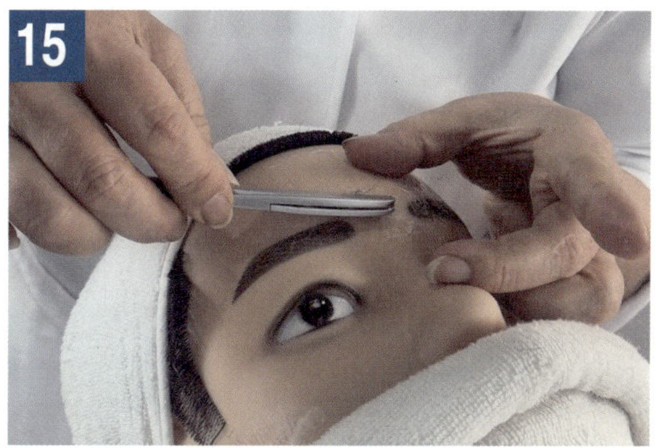

털이 난 미간 사선으로 크로스 면도하기

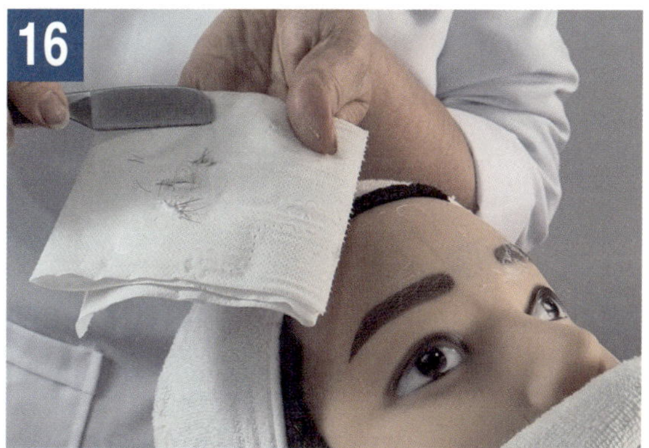

화장지에 거품 닦아내기

⑥ 면도 작업과정

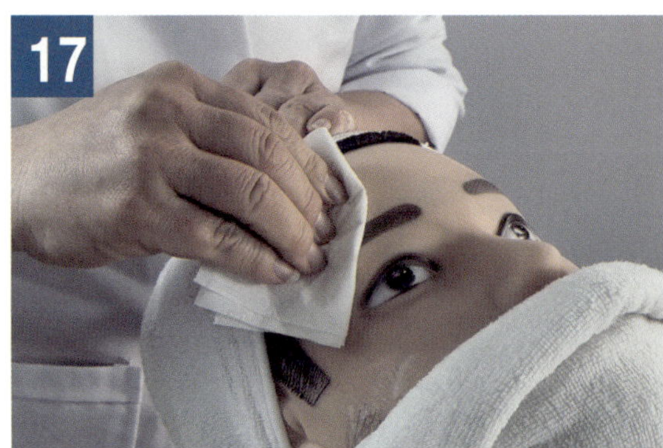

피부에 묻은 비누 거품 닦아내기

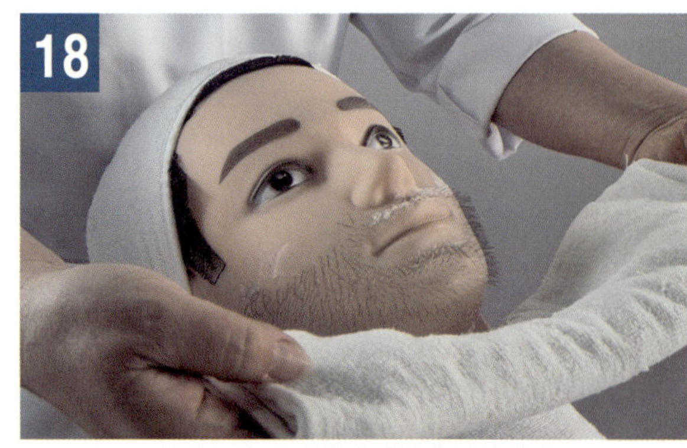

온습포를 거둬내며 가볍게 닦아내기

2차 면도할 부위(얼굴 하단) 전체에 고르게 바르기

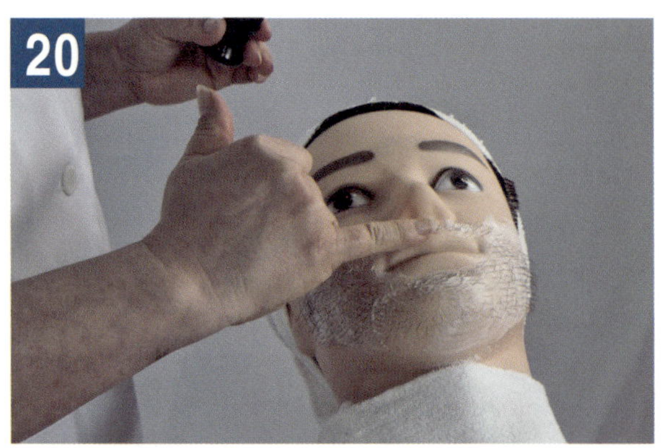

인중을 손가락에 비누 거품은 묻혀 바르기

우측 볼 상단에서 중앙으로 프리핸드 기법으로 면도

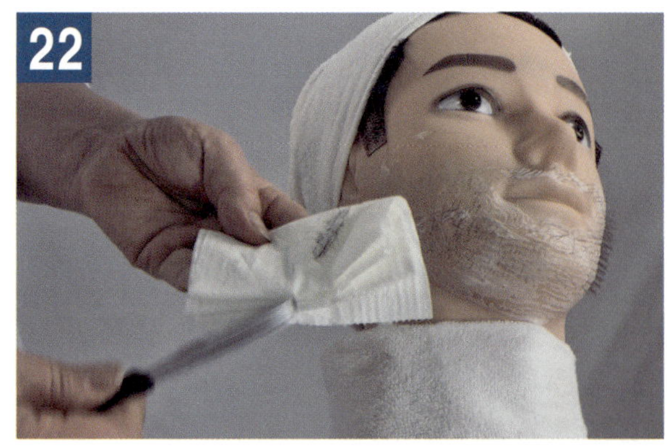

면도날의 남은 거품 닦아내기

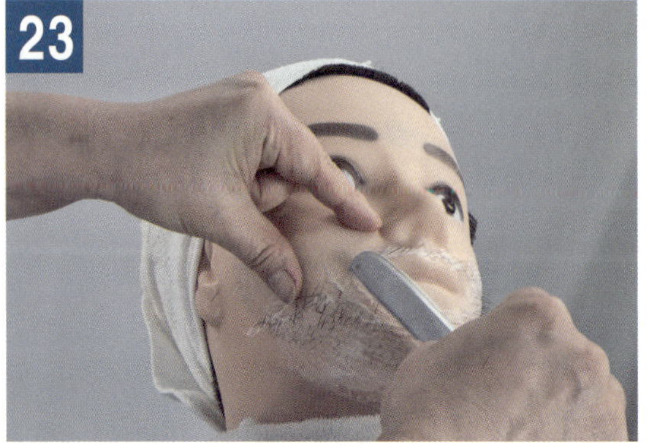

면도칼을 프리핸드 기법으로 잡고 오른쪽 구
레나룻 하단 아래로 밀면서 면도

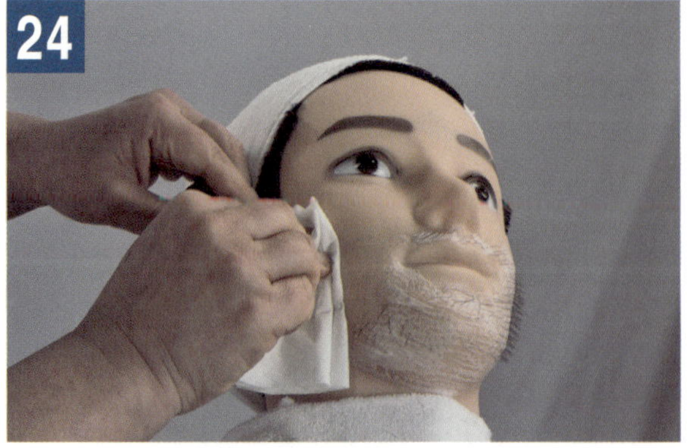

얼굴에 묻은 잔여 털 닦아내기

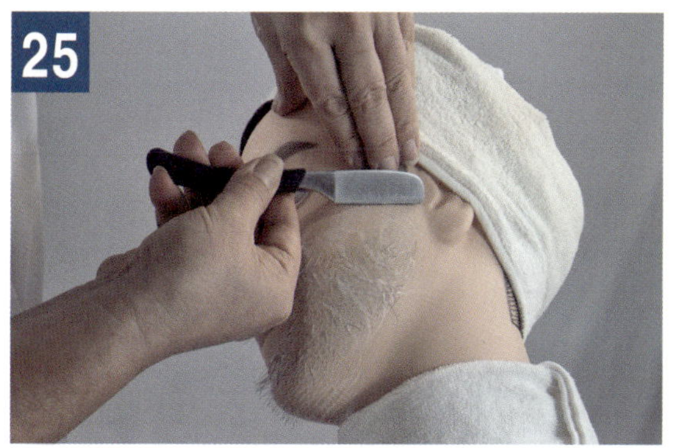

백핸드기법으로 45° 수평으로 잡고 좌측 볼 상단에서 중앙으로 밀면서 면도

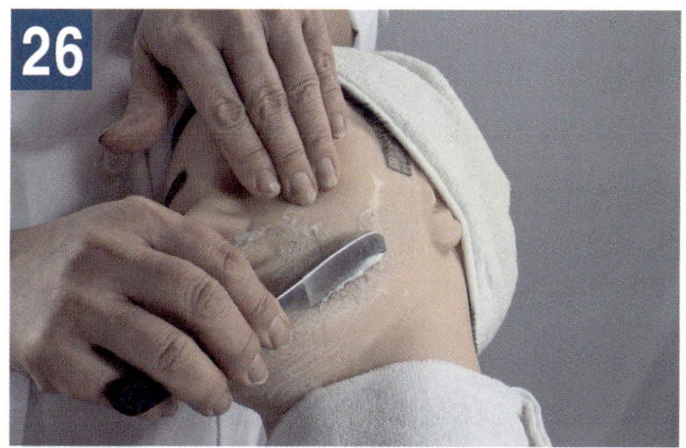

면도칼을 사선으로 하여 푸쉬 기법으로 볼 중앙에서 턱선 방향으로 밀면서 면도

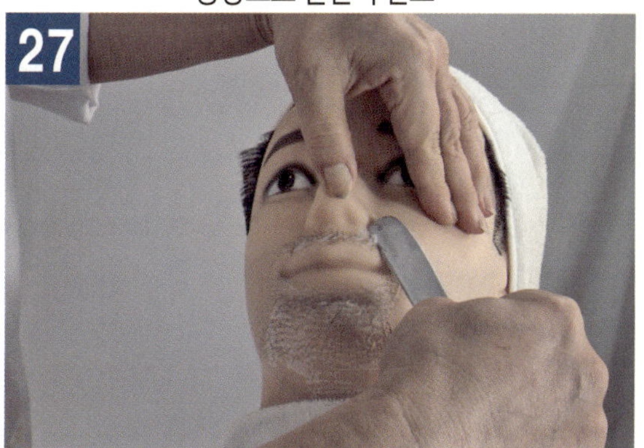

면도칼을 프리핸드로 콧수염을 인중 중앙 안쪽으로 연결하여 연속으로 면도

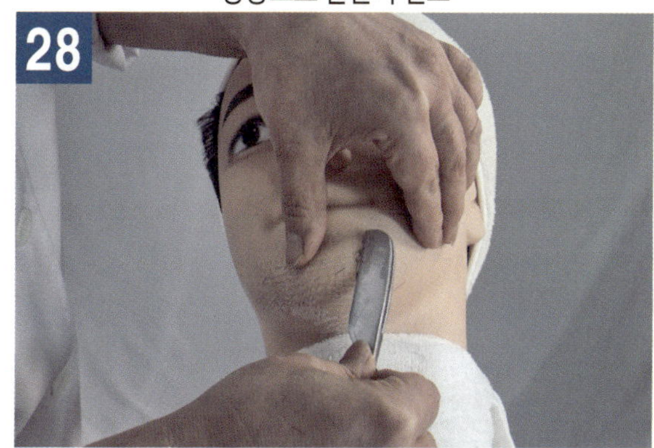

시술자의 위치는 우측에 서서 좌측에서 우측으로 연속으로 면도

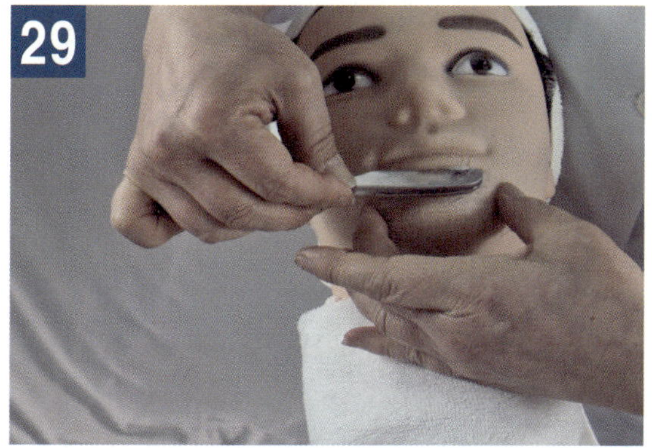

턱 라인과 입술 아랫부분을 역방향으로 끌어올리면서 면도

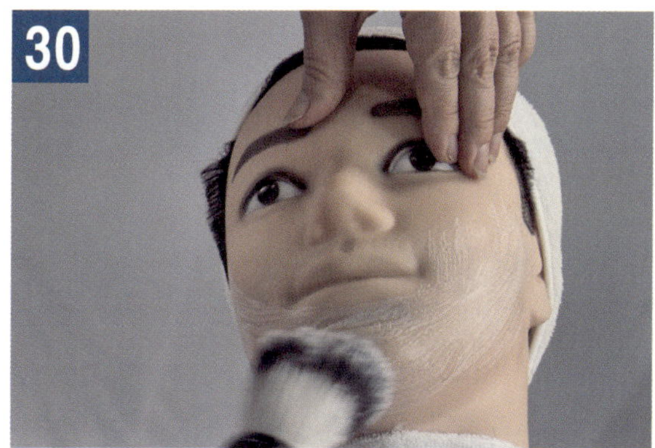

턱 아래(턱밑) 부위 거품 재도포

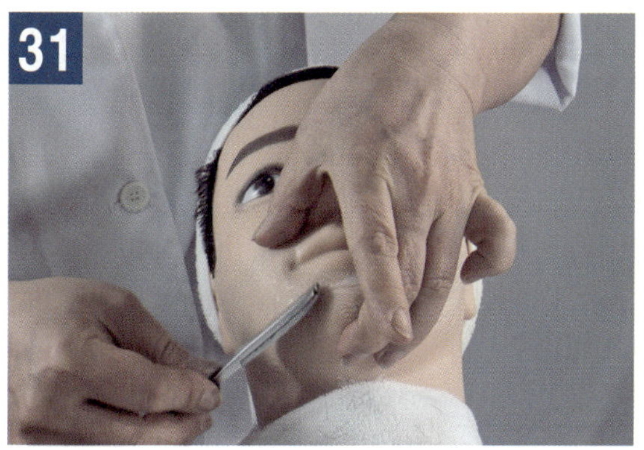

좌측 왼손으로 피부를 위로 당겨 역방향으로 연속 면도

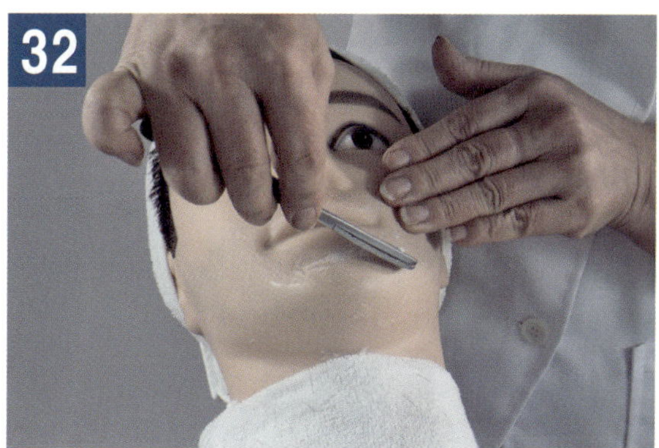

우측 턱 라인을 따라 연속적으로 면도

⑥ 면도 작업과정

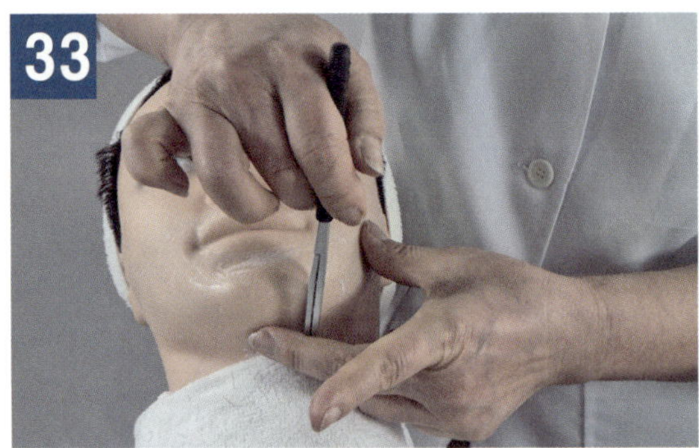

펜슬 기법으로 턱 밑의 미세한 잔털 정리

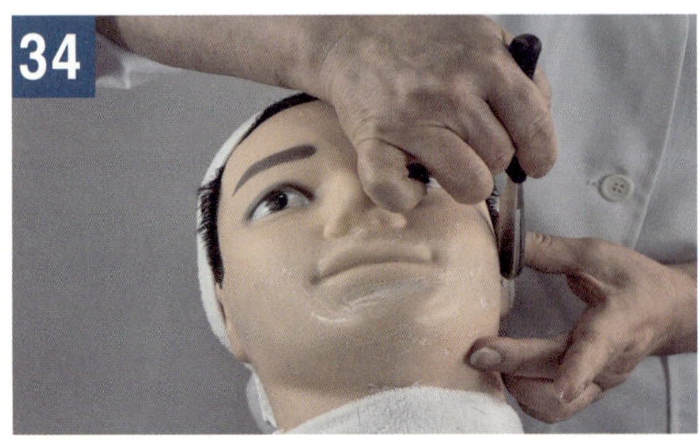

귀 주변 역방향으로 연속적으로 끌어올려 면도

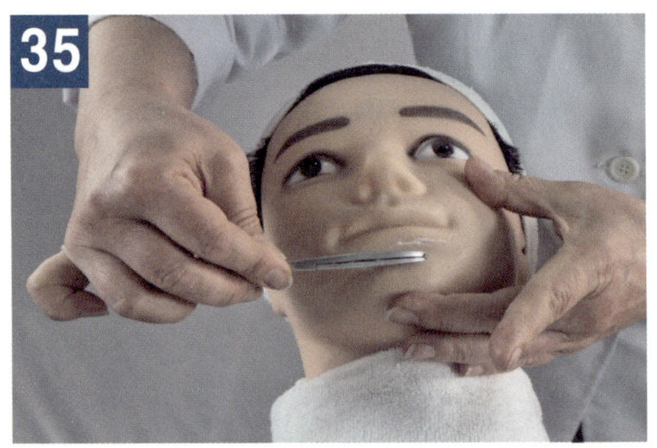

턱 끝에서 위로 일정한 힘의 압력 조절하여 면도

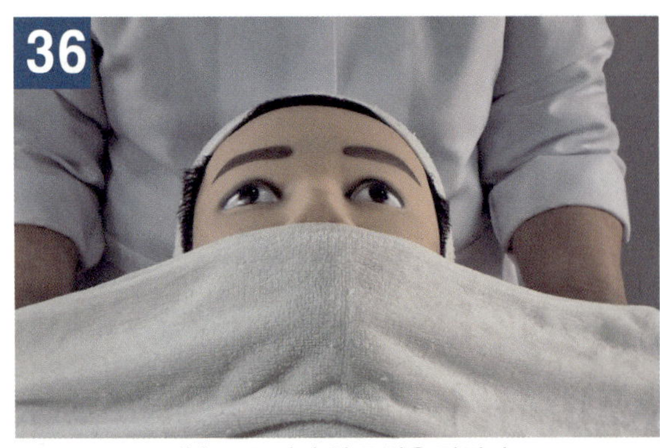

냉습포로 턱과 입 주변을 감싼다.

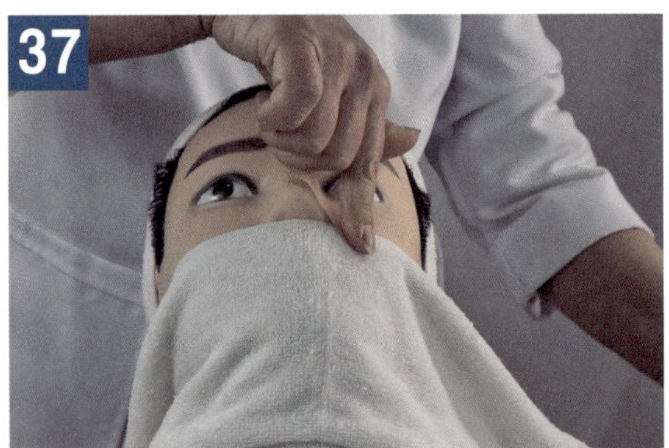

얼굴에 냉습포를 대고 오른손가락으로 코 볼을 누른다.

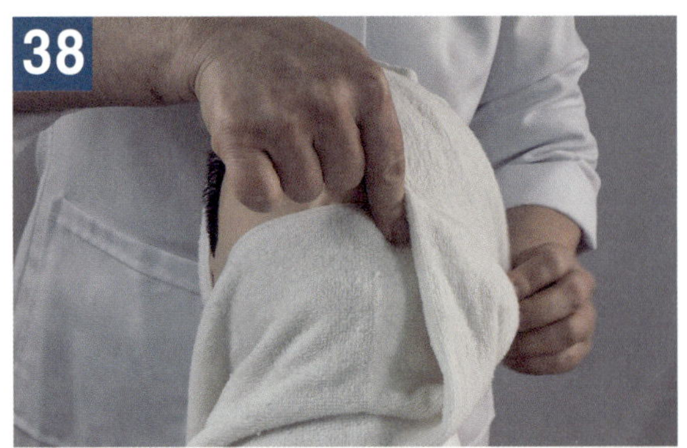

얼굴 좌측으로 감싼다.

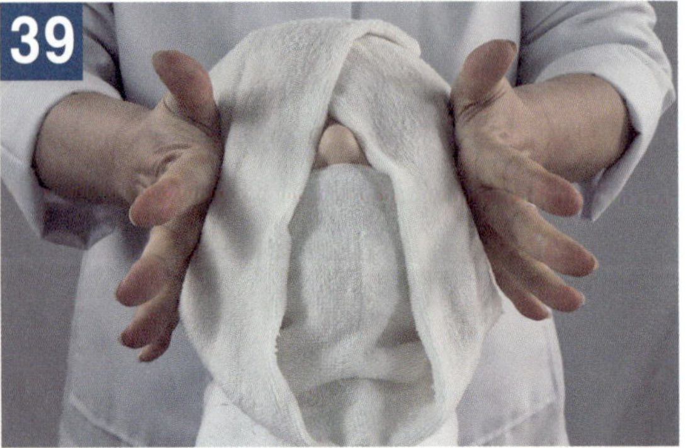

얼굴에 감싼 냉수포 위에 지그시 손바닥으로 눌러준다.

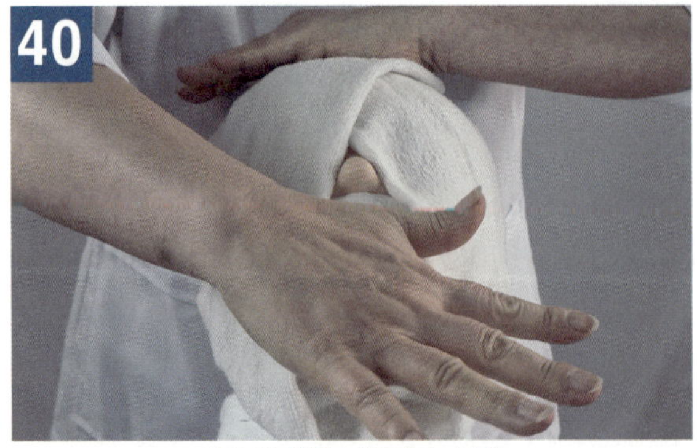

이마와 턱을 가볍게 누른다.

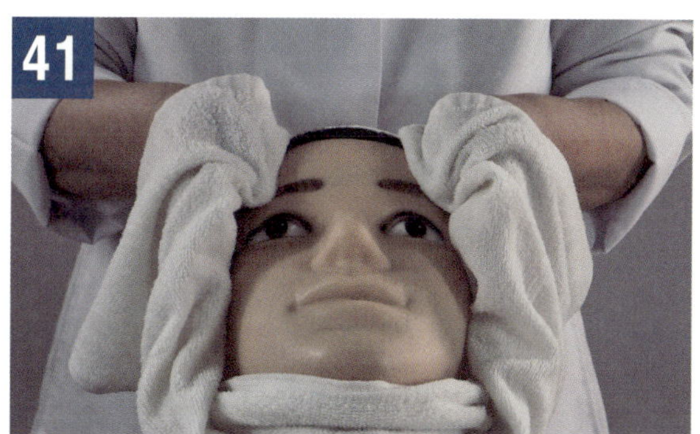

이마를 닦아준다.

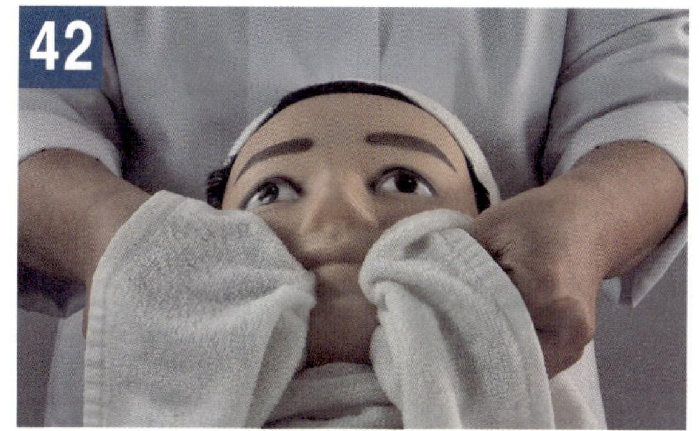

양 볼에 남아있는 잔여물을 닦아준다.

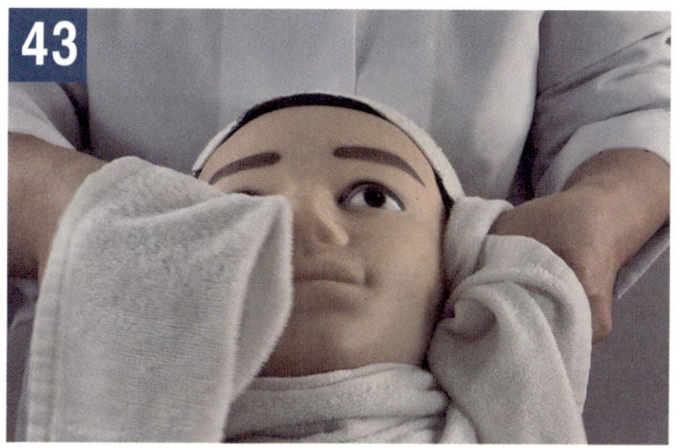

코볼과 턱밑에 잔여물을 닦아준다.

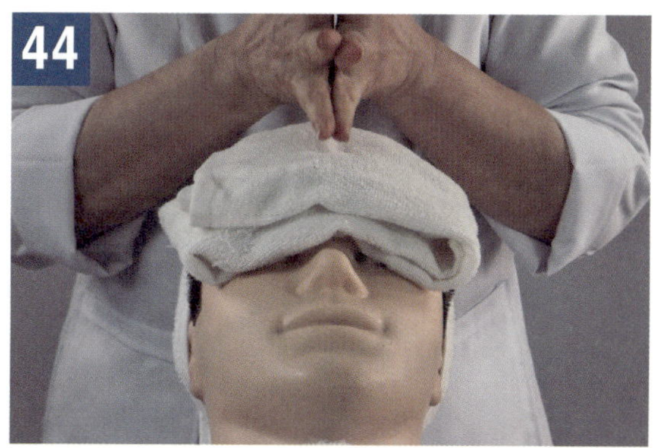

이마에 냉수포를 얹어 가볍게 두드린다.

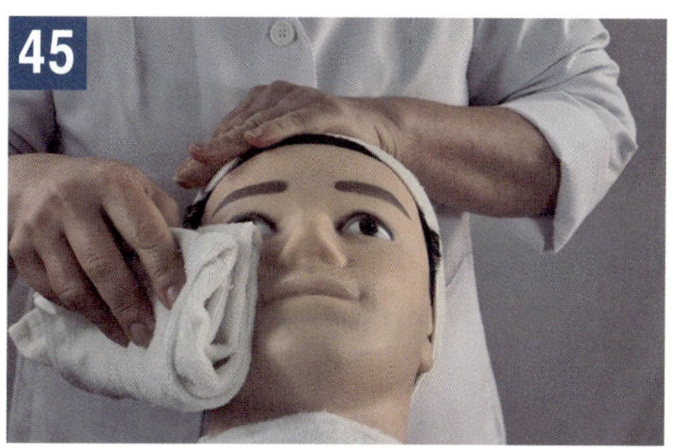

이물질 제거

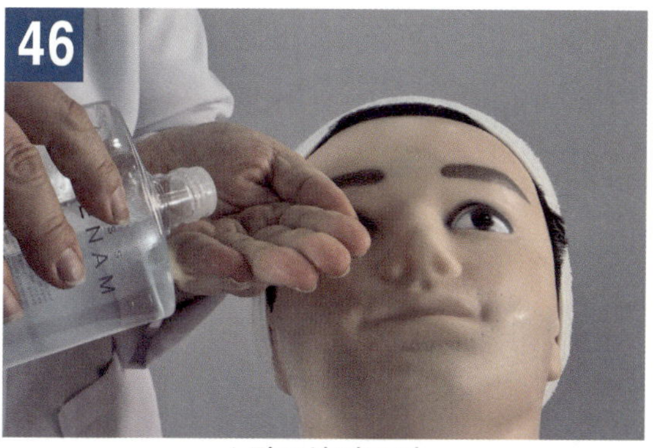

스킨로션 바르기

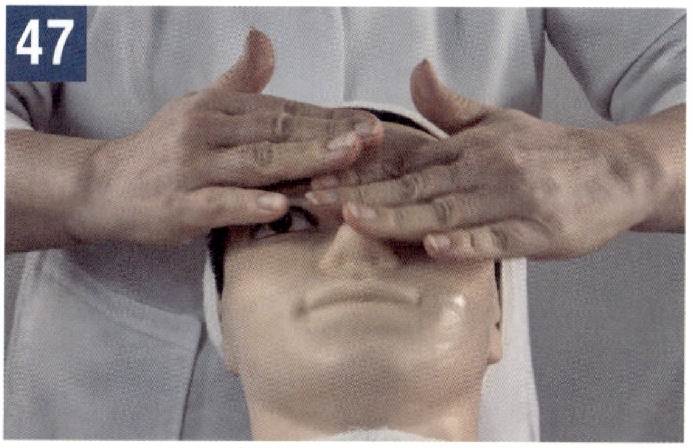

얼굴에 가볍게 두드려주기

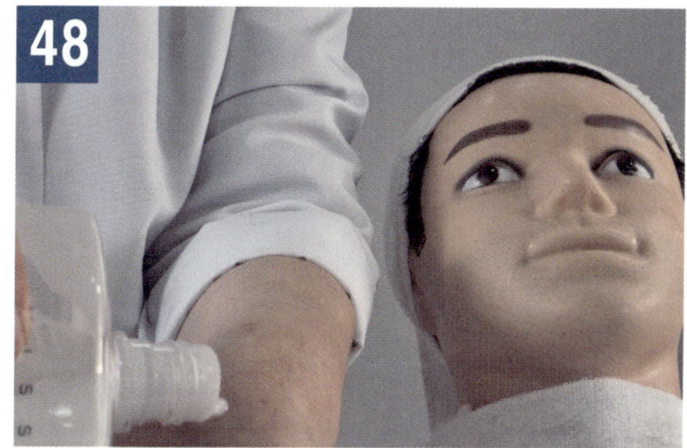

밀크로션 바르기

6 면도 작업과정

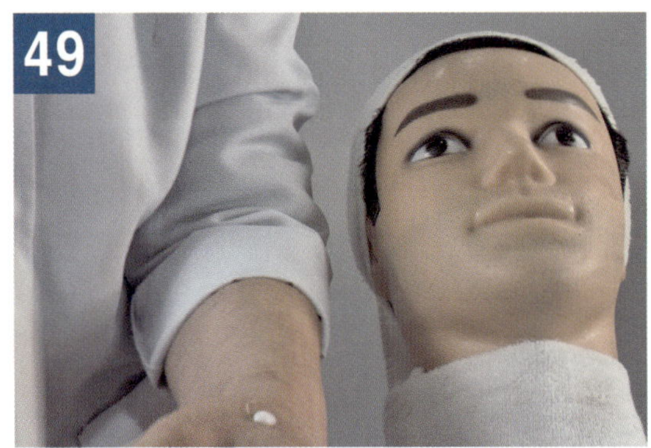

손등에 적당량에 로션을 덜어낸다.

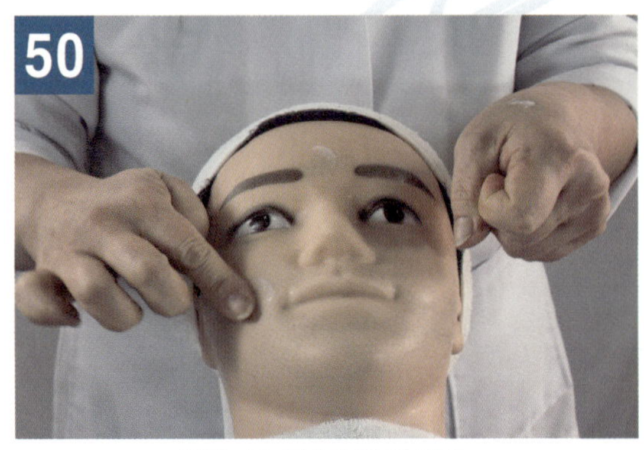

이마, 볼, 턱순으로 바른다.

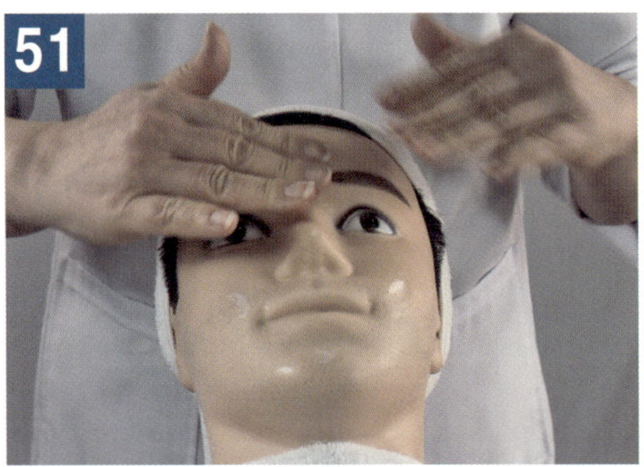

이마에서 문지른다.

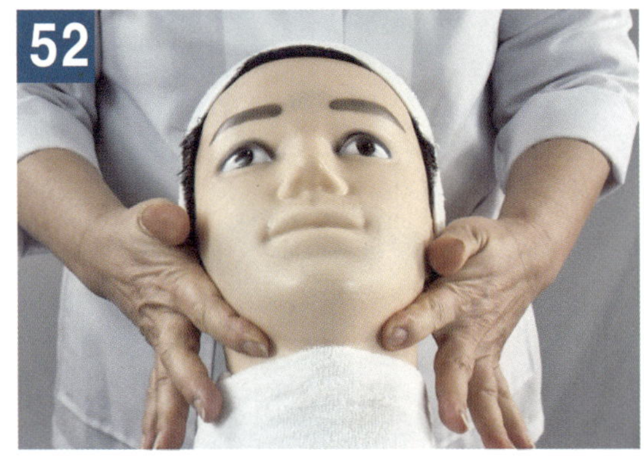

양 볼에 가볍게 원을 그리듯 문지른다.

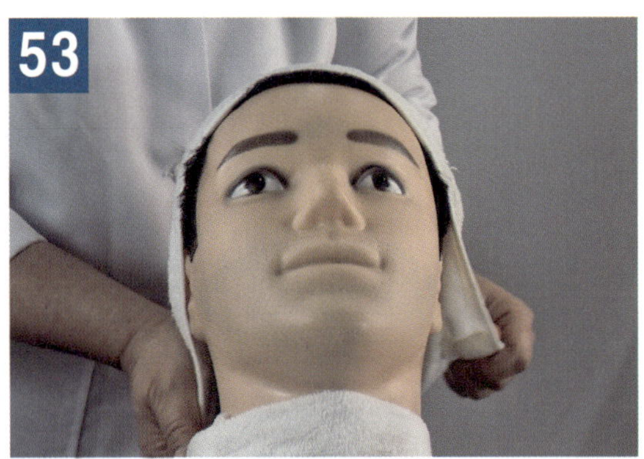

머리에 두른 수건을 제거

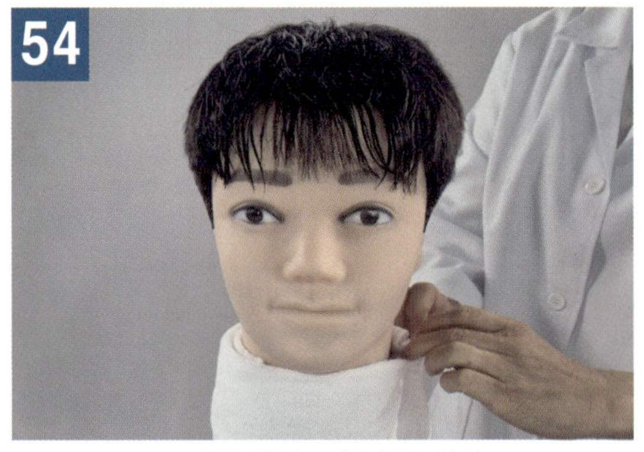

고개를 세우고 목수건 제거

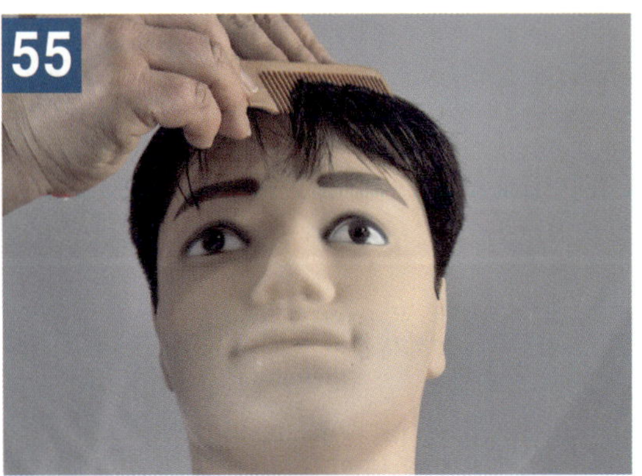

앞머리 빗질

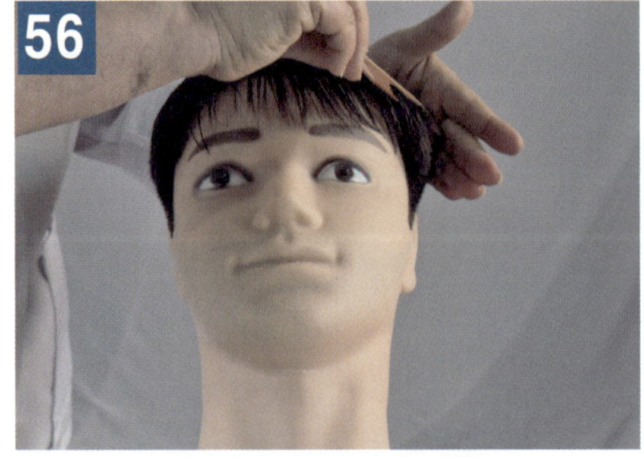

옆머리와 전체 옆머리를 빗질

⑦ 면도 완성

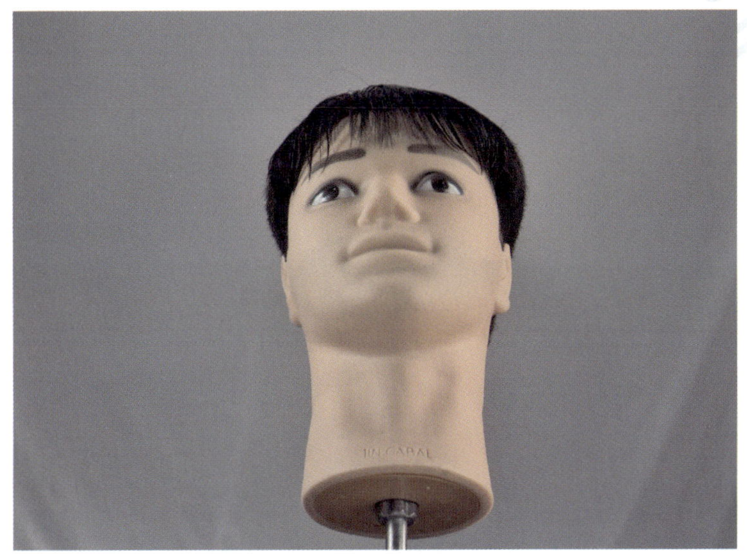

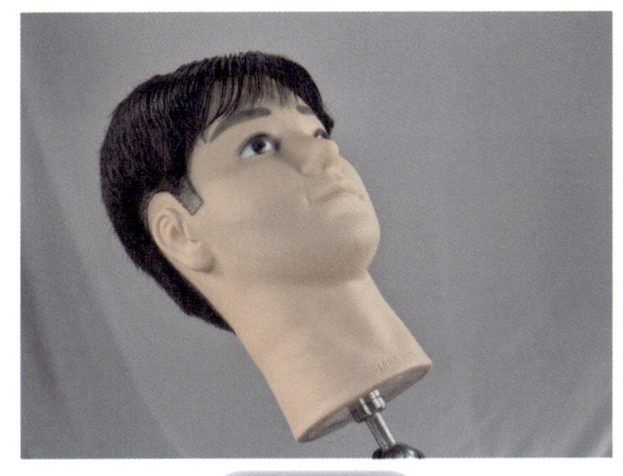

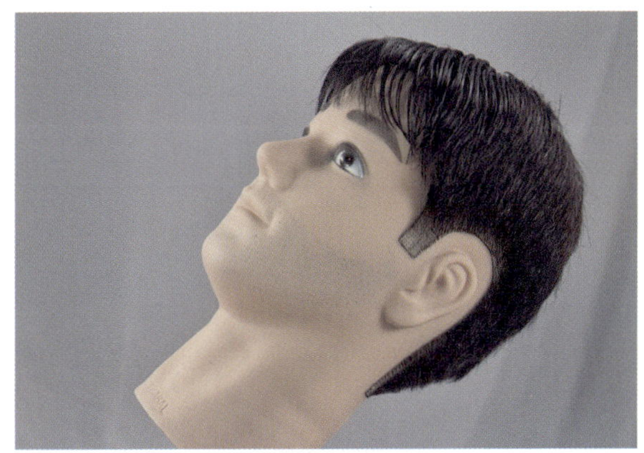

⑧ 실전 합격 전략 [Checklist]

1. 면도기를 잡은 손에 힘이 들어가면 안된다.
2. 피부에 칼자국이 남지 않도록 유의한다.
3. 면도날의 각도가 매우 중요한데, 15~30°를 유지한다.
4. 오른손의 면도날은 수염을 따라 운행하고, 왼손은 면도날을 따라 피부를 당기고
   늘리는 동작을 같이 수행해야 한다.
5. 감독관이 체점하러 오면 두~세가지 동작을 보여줘야 한다.
6. 얼굴에 수염 조각이 없도록 위생적으로 작업한다.
7. 면도 작업을 시행할 때 긁는 소리가 나지 않도록 유의한다.
8. 면도날에 베이거나 피를 내지 않도록 안전하게 작업한다.

4단계

염 색
Coloring

탈 색(COLOR) (35분)

① 탈색(Bleaching)의 정의

하상고 탈색이란 네이프 라인(목덜미)에서 위로 약 2cm 정도의 낮은 단차를 두는 하상고 커트를 기반으로, 모발 내의 멜라닌 색소를 산화시켜 명도를 높이는 시술이다. 이는 모발에 색을 입히는 염색과 달리, 기존의 색소(멜라닌)를 파괴하여 제거하는 과정을 의미한다.

② 탈색 준비물

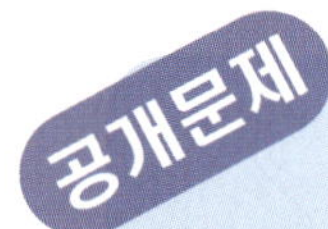

2. 작업내용

마네킹의 천정부(인테리어) 부위에 최종 7레벨(황갈색) 정도가 되도록 탈색 작업(좌우 각각 가로섹션 3개, 세로섹션 3개, 총 12개의 호일을 이용한 작업)을 한다.

3. 작업 순서

• 탈색준비하기 → 두정부 호일 작업하기 → 전부두 호일 작업하기 → 방치하기 → 탈색제 씻어내기 → 드라이하기

4. 유의사항

• 가로섹션은 전두부, 세로 섹션은 두정부 부위에 작업하시오(측면기준).
• 준비작업 시 앞장, 탈색약 조제, 헤어라인 크림도포 등 탈색에 필요한 작업을 하시오.
• 탈색 방치 동안 주변을 정리한다.(호일링 시 핀셋의 개수와 사용유무 제한은 없음)

③ 탈색의 과정

1. 탈색의 목적
- 보수적 심미성 : 상고머리 스타일 중 층이 가장 낮아 단정하고 안정감 있는 느낌을 준다.
- 화학적 변화 : 탈색제와 산화제의 반응을 통해 모발의 명도를 급격히 높이며, 이 과정에서 모발의 단백질 손상이 동반될 수 있어 주의가 필요하다.
- 정교한 연결 : 낮은 단차(Graduation) 구간 내에서 탈색된 색상이 얼룩 없이 균일하게 표현되어야 커트 라인이 돋보인다.
- 시간의 중요성 : 방치 시간에 따라 명도(Level)가 달라지므로 정확한 시간 엄수가 필수적이다.

2. 형태 (Form)
- 라인(Line) : 목덜미와 귀 뒷부분의 헤어라인이 낮고 완만한 곡선을 그리며 형성된다.
- 각도(Angle) : 하단부에서 상단부로 갈수록 15°~30°의 낮은 각도로 층이 생긴다.
- 색상(Color) : 붉은기나 노란기가 균일하게 빠진 밝은 상태를 유지하며, 모근부터 모선 끝까지 경계선이 생기지 않아야 한다.

3. 주요 작업내용
A. 탈색할 제료를 준비한다.
B. 앞치마 착용은 필수이다.
C. 수건을 두른다.
D. 염색보를 친다.
E. 장갑을 손에 맞게 착용한다
F. 피부 보호 크림을 헤어라인에 바른다.
G. 탈색제를 파우더 1 : 산화제 6% 2 비율로 계량하여 가루 뭉침이 없도록 고르게 혼합한다.
H. 블로킹을 나눌 때는 측중선을 기준으로 4 등분한다.
I. 호일링 작업은 두정부 가로섹션 좌측 3개 우측 3개 전두부 세로섹션 우측 3개 좌측 3개 총 12개를 두피에서 1~2cm 띄우고 모발 끝 방향에서 모근으로 신속하게 도포한다.
J. 방치하기-히팅캡을 이용하여 열을 주어 고르게 나오도록 확인한다.
K. 탈색제 씻어내기-미온수로 약액을 충분히 제거한 후 수건으로 물기를 없앤다.
L. 이용용 드라이로 건조 시킨 후 모류 방향으로 빗질한다.

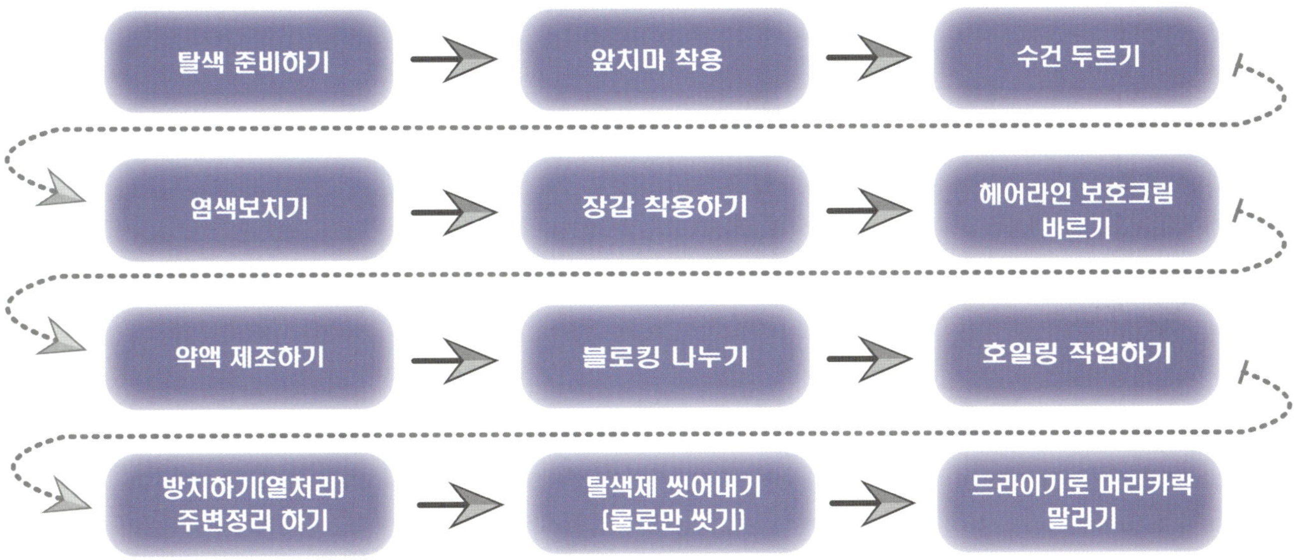

④ 탈색 시술 방법

1. 이용사 실기시험에서의 탈색 순서

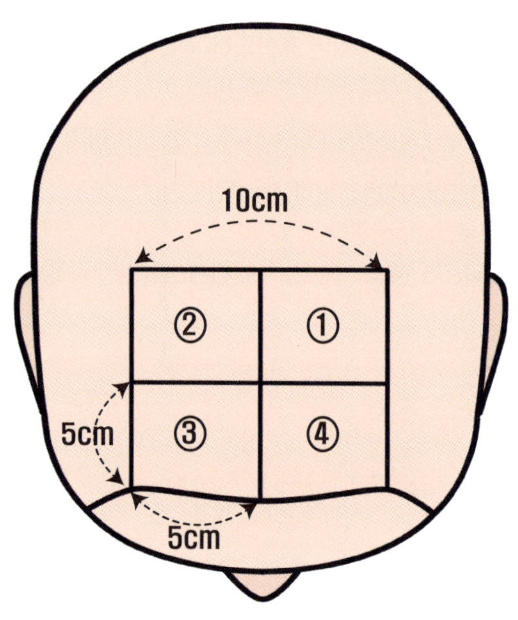

2. 주요 감점 요인(Demerit Points)

- 비율 및 조제 오류 : 약제 혼합 비율(1:3)을 지키지 않아 농도가 너무 묽거나 매트 할 경우.
- 얼룩 발생 : 도포가 불균일하여 특정 부위만 밝거나 어두운 '밴딩 현상'이 나타날 경우.
- 시간 관리 실패 : 제한 시간 내에 도포를 마치지 못하거나, 방치 시간을 조절하지 못해 모발이 과도하게 손상된 경우.
- 피부 오염 : 마네킹의 얼굴, 귀, 목 뒤 피부에 탈색제가 묻어있는데도 닦아내지 않을 경우.
- 뒷정리 미흡 : 시술 후 주변에 약제가 튀어 있거나 도구가 무질서하게 배치된 경우.

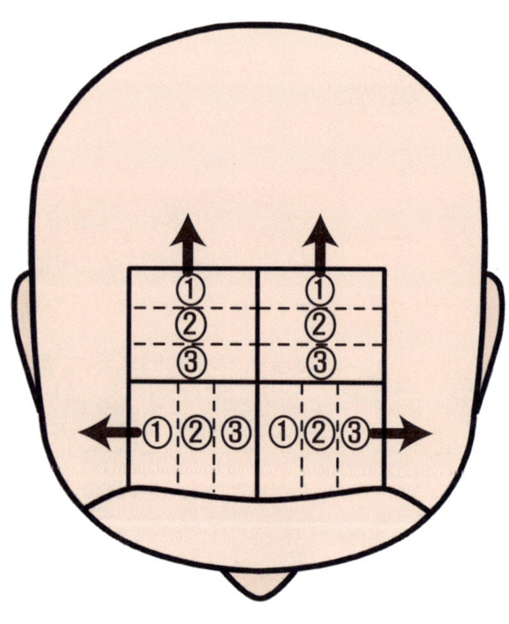

3. 시술 시 주의사항 (Precautions)

- 두피 보호: 탈색제는 자극이 강하므로 두피에 직접 닿지 않도록 주의한다.
- 얼룩 방지: 약 도포량이 일정하지 않으면 얼룩(Spot)이 생기므로 신속하고 균일하게 도포해야 한다.
- 오버타임 금지: 정해진 방치 시간을 초과할 경우 모발이 끊어지거나 녹을 수 있으므로 주의한다.

4. 시술 이론(Process)

① 약제 혼합 (Mixing)

- **혼합 비율** : 탈색 파우더(1제)와 산화제 6%(2제)를 1 : 2의 비율로 혼합한다.
- **이유** : 1:2 비율은 도포 시 발림성이 가장 좋으며, 과도한 약제 반응을 조절하여 균일한 탈색 효과를 낸다.
- **산화제 선택** : 이용사 실기 표준인 6% 산화제를 사용하여 안정적인 산화 반응을 유도한다.

② 도포 기법 (Application)

- **순서** : 두피에서 약 1cm 띄운 후 모발 끝부분을 먼저 도포한다.
- **정밀도** : 하상고의 부위에 약제가 뭉치지 않도록 꼬리빗이나 솔을 이용해 정교하게 도포한다.

③ 방치 시간 (Development Time)

- **표준 시간** : 열처리 5분 자연방치 5분을 표준으로 한다.
- **참고사항** : 수시로 테스트 가닥(Test Strand)을 확인하여 목표로 하는 명도가 나왔는지 체크해야 한다.

④ 세정 및 마무리 (Cleansing)

- 미온수로 약제를 충분히 헹궈낸다.

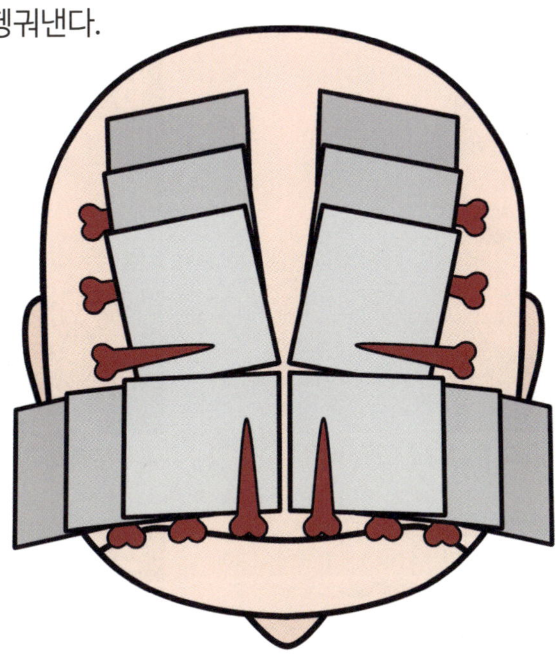

5. 실전 팁(Success Tips)

"하상고 탈색은 커트와의 조화가 중요하다."
빗질을 최소화하고 솔을 세워 정교하게 터치하는 연습이 필요하다. 또한, 방치 시간 중 찬바람이
직접 닿으면 반응이 느려지므로 온도를 일정하게 유지한다.

⑤ 탈색 작업과정

앞치마 착용

수건 두르기

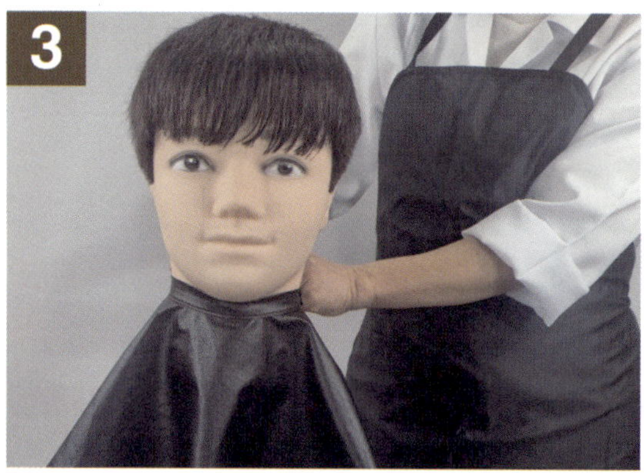

염색보 두르기

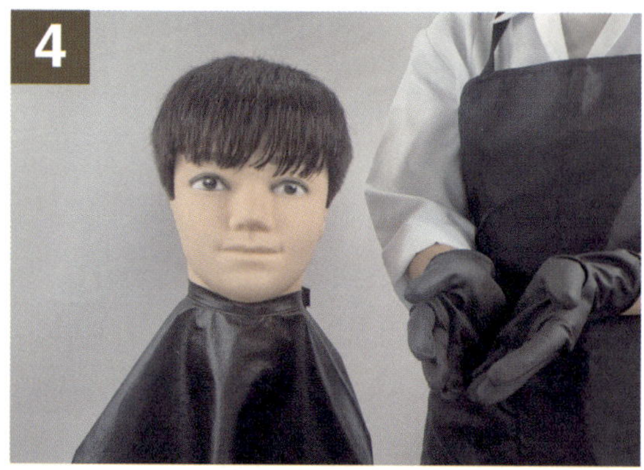

라텍스 장갑 착용하기

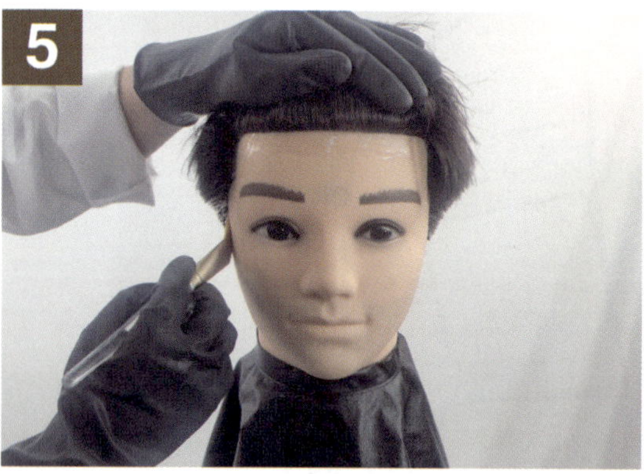

전두부 헤어라인 붓을 사용하여 피부보호 크림 바르기

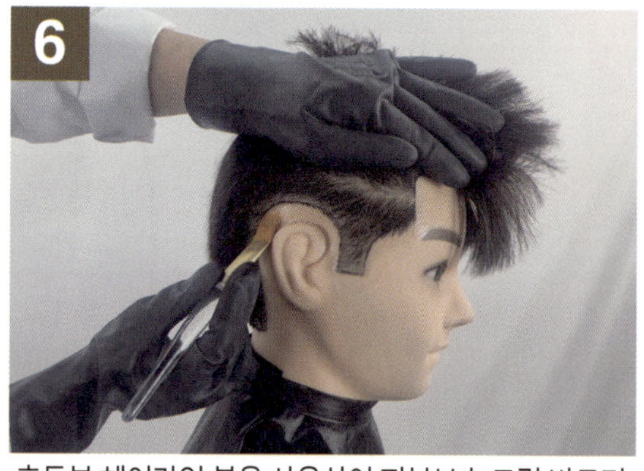

후두부 헤어라인 붓을 사용하여 피부보호 크림 바르기

측중선을 기준으로 4등분 나눈 후 핀컬핀으로 고정한다.

파우더와 산화제를 1 : 2 비율로 희석한다

두정부 좌측면 3등분 나눠 가로세션에 판넬을
두피에서 1cm 띄우고 첫 번째 탈색제를 바른다

꼬리빗을 사용해 반을 접고 양쪽 가장자리를
가로 폭에 맞게 접는다.

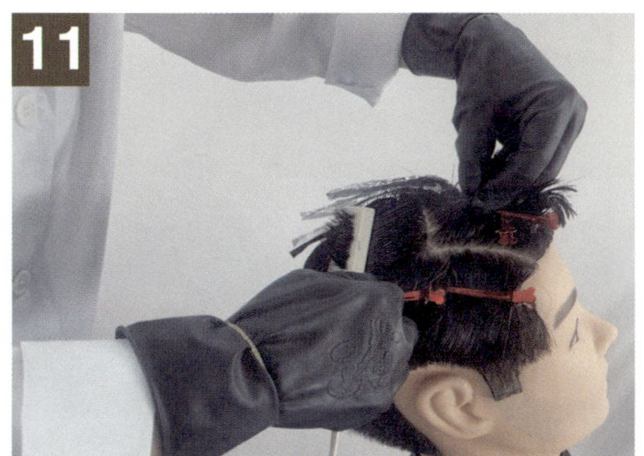

두정부 우측면 고르게 빗질한다.

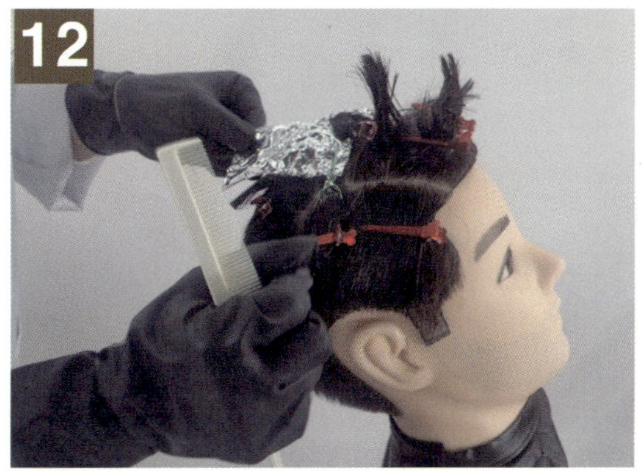

두정부 우측면 세 번째 섹션 작업한 모다발 상태

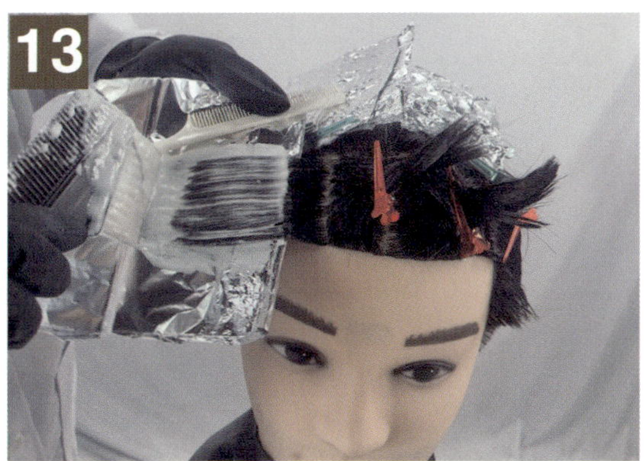

전두부 우측 염색 브러시를 이용해 탈색제를 묻혀
두피에서 1cm 띄고 바른다.

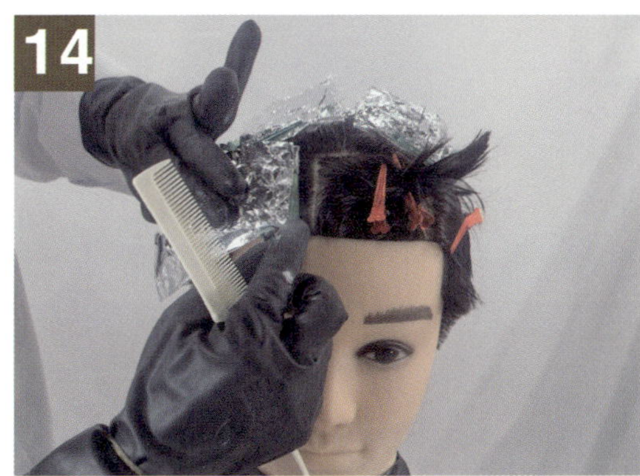

호일링을 접고 핀컬 핀을 모근 가까이 고정한다.

전두부 우측면을 꼬리빗 빗살로 눌러 갈끔하게
접어준다.

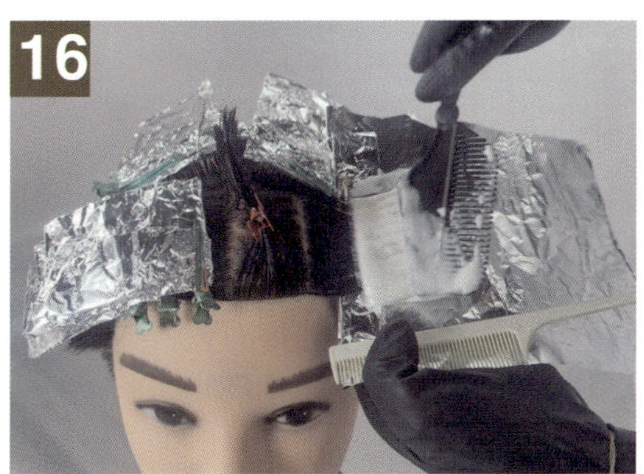

전두부 좌측 두 번째 염색 붓에 탈색제를
묻혀 바른다.

⑤ 탈색 작업과정

전두부 좌측 세 번째 반쪽을 꼬리빗을 이용해 접는다.

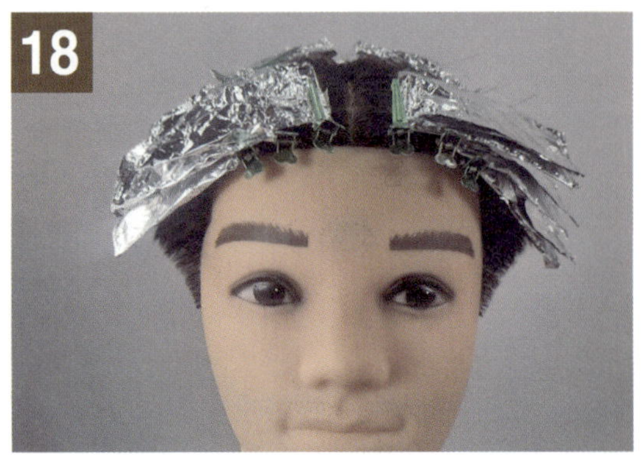

호일링 작업이 완성된 정면 모습

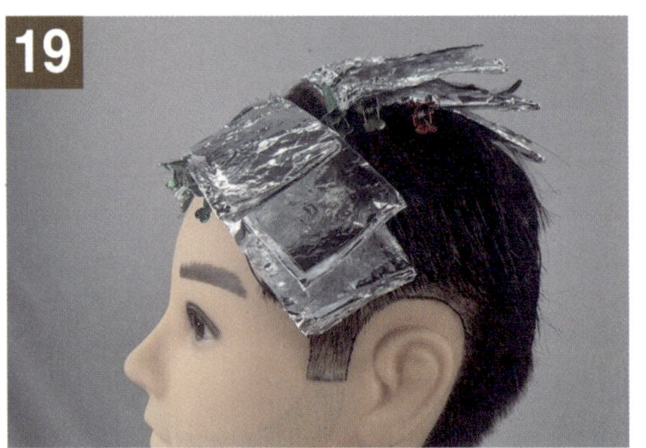

호일링 작업과 핀컬핀 작업이 완성된 좌측 모습

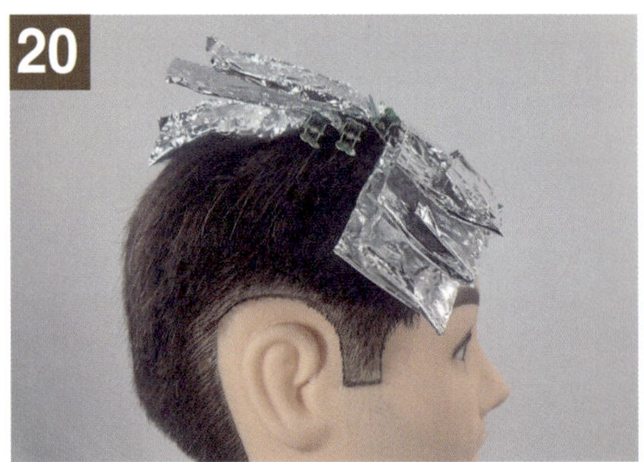

호일링 작업과 핀컬핀 작업이 완성된 우측 모습

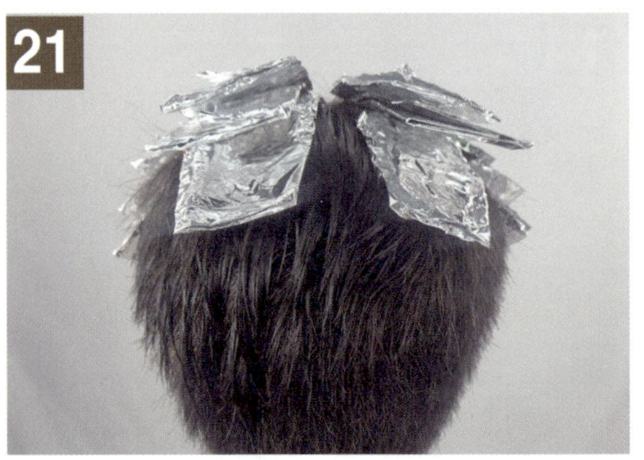

호일링 작업과 핀컬핀 작업이 완성된 뒷모습

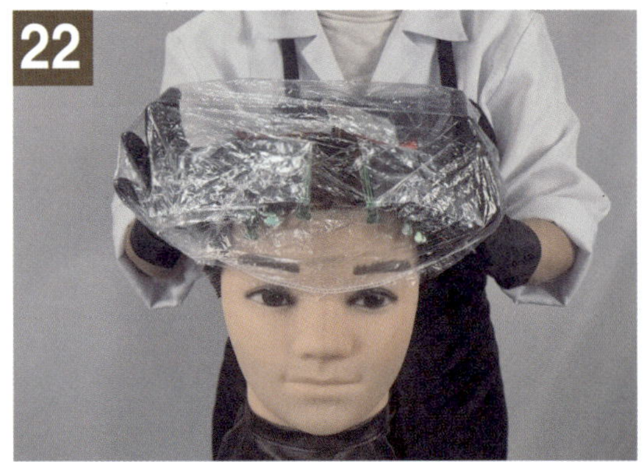

비닐캡을 씌우고 공기를 차단한다.

히팅캡을 씌워 열처리한다.

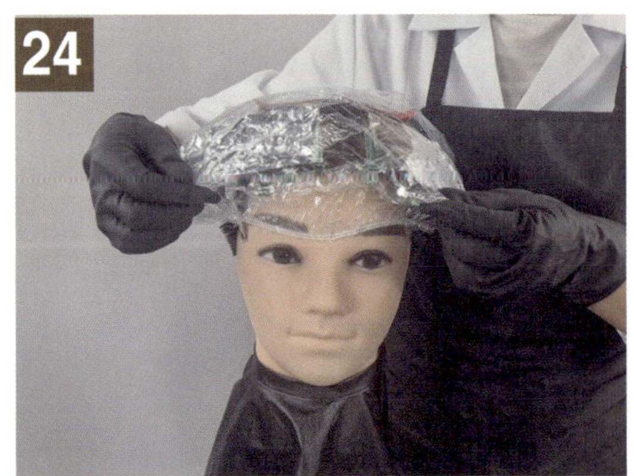

비닐캡을 걷어낸다.

25 히팅캡을 뺀다.

26 방치시간이 끝나면 호일을 제거한다.

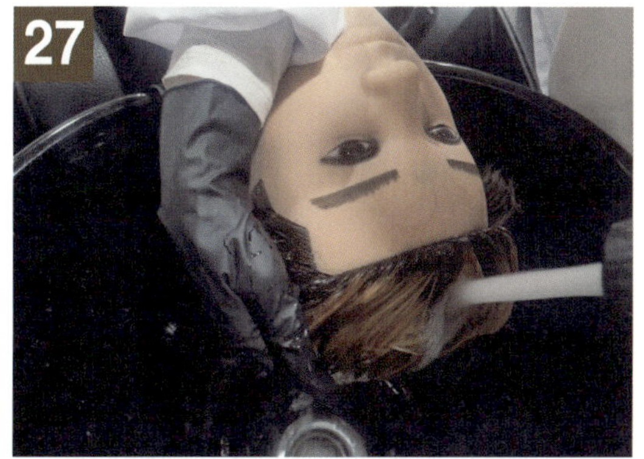

27 세면대로 이동하여 탈색제를 미온수로 깨끗하게 씻어낸다.

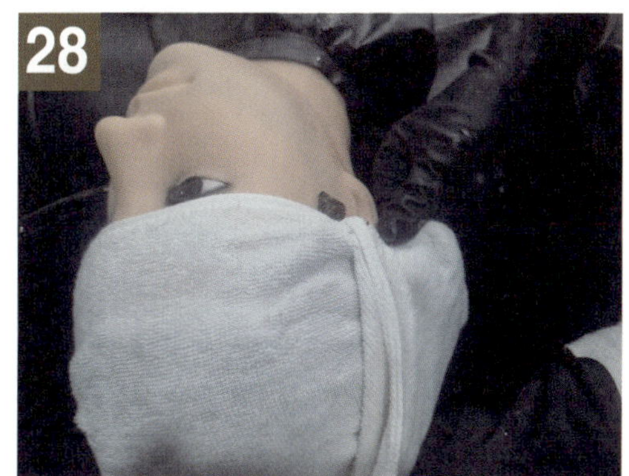

28 타올로 감싸서 물기를 제거한다.

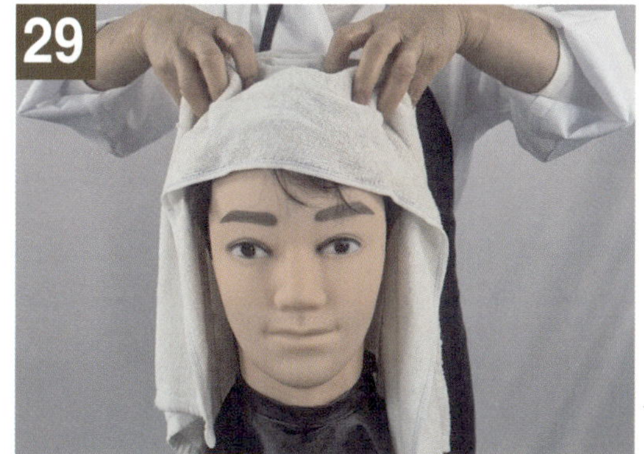

29 머리카락에 남은 수분을 타올로 건조시킨다.

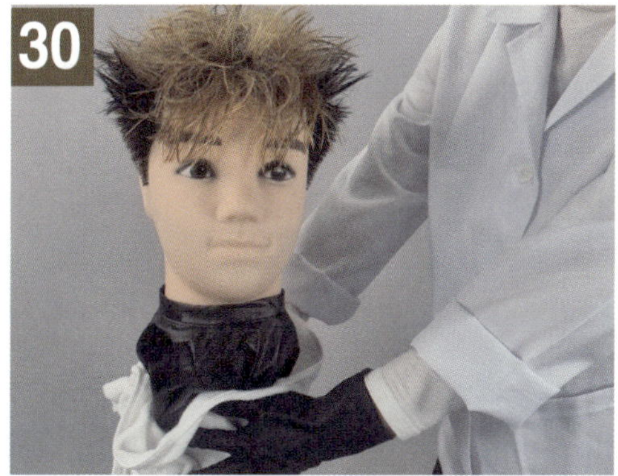

30 염색보를 닦아준다.

31 손에 끼고 있던 장갑을 벗는다.

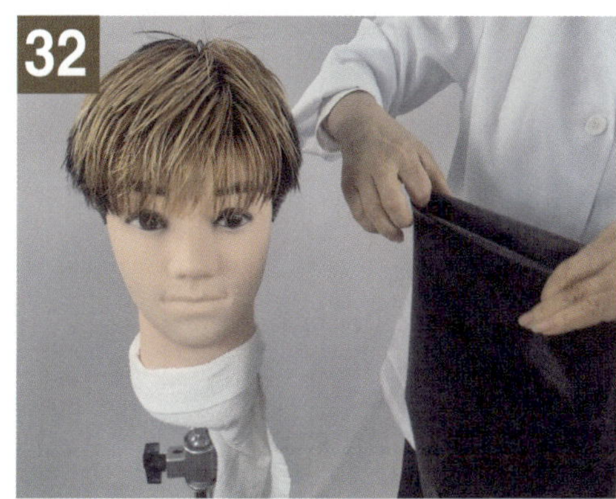

32 염색보를 정리한다.

⑤ 탈색 작업과정

염색보 정리하기

목수건을 정리하기

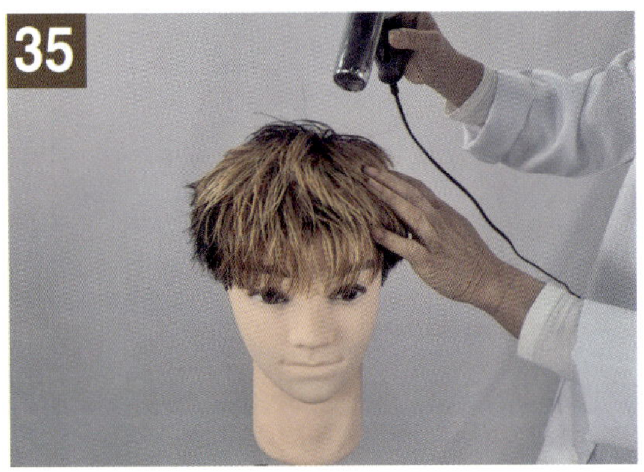

이용용 드라이어로 수분을 제거하고 두발을
고르게 빗질한다.

완성모습

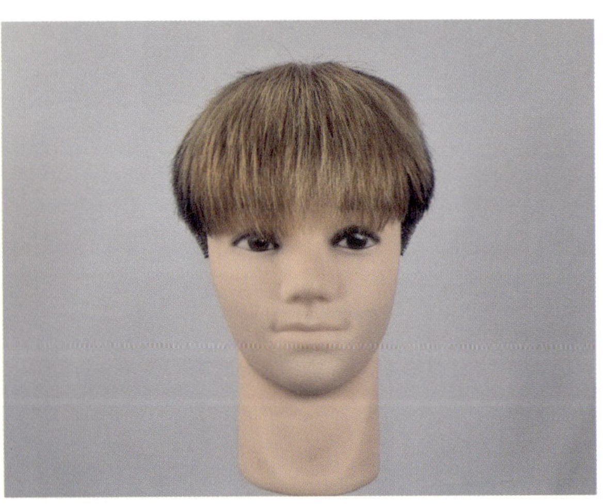

앞

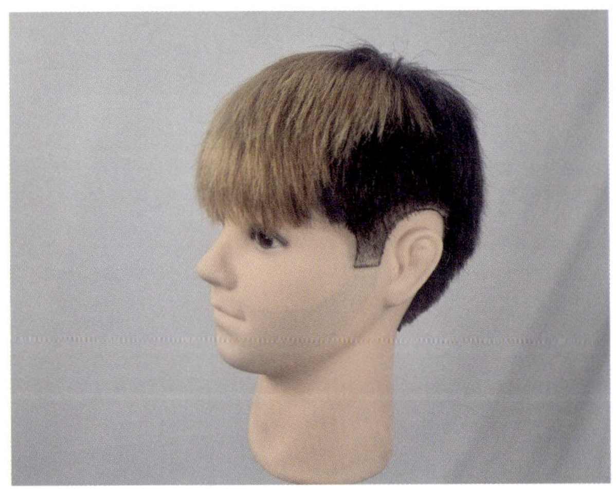

오른쪽

Hair Level Chart

새치염색

흑갈색으로 표현되야한다

멋내기염색

5레벨 정도로 표현되야한다

탈 색

7레벨 정도로 표현되야한다

실기시험 문제지에서 칼라는
"정도" 라는 표현을 하였다.
이것은 칼라의 차이가 약간
있어도 무방하다는 뜻이며,
과정을 중시하겠다는 의지이다.

멋내기염색(COLOR) (35분)

① 멋내기염색(Medium Graduation Coloring)의 정의

멋내기염색이란 외모의 변화와 개성 표현을 목적으로 모발을 원하는 색상으로 염색하는 이용 기술이다. 멋내기염색은 백모 커버가 주목적이 아니며, 이미지 연출·개성 표현을 위해 자연색 또는 인공적인 색상으로 모발 전체 또는 부분을 염색하는 작업을 말한다.

② 멋내기염색 준비물

2. 작업내용
마네킹의 모발에 멋내기 염색을 한다. (최종 5레벨(밝은 갈색) 정도 되도록 염색)

3. 작업 순서
• 멋내기 염색준비하기 → 염색하기 → 방치하기 → 염색제 씻어내기 → 드라이하기

4. 유의사항
• 준비작업 시 앞장, 염색약 조제, 헤어라인 크림도포 등 염색에 필요한 작업을 한다.
• 염색 시 4등분으로 구획하고, 작업순서는 후두부(두정부포함), 측두부, 전두부 순으로 작업한다.
• 염색 후 방치하는 동안 주변을 정리한다.

③ 멋내기염색의 과정

2. 특징(Features)
- 대중적 디자인 : 상고 스타일 중 가장 표준적인 높이로, 적당한 볼륨감과 깔끔함을 동시에 제공한다.
- 색채의 입체감 : 중간 높이의 층(Graduation) 덕분에 빛의 굴절에 따라 염색된 색상이 더욱 풍성하고 입체적으로 보인다.
- 보색 및 배색 : 탈색과 달리 기존 모발의 색상과 염모제의 색상이 혼합되어 결과가 나타나므로 색채학적 이해가 필요하다.

3. 형태(Form)
- 라인(Line) : 귀 윗부분과 후두부 중간 지점까지 경사면이 형성되어 활동적인 느낌을 준다.
- 각도(Angle) : 보통 45° 내외의 각도로 커트라인이 형성되어 뒷부분에 적절한 무게감(Weight)이 생긴다.
- 색상(Color) : 갈색(Brown) 등 지정된 5레벨 색상이 모발 전체에 균일하게 발색되어야 하며, 퇴색된 부분 없이 윤기가 돌아야 한다.

4. 시술 이론(Process)
① 약제 혼합 (Mixing)
- 혼합 비율 : 염모제(1제)와 산화제(2제)를 보통 1 : 2 비율로 혼합한다. (제품 제조사의 지침에 따라 가감할 수 있음)
- 산화제 역할 : 6% 산화제는 큐티클을 열고 멜라닌을 분해함과 동시에 인공 색소를 발색시키는 역할을 한다.

② 도포 기법 (Application)
- 순서 : 뒷머리(Occipital) → 옆머리(Side) → 앞머리 순으로 진행하되, 온도가 낮은 모발 끝부터 도포하고 두피 쪽은 나중에 연결한다.
- 브러시 테크닉 : 중상고의 층이 난 부분에 약제가 겉돌지 않도록 모발을 세밀하게 나누어(Sectioning) 도포한다.

③ 방치 시간 (Development Time)
- 표준 시간 : 보통 10분을 권장하지만, 시험은 시간에 제약을 받기 때문에 신속한 처리가 중요하다.
- 시험(방치 시간) : 초기 10~15분은 발색과 침투가 일어나며, 나머지 시간은 색소가 고착되는 시간이다.

④ 멋내기염색 시술 방법

1. 이용사 실기시험에서의 멋내기염색 순서

A. 염색할 제료를 준비한다.

B. 앞치마 착용은 필수이다.

C. 수건을 두른다.

D. 염색보를 친다.

E. 장갑을 손에 맞게 착용한다

F. 피부 보호 크림을 헤어라인에 바른다.

G. 염모제(1제) 40g과 산화제 6%(2제) 80g을 보통 1 : 2 비율로 계량하여 약액의 뭉침이 없도록 고르게 혼합한다.

H. 블로킹을 나눌 때는 측중선을 기준으로 4 등분한다.

I. 염색 작업은 후두부(두정부포함)-측두부-전두부 순으로 신속하게 도포한다.

J. 자연방치하고 꼬리빗으로 사이사이에 공기를 주어 고르게 나오도록 확인한다.

K. 염색제 씻어내기-미온수로 약액을 충분히 제거한 후 수건으로 물기를 없앤다.

L. 이용용 드라이로 건조 시킨 후 모류 방향으로 빗질한다.

2. 주요 감점 요인(Demerit Points)

구 분	주요 체크포인트 (감점 방지)
도포 상태	헤어라인(이마, 귀 주변)에 염색약이 묻어 지워지지 않은 경우
경계선 발생	도포가 늦어 얼룩이 생긴 경우
뒷정리	사용한 빗, 볼, 장갑 등을 방치하거나 세면대에 약제를 남겨두는 행위.
안전 관리	염색 전 마네킹에 어깨 보를 씌우지 않거나 정돈되지 않은 경우

3. 염색의 3원칙

① 팽창(Swelling): 알칼리제가 모표피를 열어준다.

② 침투(Penetration): 산화제가 멜라닌을 분해하고 인공색소가 들어간다.

③ 발색(Development): 색소 분자가 서로 결합하여 커지면서 모발 밖으로 나오지 못하게 된다.

4. 시술 도면 (Working drawing)

- 번호 순서대로 작업한다.
- 멋내기는 열감에 민감하므로 두피열이 적은 쪽에서 시작해야한다.

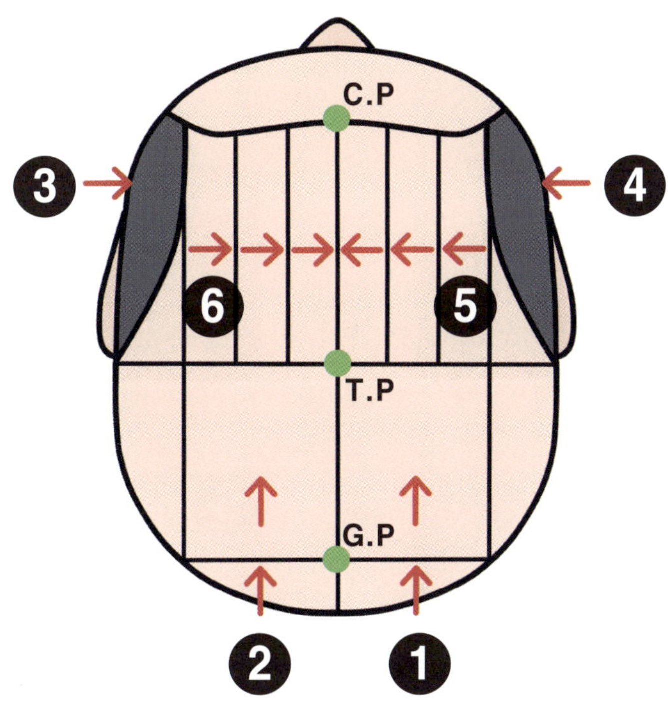

5. 실전 팁(Success Tips)

- 염색약의 중량은 1제 40g + 산화제 80g = 총량 120g 이 좋다 (약액이 모자르면 다시 조제 해야 하는 번거로움이 있고, 약액을 많이 바르게 되면 색 연출이 더 용이하게 연출된다).
- 약액을 도포할 때는 섹션을 깔끔하게 갈라서 바르는 동작을 해야한다(섹션을 깔끔하게 갈라 주지 않으면 바르는 동작이 지져분해 보이며 배점에 안좋은 영향을 줄 수 있다).
- 마네킹의 얼굴과 염색보, 또는 바닥에 약액이 오염되지 않도록 유의해야 한다(만약, 오염이 되었다면 바로 제거하여 위생적으로 작업하고 있음을 보여주어야 한다).
- 열처리를 하기위해 비닐캡을 씌우는 과정에서 약액이 얼굴에 묻을 수 있으니 유의 해야하며, 열처리는 반드시 해야하는 과정이 아니기 때문에 비닐캡을 씌우지 않고 자연방치 해도 무방하다.

❺ 멋내기염색 작업과정

앞치마 착용

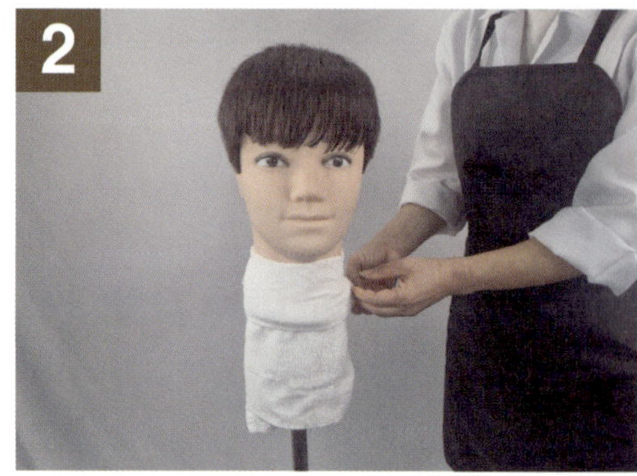

수건 두르기

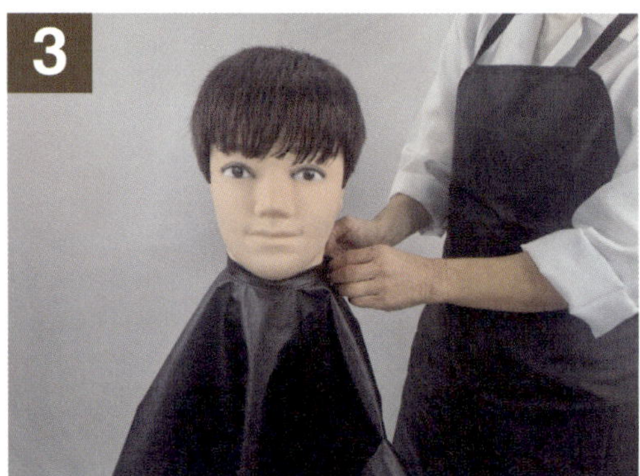

염색보 두르기

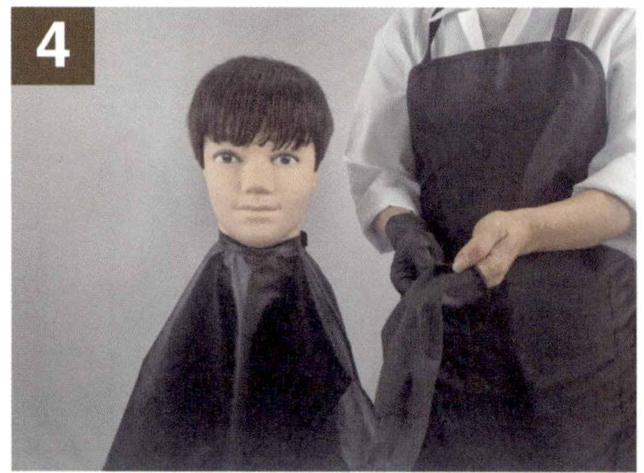

라텍스 장갑 착용하기

전두부 헤어라인 붓을 사용하여 피부보호 크림 바르기

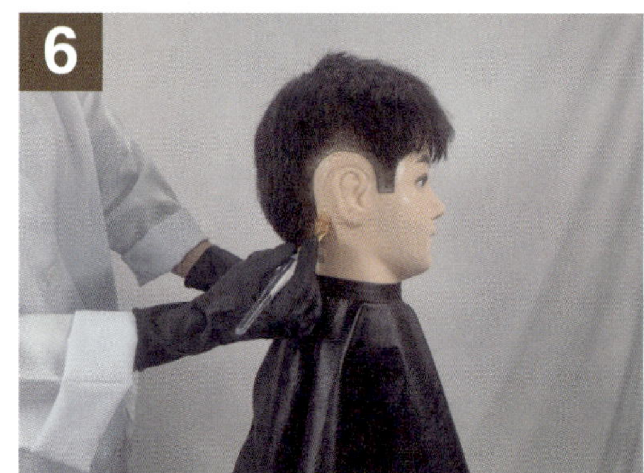

후두부 헤어라인 붓을 사용하여 피부보호 크림 바르기

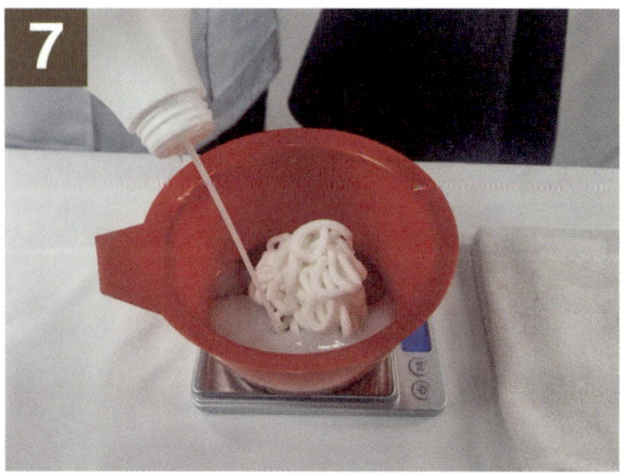

염색약 1제 40g + 산화제 80g 총 120g을 1:2 비율로 조제

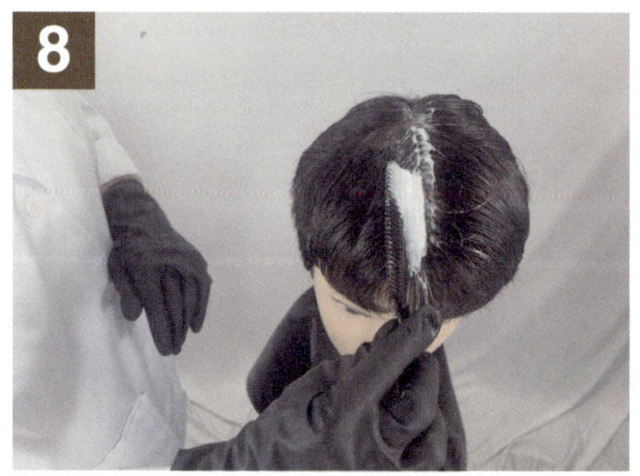

센터를 기준으로 정중선으로 나누기

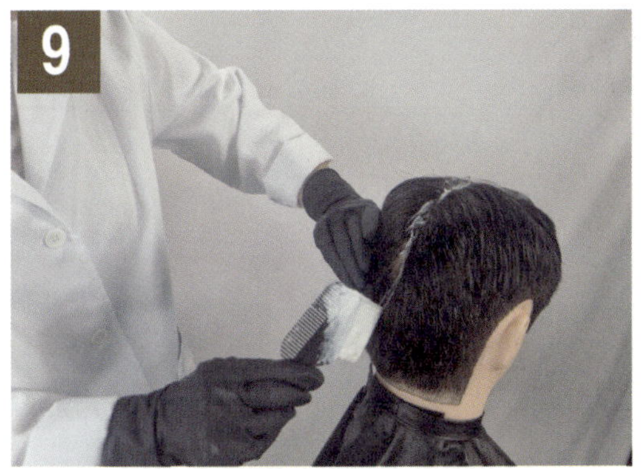

네이프 연결하여 정중선으로 나누기

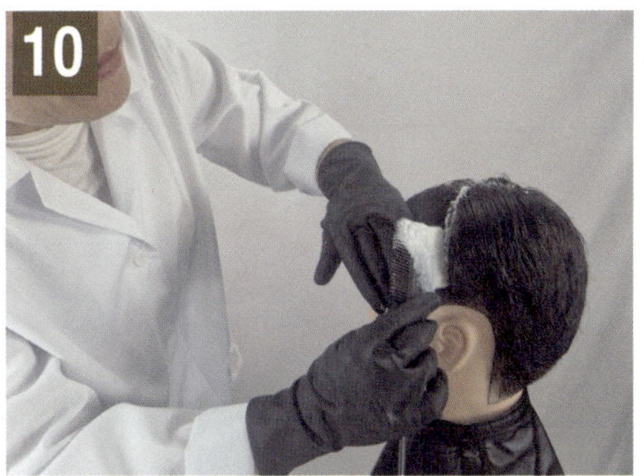

측중선으로 나누고 4섹션으로 구분

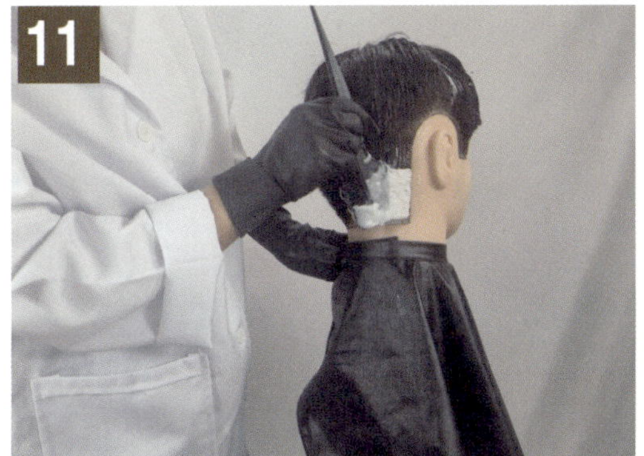

우측 N.P부터 붓을 눕혀서 염모제를 바른다.

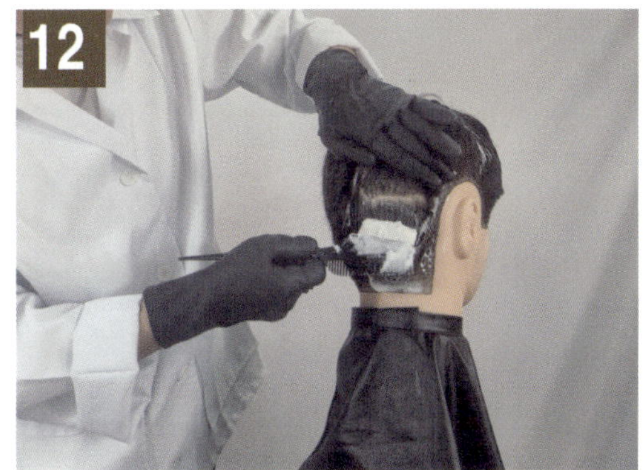

우측 N.P에서 B.P로 올라가면셔 염모제 도포

우측 후두부 상단에서 G.P로 올라가면서 염모제 도포

우측 후두부 염모제를 바른 상태의 모습

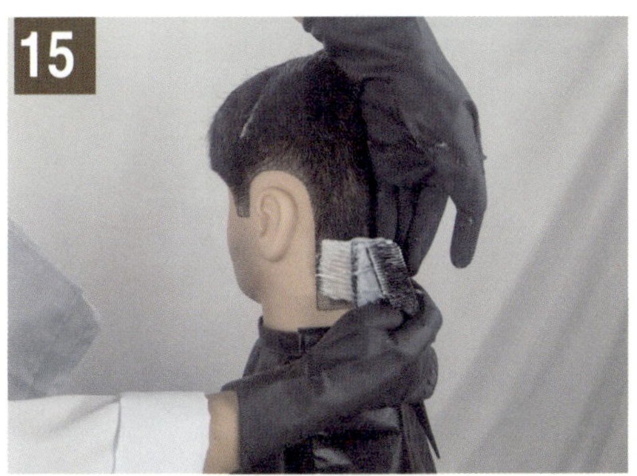

좌측 N.P 사이드 라인부터 붓을 눕혀가며 염모제 도포

좌측 N.P에서 귀 라인까지 염모제를 바른 상태의 모습

❺ 멋내기염색 작업과정

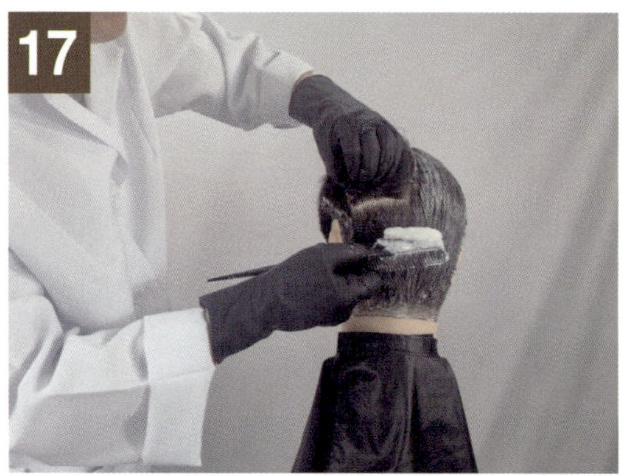

좌측 N.P에서 후두부 상단까지 염모제를 바른다.

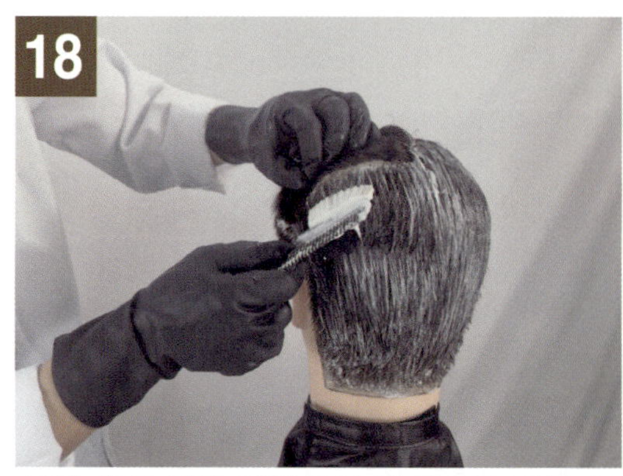

좌측 측중선을 연결하여 염모제를 바른다.

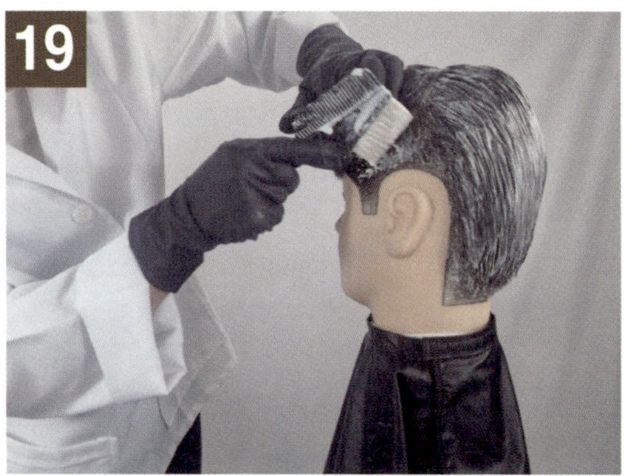

좌측 사이드 이어라인을 따라 연결하여 바른다.

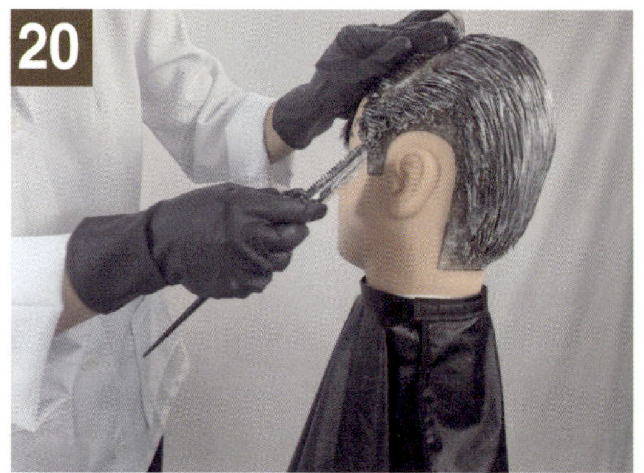

좌측 측두부 F.S.P까지 염모제 바른다.

우측 사이드 이어라인을 따라 연결하여 바른다.

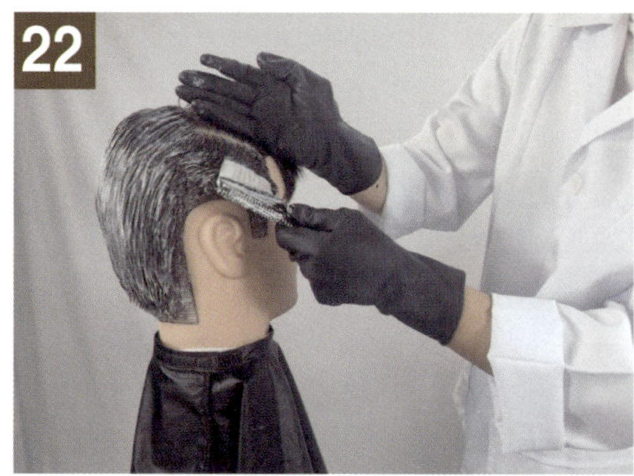

우측 사이드 이어라인 위로 올라가면서 꼼꼼히 바른다.

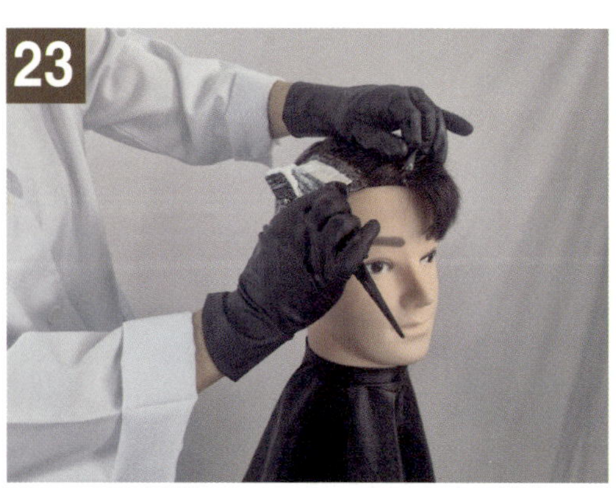

우측 F.S.P까지 염모제 바른다.

우측 측두부 염모제를 바른 상태의 모습

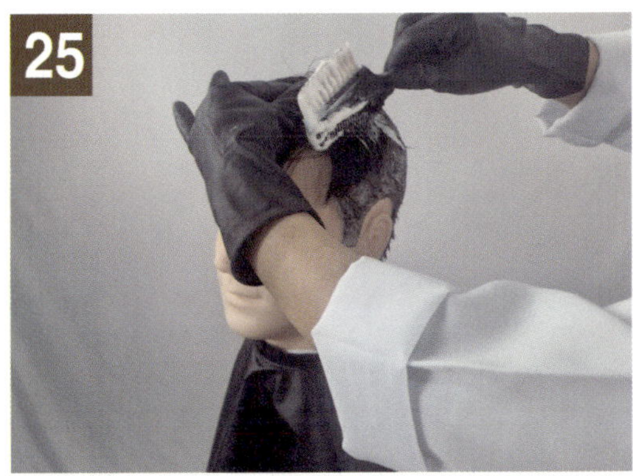

전두부 영역을 모근에서 모선까지 연결한다.

전두부 아래에서 위로 올라가면서 염모제를 바른다.

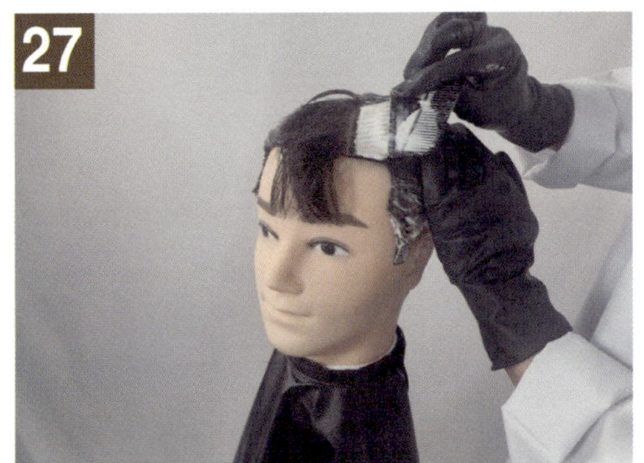

헤어라인 주변을 꼼꼼히 체크하면서 바른다.

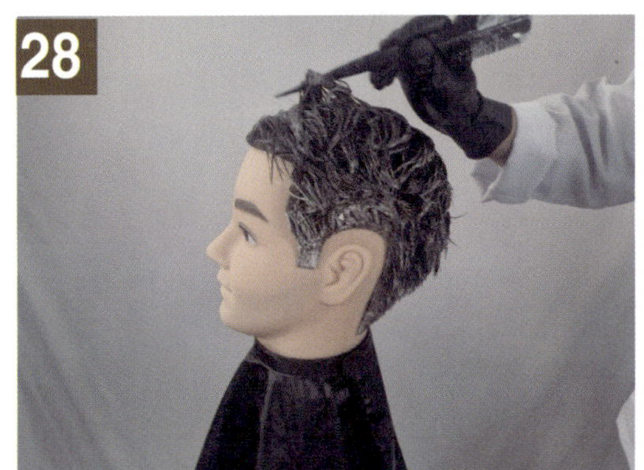

염모제 바른 완성된 상태의 모습

염색붓을 이용하여 모발 사이를 약액이 뭉치거나
덜 발린 곳을 걷어가며 확인

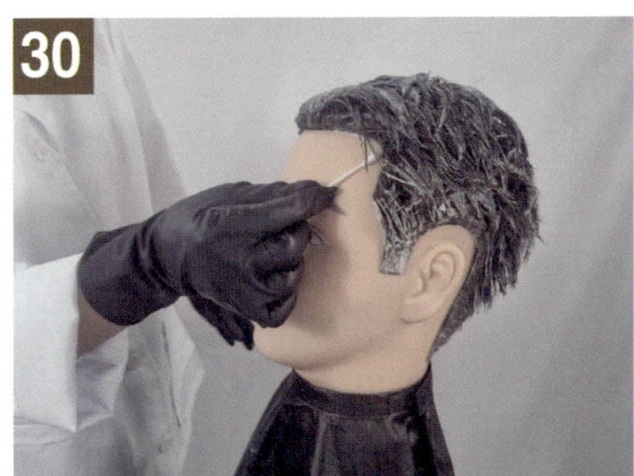

이마와 구레나룻 라인을 면봉으로 묻어있는 약제 제거

머리카락 가닥을 걷어내며 발색 정도를 확인한다.

염모제를 바른 두피를 부드럽게 문지른다
(에멀젼 작업).

⑤ 멋내기 염색 작업과정

세면대로 이동하여 머리카락에 묻은 염색제를 씻어낸다.

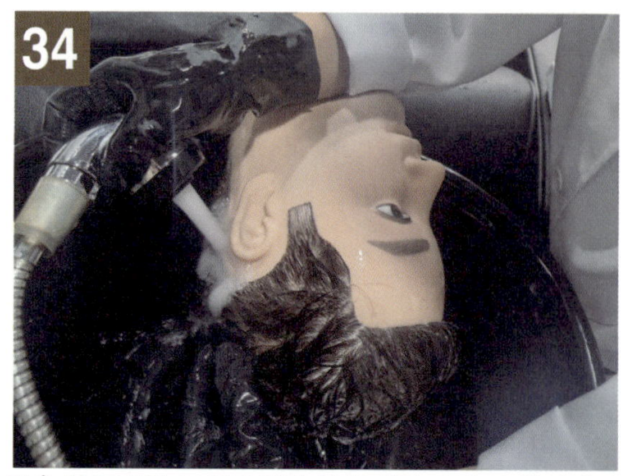

양측 목덜미와 이어라인에 염색제를 깨끗이 씻어낸다.

타올로 남은 물기를 제거한다.

손에 낀 장갑을 제거한다.

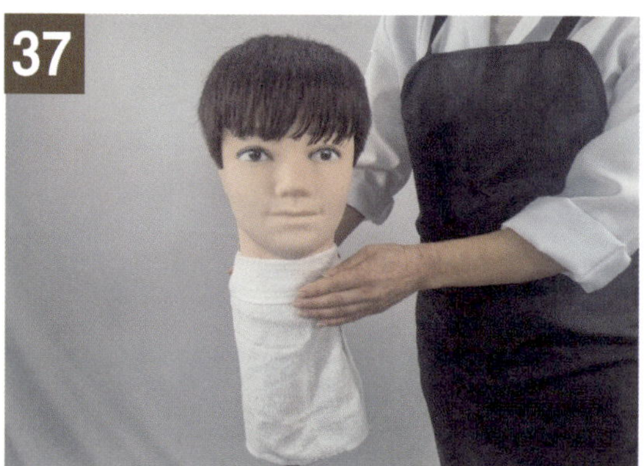

목수건을 제거한다.

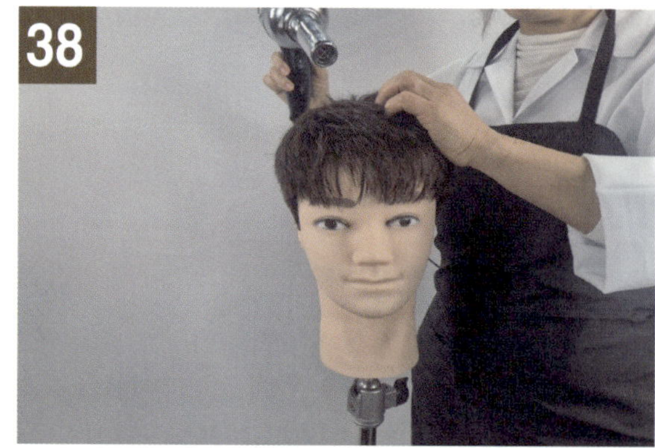

이용용 드라이어로 두발을 말린다.

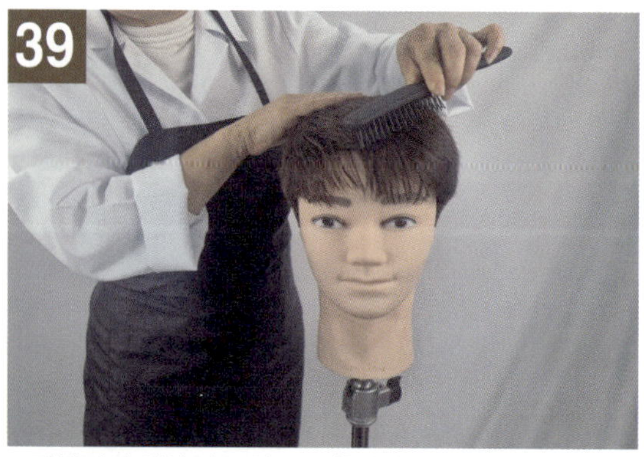

전체적인 색상의 균일도를 확인하고 빗질하고 마무리

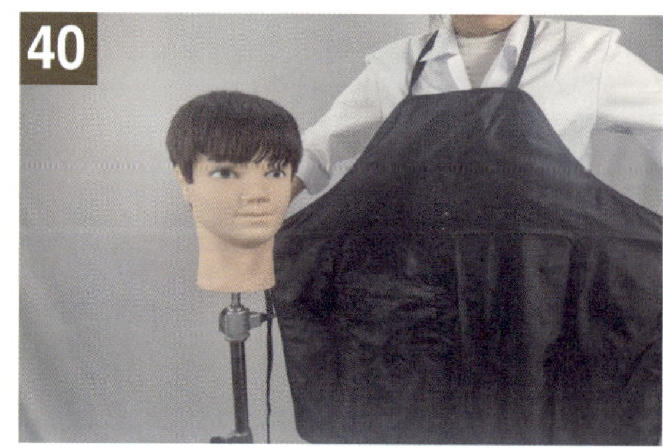

앞치마를 벗고 정리한다.

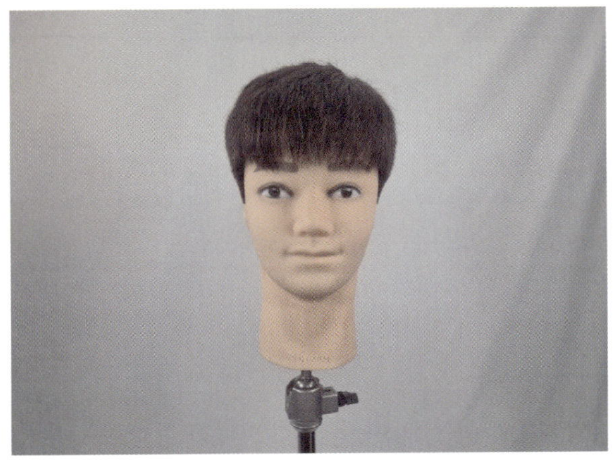

앞

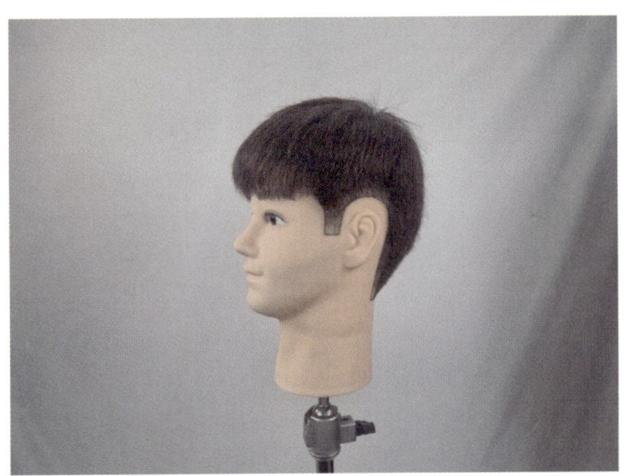

왼쪽

❻ 헤어염색에서 자연레벨 챠트 (이용사 실기시험 기준)

Hair Level Chart

5레벨 정도로 표현되야한다

실기시험 문제지에서 칼라는
"정도" 라는 표현을 하였다.
이것은 칼라의 차이가 약간
있어도 무방하다는 뜻이며,
과정을 중시하겠다는 의지이다.

새치염색(COLOR) (30분)

① 새치염색(Rounded Gray Hair Coverage)의 정의

둥근현 새치 커버란 전체적으로 두상의 골격을 따라 둥근 실루엣(Round Style)을 형성하는 커트를 진행한 후, 밀도가 높거나 산재해 있는 흰머리(새치)를 어두운색으로 염색하여 완벽하게 감추는 시술이다.

② 새치염색 준비물

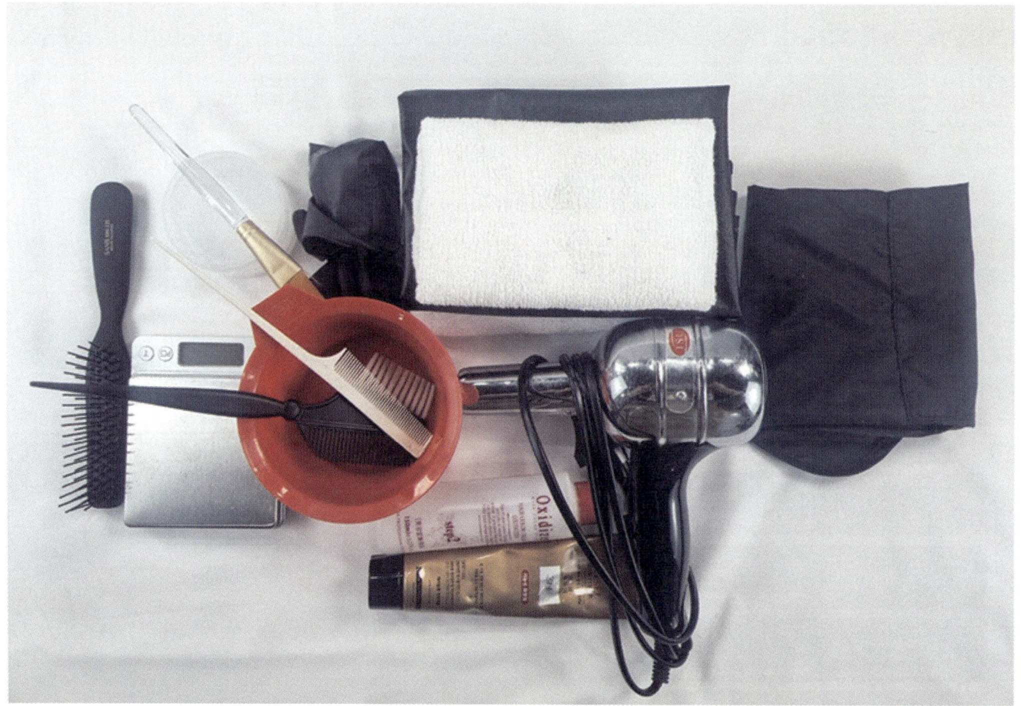

2. 작업내용
마네킹의 전체 모발에 새치머리 염색을 한다.

3. 작업 순서
• 새치머리 염색준비하기 → 염색하기 → 방치하기 → 염색제 씻어내기 → 드라이하기

4. 유의사항
• 준비작업 시 앞장, 염색약 조제, 헤어라인 크림도포 등 염색에 필요한 작업을 한다.
• 작업순서는 양측두부, 전두부, 두정부, 후두부 순으로 작업한다.
• 염색 후 방치하는 동안 주변을 정리한다.

③ 새치염색의 과정

2. 특징(Features)
- **완벽한 차폐성** : 새치는 일반 모발보다 약제 침투가 어려우므로, 흰머리가 전혀 비치지 않도록 밀도 높게 발색시키는 것이 최우선이다.
- **부드러운 실루엣** : 각진 상고 스타일과 달리 전체적인 선이 둥글게 연결되어 인상을 부드럽게 만들어 준다.
- **균일한 톤 유지** : 새치 밀도가 부위마다 다르더라도 최종 결과물은 전체적으로 일정한 명도(블랙)를 유지해야 한다.

3. 형태(Form)
- **라인(Line)** : 전체적으로 각진 부분 없이 두상의 곡면을 따라 흐르는 라운드 형태이다.
- **각도(Angle)** : 두상의 모든 지점에서 모발을 수직(90°)으로 당겨 커트하는 유니폼 레이어(Uniform Layer) 원리가 적용되어 일정한 길이를 유지한다.
- **색상(Color)** : 보통 3레벨의 어두운 색상을 사용하여 새치를 확실히 커버하며, 중후하고 차분한 느낌을 준다.

4. 시술 이론(Process)

① 약제 선택 및 조제
- **약제 특성** : 새치 전용 염모제는 일반 염모제보다 중성색(Brown)과 어두운 색소의 함량이 높다.
- **혼합 비율** : 1제(염모제)와 2제(산화제)를 1 : 1 비율로 혼합한다.
- **이론** : 새치는 큐티클 층이 견고하여 약제 침투가 어렵기 때문에, 방치 시간을 충분히 확보하거나 약제 도포량을 넉넉히 한다.

② 도포 기법 (Application)
- **순서** : 새치가 가장 많이 밀집된 부분(주로 관자놀이 주변)부터 먼저 도포한다.
- **밀착 도포** : 빗질보다는 솔을 이용하여 모발 뿌리 부분에 약제가 충분히 안착되도록 '얹어주듯' 도포하는 것이 기술적 포인트이다.

③ 방치 시간 (Development Time)
- **표준 시간** : 보통 10분 내외를 권장한다.
- **이유** : 새치 커버는 색소가 충분히 안착되어야 하므로 방치 시간이 다소 길며, 실내 온도가 낮을 경우 5분 정도 연장할 수 있다.

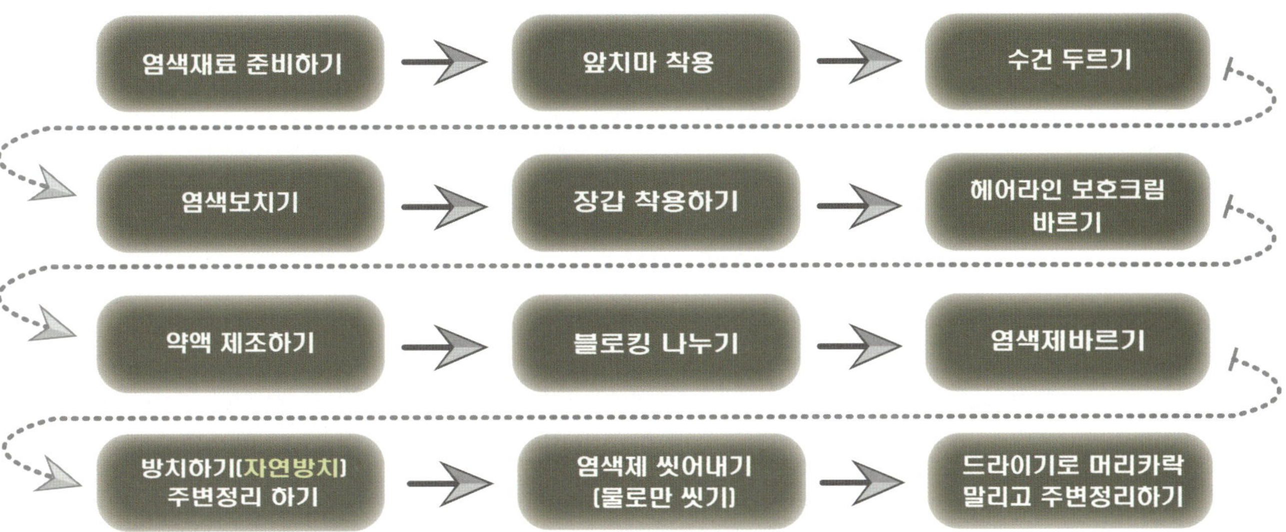

④ 새치염색 시술 방법

1. 이용사 실기시험에서의 새치염색 순서

A. 새치커버 염색할 제료를 준비한다.

B. 앞치마 착용한다.

C. 수건을 두른다.

D. 염색보를 친다.

E. 장갑을 손에 맞게 착용한다

F. 피부 보호 크림을 헤어라인에 바른다.

G. 염모제(1제) 40g과 산화제 6%(2제) 40g을 보통 1 : 1 비율로 계량하여 고르게 혼합한다.

H. 블로킹을 나눌 때는 측중선을 기준으로 4 등분한다.

I. 새치 커버 작업은 양측두부–전두부–두정부–후두부 순으로 신속하게 도포한다.

J. 새치 커버는 자연방치하고 꼬리빗으로 사이사이에 공기 감을 주어 고르게 나오도록 확인한다.

K. 염색제 씻어내기–미온수로 약액을 깨끗하게 제거한 후 수건으로 물기를 없앤다.

L. 이용용 드라이로 건조 시킨 후 모류 방향으로 빗질한다.

2. 주요 감점 요인(Demerit Points)

구 분	주요 체크포인트 (감점 방지)
커버 상태	시술 후 흰머리가 희끗희끗하게 비치거나(들뜸 현상), 약제가 덜 묻은 곳이 있는 경우
경계선 오염	이마나 목덜미 헤어라인에 어두운 염색약이 과하게 착색되어 지저분해 보이는 경우
두피 자극	약제를 너무 강하게 문질러 마네킹의 자극을 주는 행위
위생 관리	시술 중간에 흘린 약제를 즉시 닦지 않거나, 오염된 장갑으로 다른 도구를 만지는 경우

3. 새치염색의 3원칙

① 자연 모발색에 맞출 것 : 기존 모발 색과 조화가 중요하며 지나치게 어두우면 부자연스럽다.

② 두피와 모발을 보호할 것 : 두피 자극 최소화하는 약제 사용과 방치 시간 준수한다.

③ 지속성과 균일성을 유지할 것 : 확실한 커버와 색 빠짐이 적어야 한다.

4. 시술 도면 (Working drawing)

- 번호 순서대로 작업한다.
- 새치염색은 두피열 보다는 새치가 많은 부위부터 염색하는 것이 특징이다.

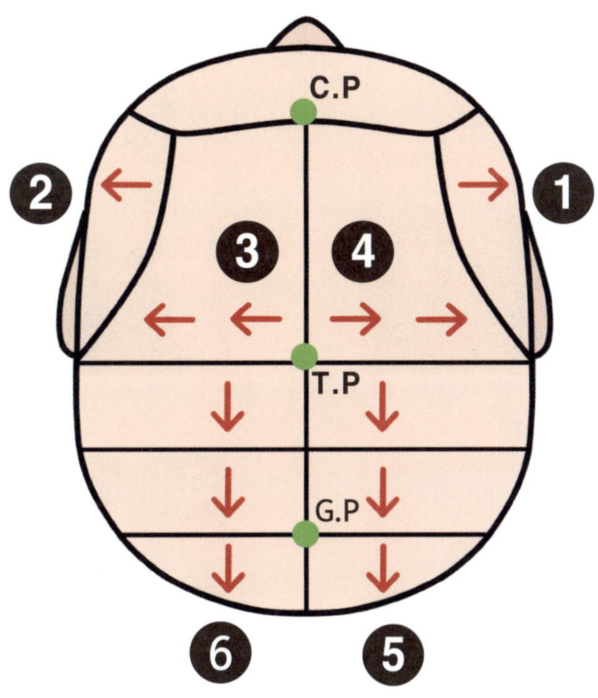

5. 실전 팁(Success Tips)

- 염색약의 중량은 1제 40g + 산화제 40g = 총량 80g 이 좋다 (약액이 모자라면 다시 조제 해야 하는 번거로움이 있고, 약액을 많이 바르게 되면 더 용이하게 연출된다).
- 약액을 도포할 때는 섹션을 깔끔하게 나누어서 바르는 동작을 해야한다(섹션을 깔끔하게 나눠 주지 않으면 바르는 동작이 지져분해 보이며 배점에 안좋은 영향을 줄 수 있다).
- 마네킹의 얼굴과 염색보, 또는 바닥에 약액이 오염되지 않도록 유의해야 한다(만약, 오염이 되었다면 바로 제거하여 위생적으로 작업하고 있음을 보여주어야 한다).
- 새치염색은 머리카락이 짧기때문에 도포 과정에서 약액이 튀기 쉽다. 염색붓을 두피쪽으로 누여 붓 자체로 조심스럽게 움직여 도포가 되도록 한다.

❺ 새치염색 작업과정

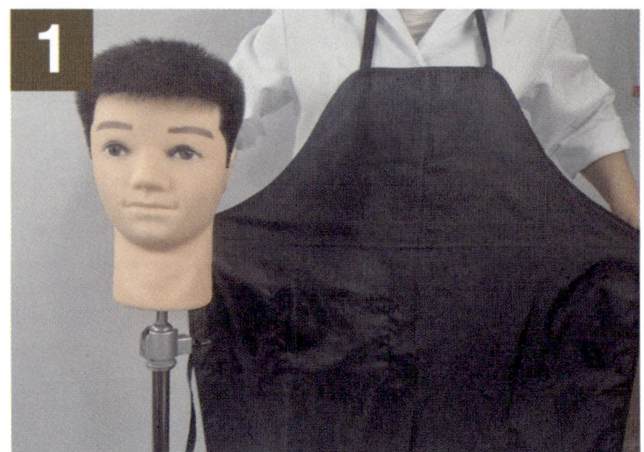

앞치마 착용

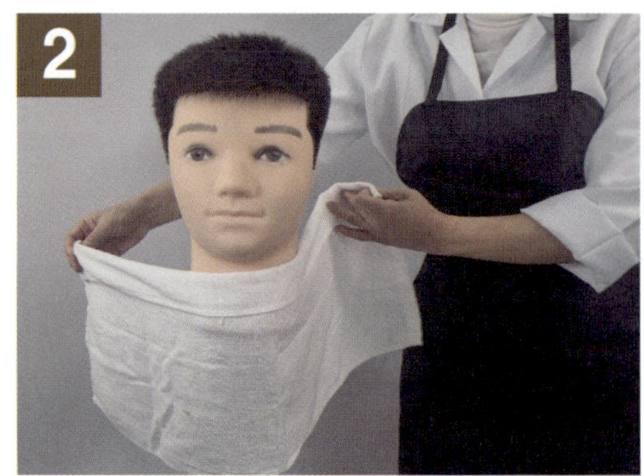

수건 두르기

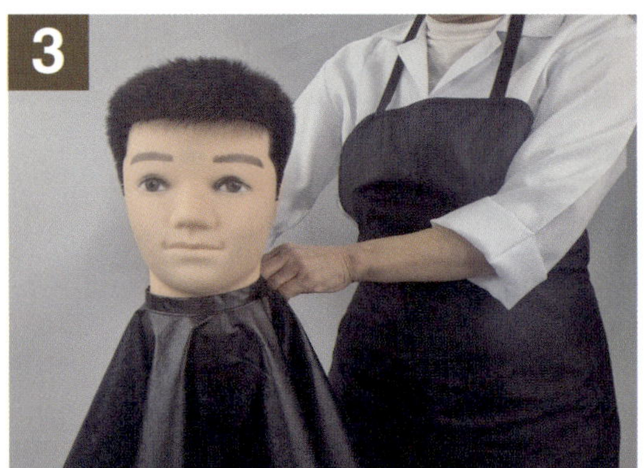

염색보 두르기

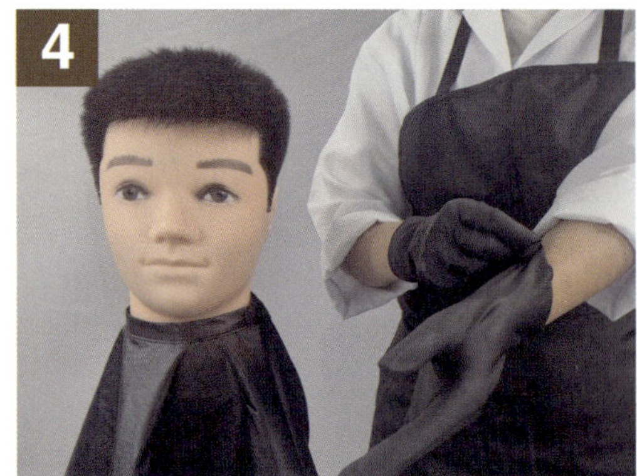

라텍스 장갑 착용하기

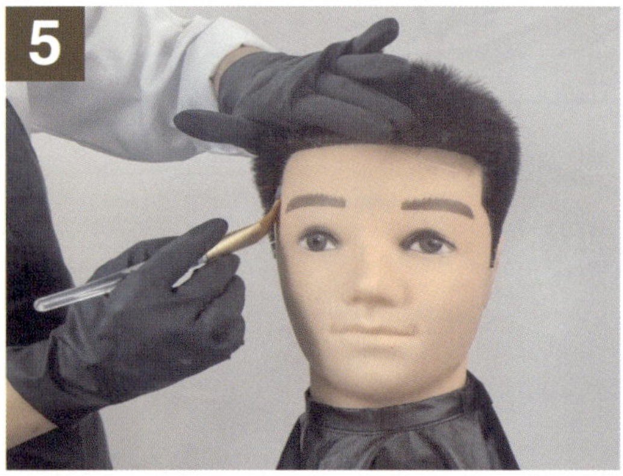

전두부 헤어라인 붓을 사용하여 피부보호 크림 바르기

후두부 헤어라인 붓을 사용하여 피부보호 크림 바르기

새치커버 염모제 1제 40g을 저울에 준비한 모습

1제와 2제 염모제를 1:1로 저울에 올려서 혼합하는 과정

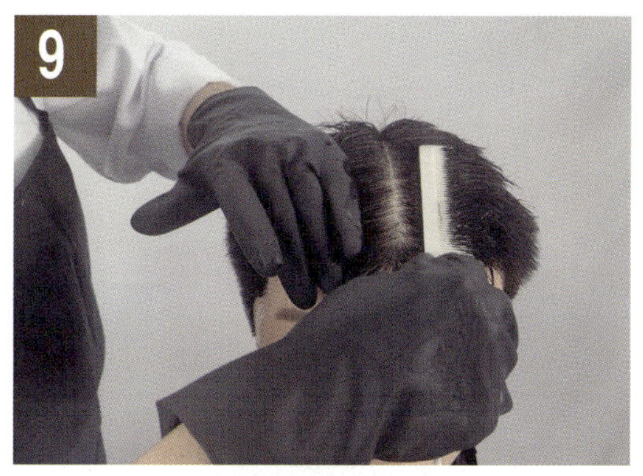

센터에서 중앙으로 섹션 나누기

정중선 중앙을 파트를 나눈 후 염모제를 바른다.

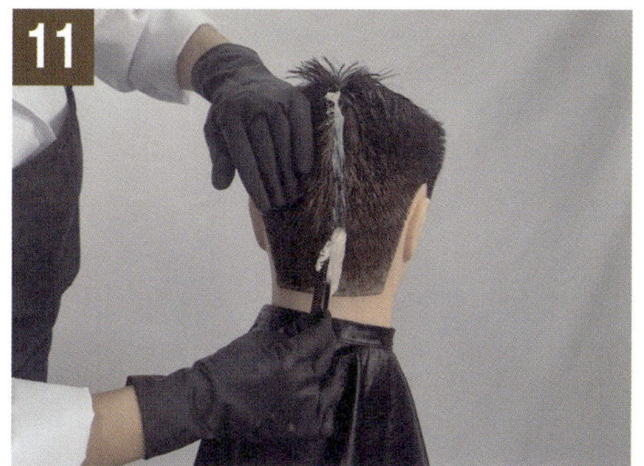

후두부 중앙으로 섹션을 나누기

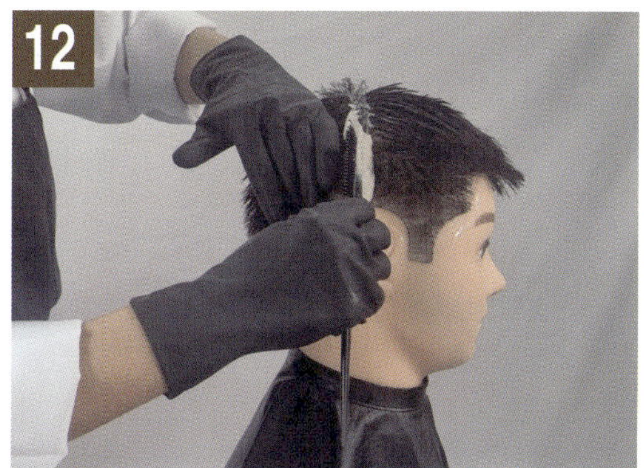

우측 측중선으로 나눈 부위를 염모제를 바른다.

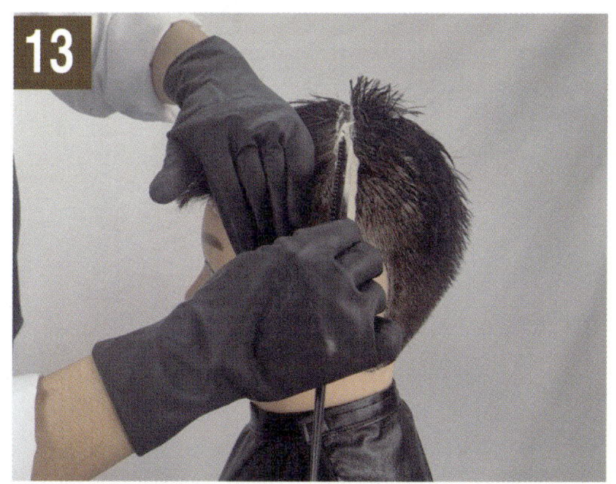

좌측 측중선으로 나누고 염모제를 바른다.

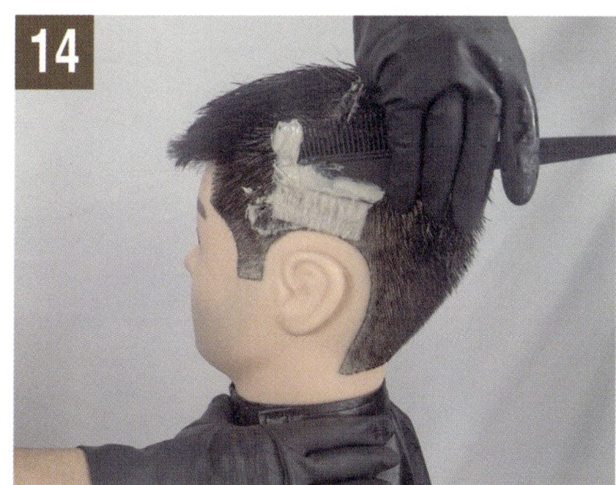

흰머리가 가장 많은 이어라인 염모제 바르기

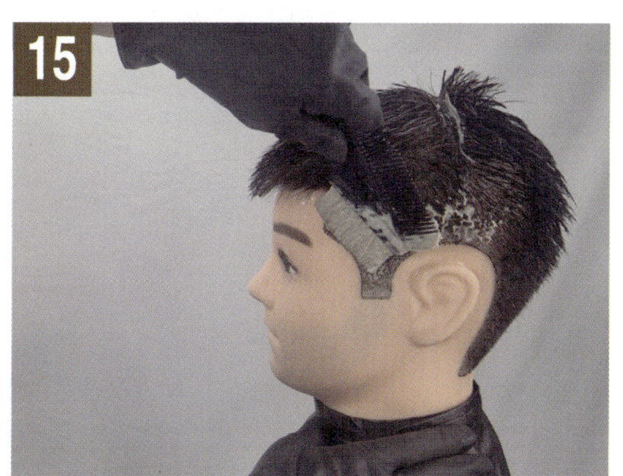

좌측 사이드 헤어라인 염모제 바르기

우측 측두부 하단 이어라인 염모제 바르기

⑤ 새치염색 작업과정

우측 측두부 염모제를 바른 상태의 모습

우측 전두부 하단부위를 도포한다.

우측 전두부 상단으로 올라가며 꼼꼼히 바른다.

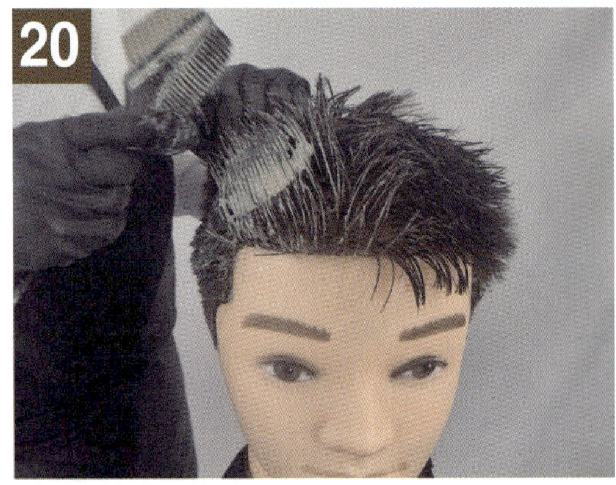

우측 전두부 염모제를 바른 상태의 모습

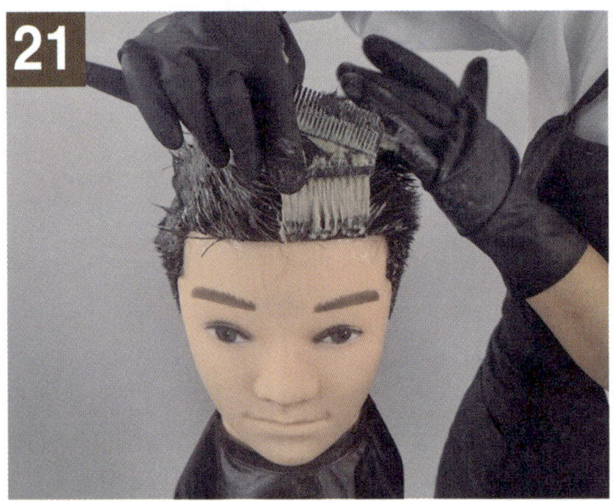

좌측 전두부 헤어라인에 염모제를 바른다.

염색 브러시를 눕혀 두피를 향해 고르게 바른다.

전두부 염모제를 바른 상태의 모습

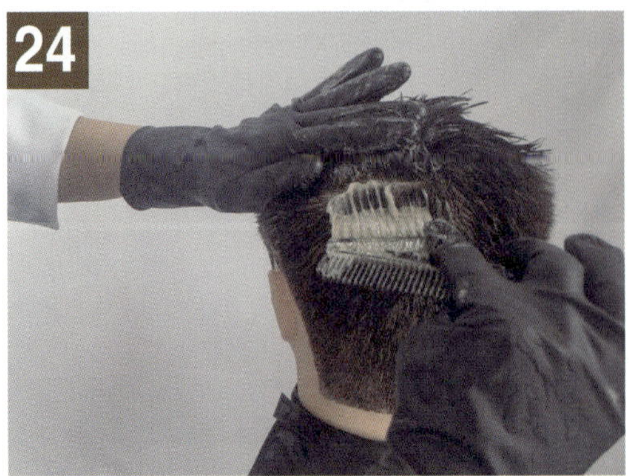

좌측 두정부를 하단 붓을 세워 위로 올라가며 바른다.

1.5cm 정도 섹션을 나누면서 고르게 바른다.

후두부 좌측 귀 뒤 헤어라인을 연결하여 바른다.

후두부 상단부터 하단으로 내려가면서 바른다.

새치커버는 뿌리 부분이 중요하므로 두피 쪽을 꼼꼼히 바른다.

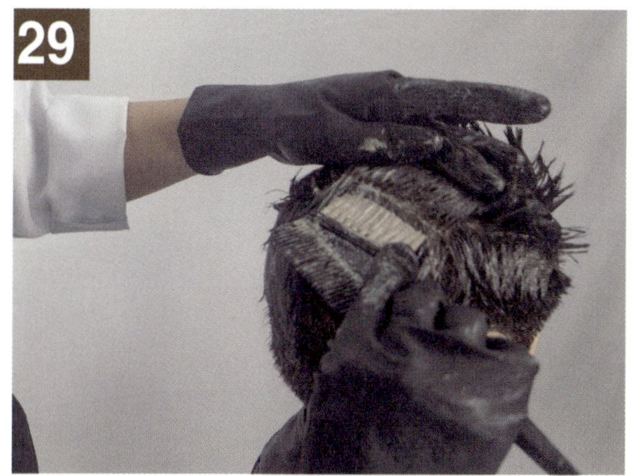

후두부 상단을 정수리 방향으로 이동하여 도포한다.

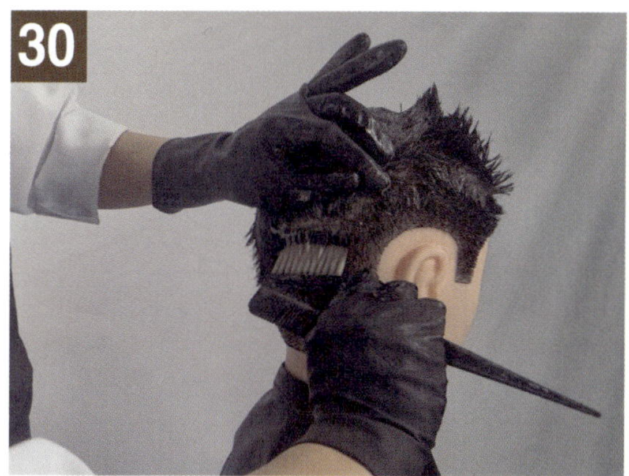

후두부 하단까지 연결하여 세밀하게 바른다.

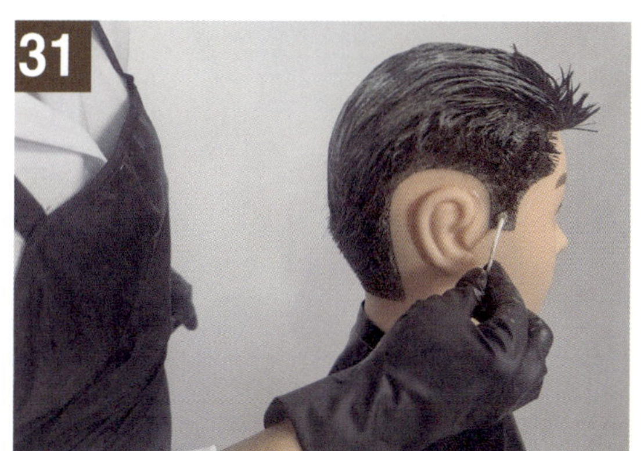

피부에 묻은 염모제를 면봉으로 즉시 닦아낸다.

헤어라인에 묻은 염모제를 면봉으로 즉시 닦아낸다.

⑤ 새치 염색 작업과정

방치시간 동안 염색볼과 염색브러시를 세척한다.

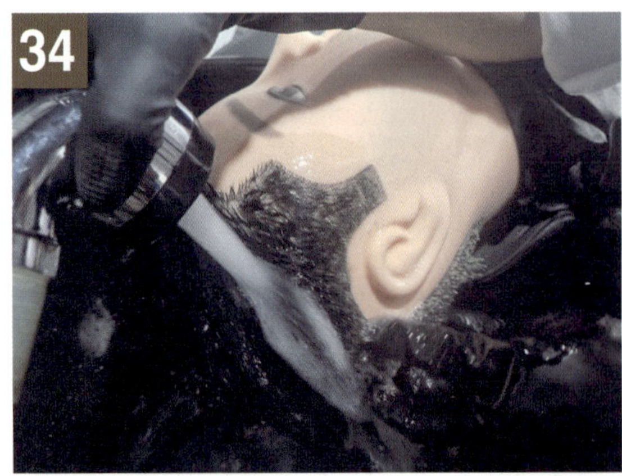

세면대로 이동하여 물로만 꼼꼼히 세척한다.

머리카락에 남은 물기를 타올로 제거한다.

염색보를 정리한다.

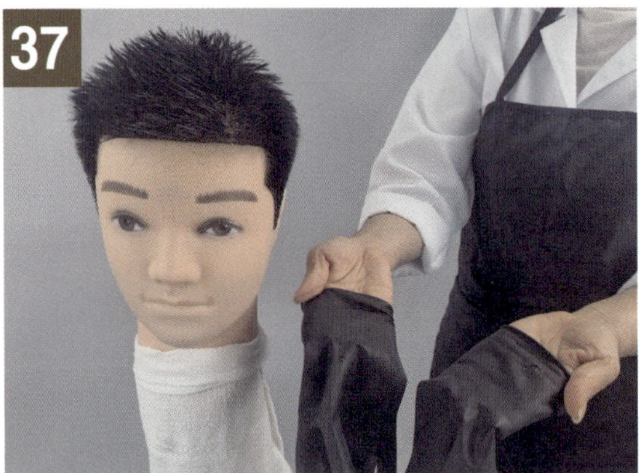

라텍스 장갑을 벗는다.

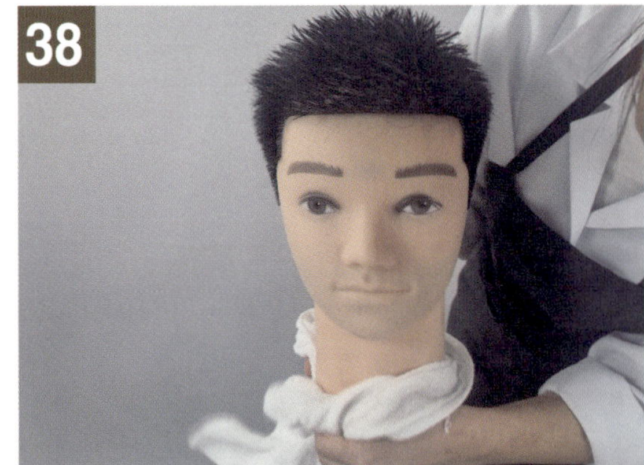

목 수건을 정리한다.

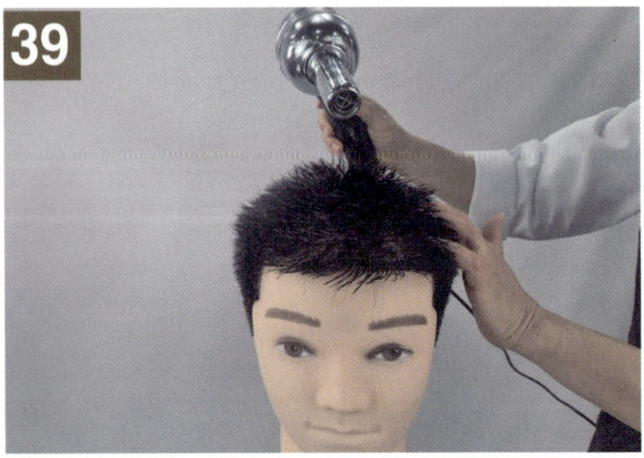

드라이기를 이용해 건조한다.

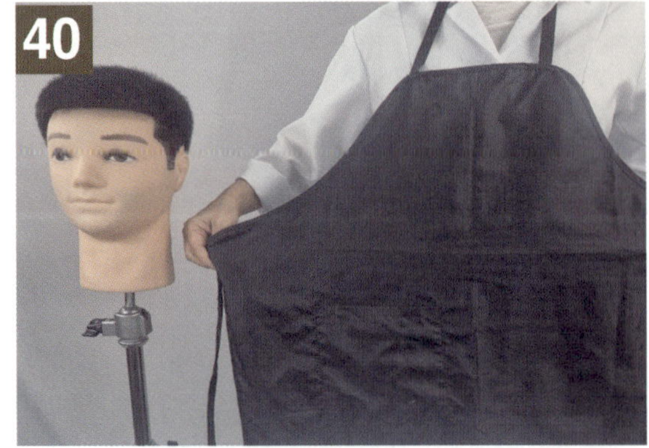

앞치마를 벗어 정리한다.

완성모습

완성모습

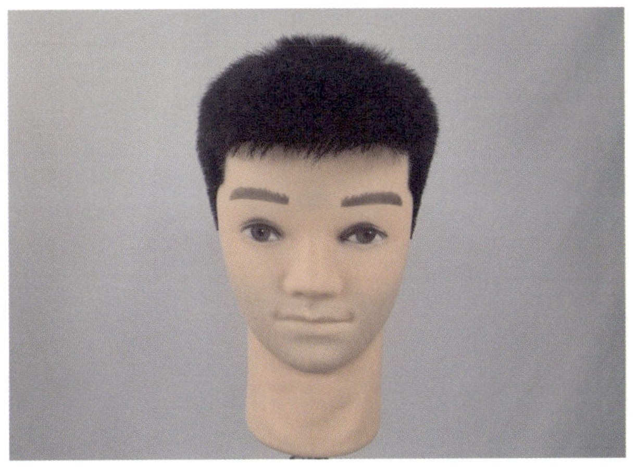

앞

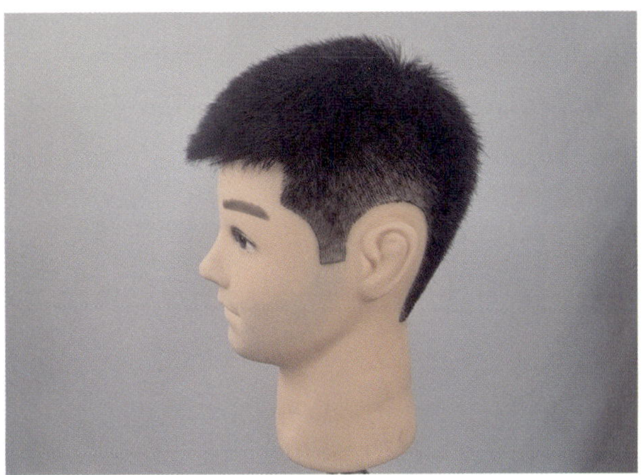

왼쪽

❻ 헤어염색에서 자연레벨 챠트 [이용사 실기시험 기준]

Hair Level Chart

5단계

샴푸 트리트먼트 &
두피스케일링

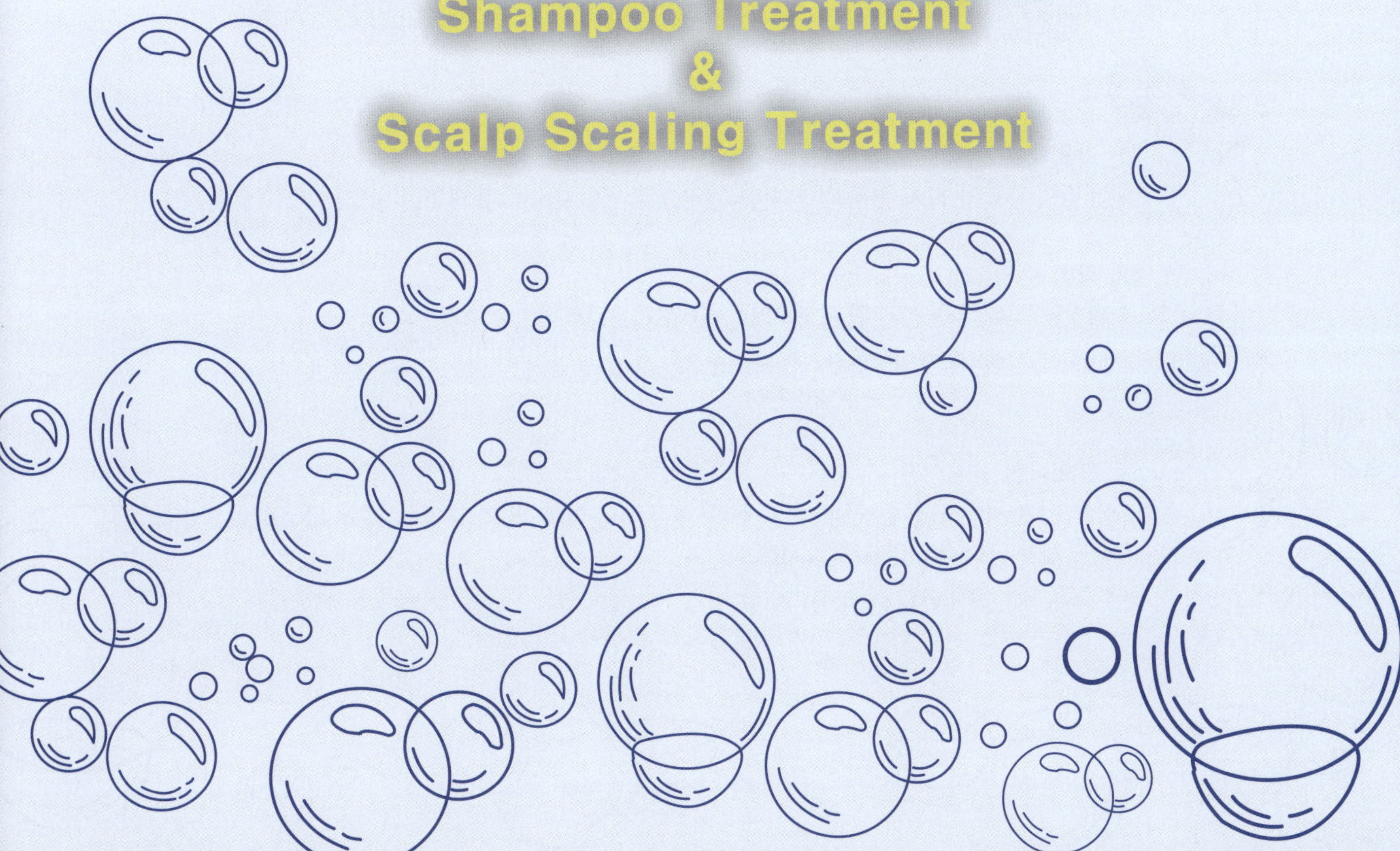

샴푸&트리트먼트 (Shampoo & Treatment) (10분)

① 좌식 샴푸의 특징

샴푸의 목적은 두피와 모발의 이물질을 제거하여 청결을 유지하고 두피 건강과 모발 상태를 개선하기 위함이다.
좌식 샴푸는 물이 흐르기 쉽기 때문에 적절한 수분 조절을 통해 거품이 마네킹의 얼굴이나 샴푸보 위로 흐르지
않게 하는 것이 가장 중요하다.

② 샴푸 & 트리트먼트 준비물

1. 작업내용
마네킹의 두발을 좌식 샴푸 및 정확한 동작으로 스캘프 매니플레이션 한다.

2. 작업 순서
• 세발앞장치기 → 샴푸 및 세척하기 → 트리트먼트제 도포하기 →
　 스캘프 매니플레이션하기 → 모발 세척하기 → 얼굴 및 머리부위 물기 제거하기 →
　 타월 드라이하기 → 정리정돈하기

3. 유의사항
• 샴푸 시 순서는 두정부, 전두부, 측두부, 후두부 순이며, 두피 모발 세척 시 마네킹의 두피에
　 샴푸제가 남아있지 않도록 하시오.
• 스캘프 매니플레이션 시 두피관리를 위한 3가지 이상의 다양한 손동작을 사용한다.
• 타올드라이는 정발 전 단계로써의 완성도를 갖도록 작업한다.

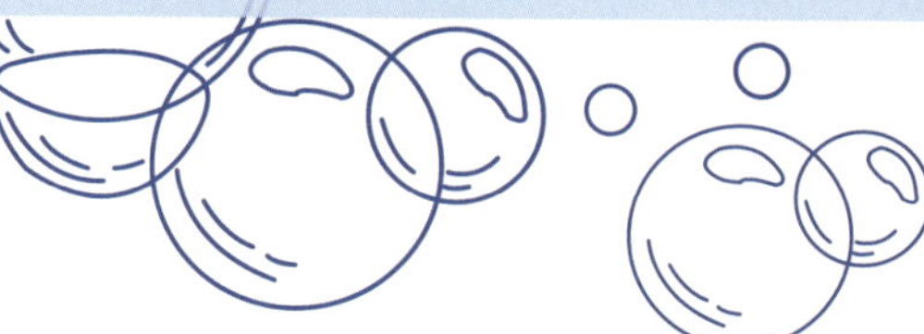

③ 샴푸 & 트리트먼트 세부 순서

1. 좌식 샴푸 및 트리트먼트 작업

A. 마네킹의 목에 타월을 두르고 물이 들어가지 않도록 고정한다.
B. 샴푸보를 두른다.(수건이 보이지 않도록한다.)
C. 분무기를 사용하여 소량의 물을 분사한다.
D. 샴푸제를 직접 두피에 묻히지 않고, 손바닥에서 가볍게 퍼트린다.
E. 두정부, 전두부, 측두부, 후두부 순으로 골고루 마사지 한다.
F. 손바닥을 이용해 문지르기-지그재그-양손교차- 튕겨주기-쓸어주기
G. 거품을 최대한 손으로 걷어낸 후, 세면대로 이동하여 미온수로 헹군다(시험장 규정에 따라 샴푸대 이동).
H. 타올로 두발을 감싸 자리로 이동한다.
I. 타올로 물기를 제거하고 다음 시술할 과정을 준비한다.
J. 트리트먼트를 직접 두피에 묻히지 않고, 손바닥에서 가볍게 퍼트린다.
K. 두발에 트리트먼트를 두정부, 전두부, 측두부, 후두부 순으로 골고루 도포한다.
L. 스캘프 매니플레이션을 세 가지 이상 요구조건에 맞게 진행한다.
M. 세면대로 이동하여 잔여물이 남지 않도록 미온수로 깨끗이 헹군다.
N. 타올로 물기를 제거한다.
O. 샴푸보를 닦아 정리한다.
P. 목수건으로 타올드라이 한다(수건치기).
Q. 두발을 고르게 빗질한다.
R. 주변 정리한다.

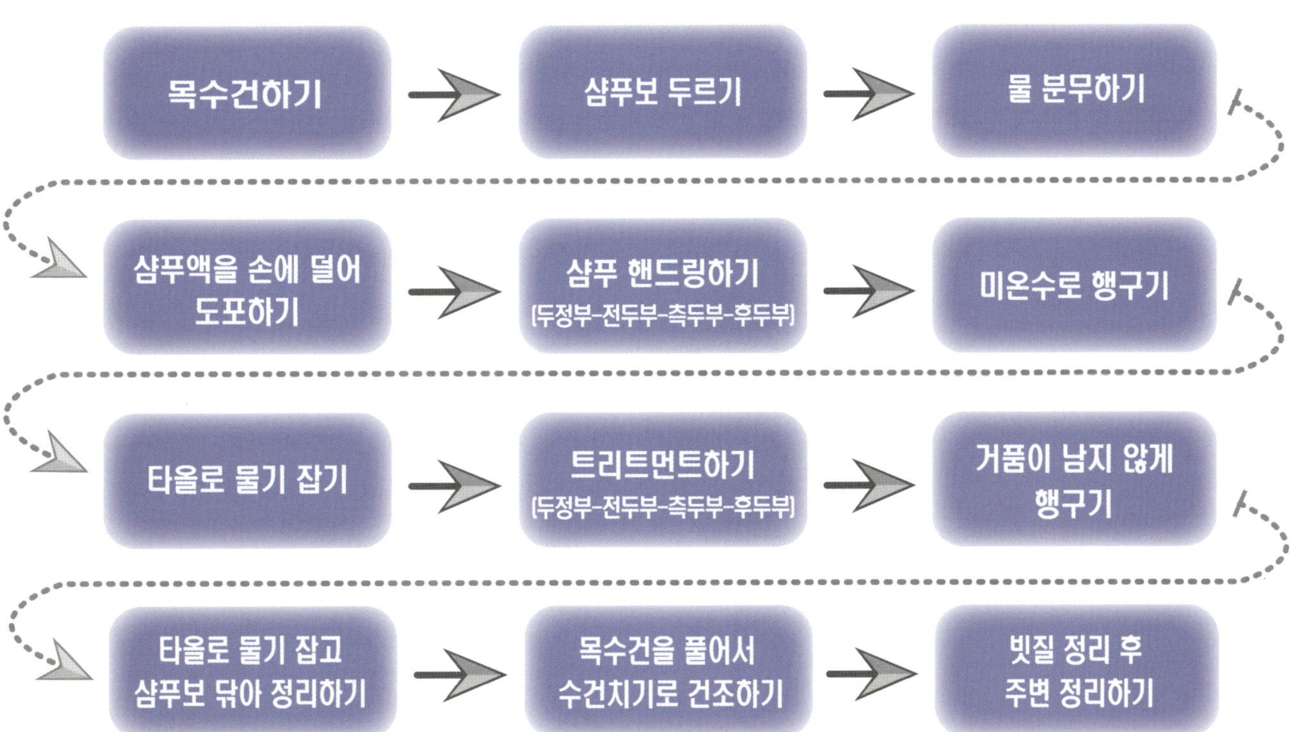

④ 샴푸테크닉 기법

1. 5 대 세정 테크닉 상세 가이드

① 강찰법 (Zig-zagging) - 세정의 핵심
- 동작 : 손가락을 1~2cm 폭으로 빠르게 지그재그로 움직인다.
- 경로 : 두정부(정수리) →전두부(이마 라인) → 측두부(귀 위) → 후두부 순으로 이동한다.
- 포인트 : 손가락이 두피에서 떨어지지 않게 밀착시킨 상태에서 두피 자체를 흔드는 느낌으로 진행한다.

② 나선법 (Circular/Spiraling) - 혈행 촉진
- 동작 : 손가락 지문으로 작은 원을 그리며 나선형으로 이동한다.
- 경로 : 귀 윗부분(측두부)에서 정수리를 향해 올라가는 방향으로 시술할 때 가장 효과적이다.
- 포인트 : 원의 크기가 일정해야 하며, 일정한 압력을 유지하는 것이 숙련도의 척도이다.

③ 압박법 (Pressure/Compression) - 긴장 완화
- 동작 : 양손 손바닥 전체 또는 엄지손가락을 이용해 특정 지점을 3~5초간 지그시 누른다.
- 경로 : 태양혈(관자놀이), 백회(정수리 중앙), 풍지(뒷목 뼈 양쪽 오목한 곳) 등 주요 혈 자리를 눌러준다.
- 포인트 : 갑자기 손을 떼지 말고 천천히 압력을 줄이며 떼어야 모델이 안락함을 느낀다.

④ 진동법 (Vibration) - 신경 자극
- 동작 : 손끝을 두피에 고정하고 손등과 팔 전체의 근육을 미세하게 떨어 진동을 전달한다.
- 포인트 : 손가락이 두피 위에서 미끄러지는 것이 아니라, 두피와 손가락이 하나가 되어 함께 떨려야 한다.

⑤ 고타법 (Tapping/Percussion) - 탄력 부여
- 동작 : 손목의 힘을 빼고 손가락 끝을 이용해 '북'을 치듯 경쾌하게 두드린다(박자감 중요).
- 주의 : 소리가 너무 크거나 타격이 강하면 모델이 통증을 느낄 수 있으므로 가볍고 리듬감 있게 시술한다.

테크닉 순서 :

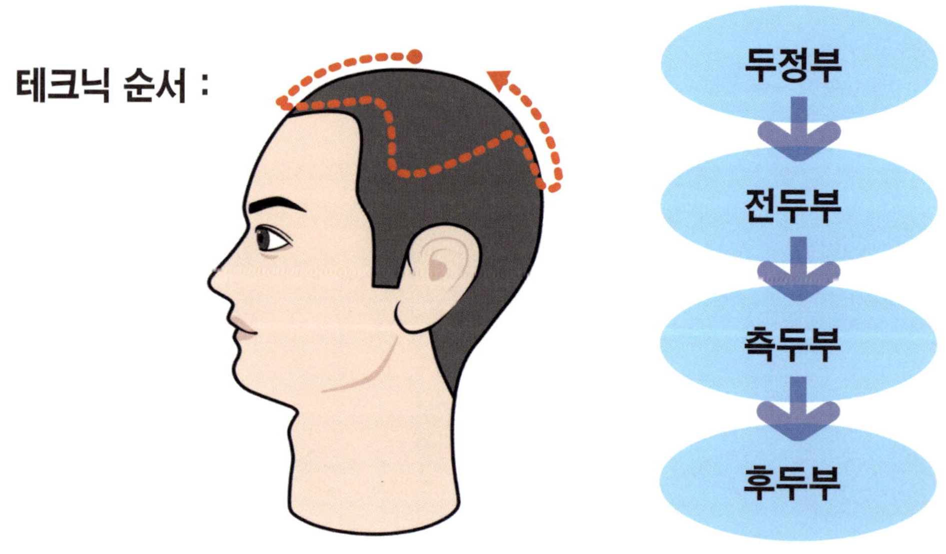

2. 트리트먼트 처리 이론 (Chemical Action)

- pH 조절 원리 : 샴푸는 대개 약알칼리성 혹은 중성이지만, 세정 과정에서 모발의 큐티클이 열리게 된다. 트리트먼트(산성 린스)는 이를 즉각적으로 닫아주는 중화 작용을 한다.
- 흡착 시간 : 좌식 상태에서 트리트먼트 도포 후 손가락으로 모발을 가볍게 쓸어내리는 핸드 기법(Emulsion)을 사용하면 영양 성분이 모발 내부로 더 잘 침투한다.

3. 시험장 합격 꿀팁 (Barbering Exam Tips)

- 자세의 일관성 : 시술 내내 허리를 굽히지 않는다. 시술자가 허리를 숙이면 전문성이 없어 보이며 감점 요인이 된다.
- 뒷마무리 : 좌식 샴푸 후 세면대로 이동할 때, 마네킹의 목과 샴푸보에 거품이 없는지 타월로 신속하게 닦아준다.
- 면봉 활용 : 샴푸 완료 후 면봉으로 마네킹의 귓바퀴와 외에도 주변의 물기를 닦아주는 퍼포먼스는 위생 점수에서 가산점을 받을 수 있다.

3. 작업 시 주의 및 강조 사항

- 수온의 중요성 : 린스(트리트먼트) 시 너무 뜨거운 물은 단백질 변형을 일으킬 수 있으므로 체온보다 약간 높은 37~38℃를 유지한다.
- 지문 사용의 원칙 : 손톱을 사용하면 두피에 미세한 상처(찰과상)를 내어 세균 감염의 원인이 된다. 반드시 지문을 사용하여야 한다.
- 청결 관리 : 작업 후 바닥에 떨어진 거품이나 물기를 즉시 제거하는 모습이 채점관에게 좋은 인상을 줄 수 있다.

☞평가 핵심

- 거품 조절 : 좌식 샴푸는 물이 흐르기 쉽기 때문에 적절한 수분 조절을 통해 거품이 마네킹의 얼굴이나 옷으로 흐르지 않게 하는 것이 가장 중요하다.
- 자세(Posture) : 시술자의 허리는 곧게 펴고, 어깨 힘을 뺀 상태에서 손가락 전체를 활용해야 한다.

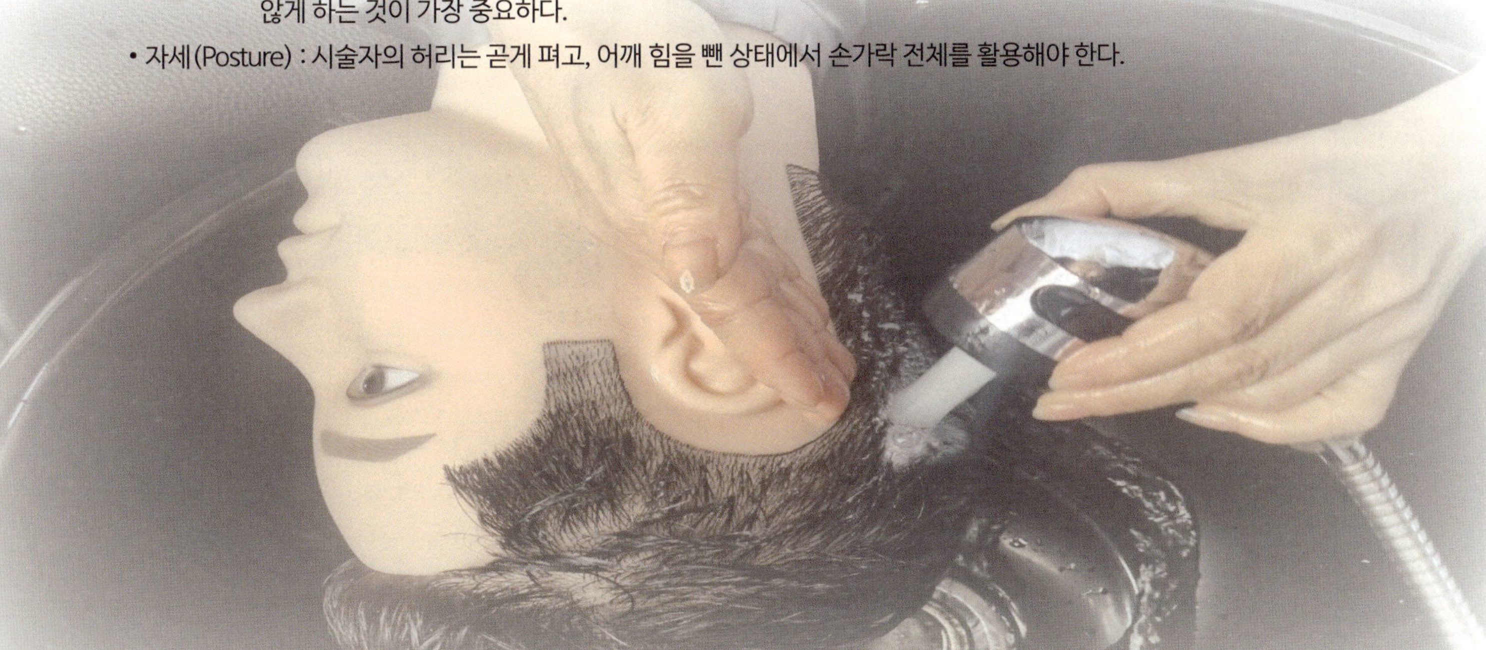

⑤ 샴푸 & 트리트먼트 작업과정

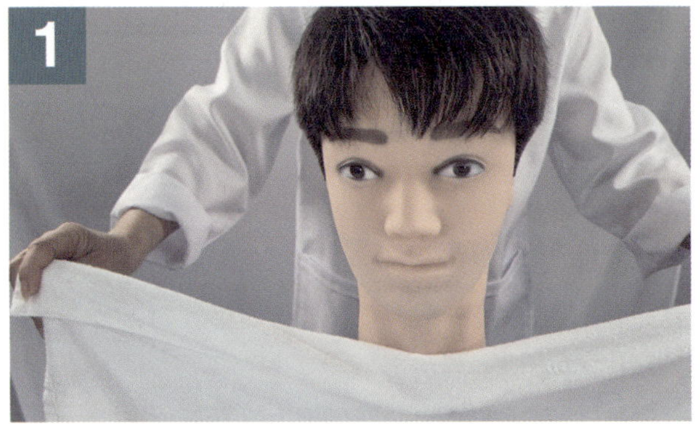

수건 한쪽 면을 길게 잡기

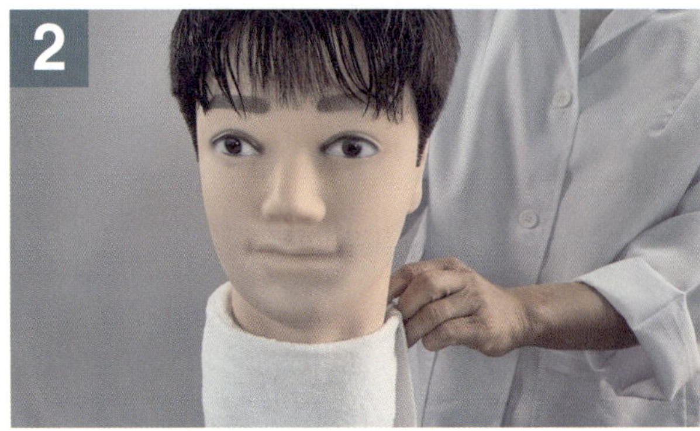

수건 두르기

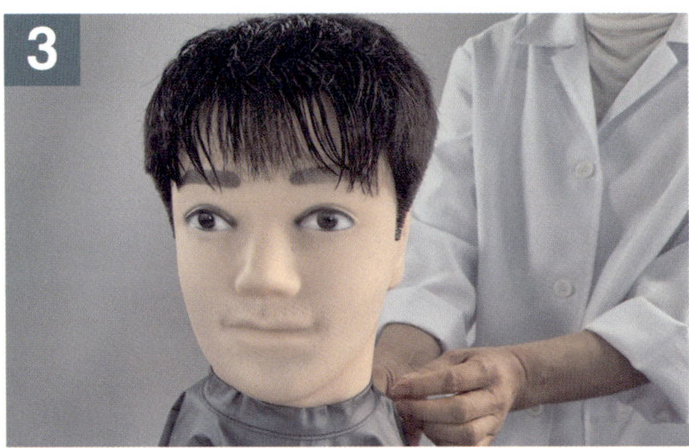

샴푸보두르기

머리카락 물 분무하기

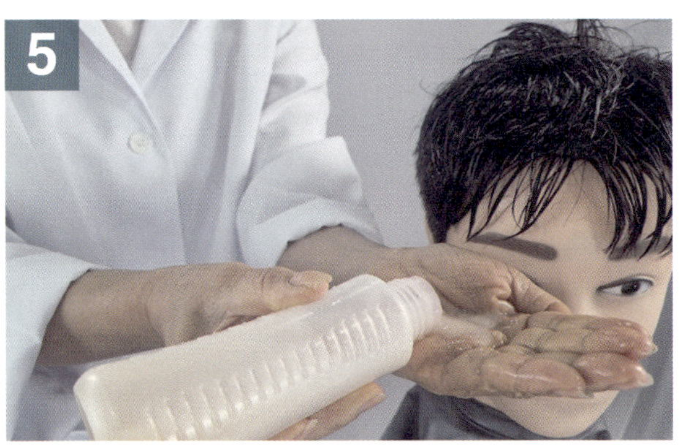

샴푸제를 손바닥에 적당량을 덜어내기

샴푸제를 골고루 도포한 후 두정부~전두부를 향해 문지른다.

양손을 교차하면서 측두부로 연결하여 태크닉을 진행한다.

지문을 이용하여 후두부 문지른다.

두정부 양손을이용하여 연결 동작하기

후두부 양손 교차하기

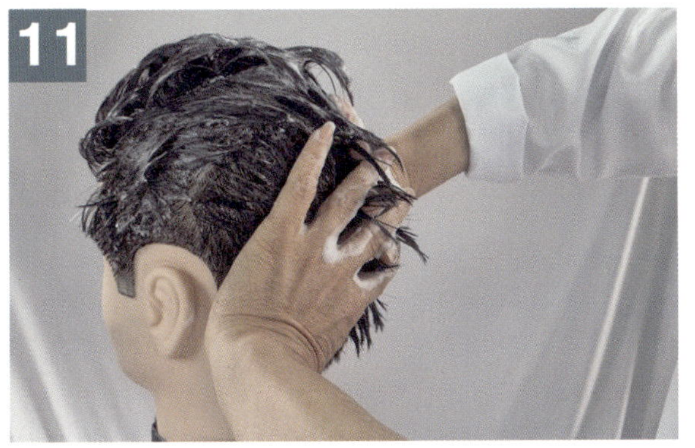

손가락 지문을 이용하여 두정부~전두부로 양손교차하기

귀에 물이 들어가지 않도록 행구기

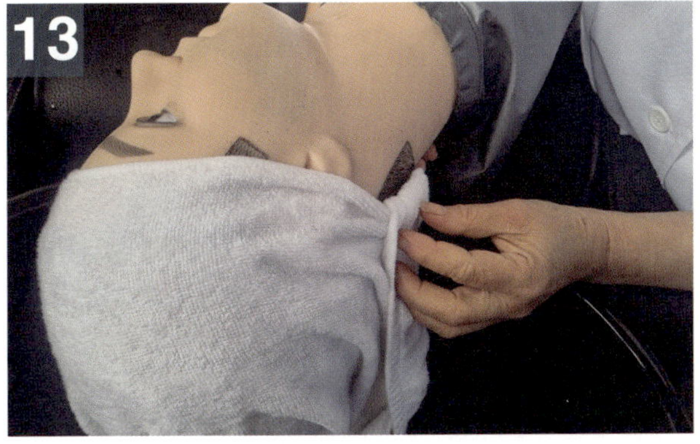

수분이 흘러내리지 않도록 수건으로 머리 감싸기

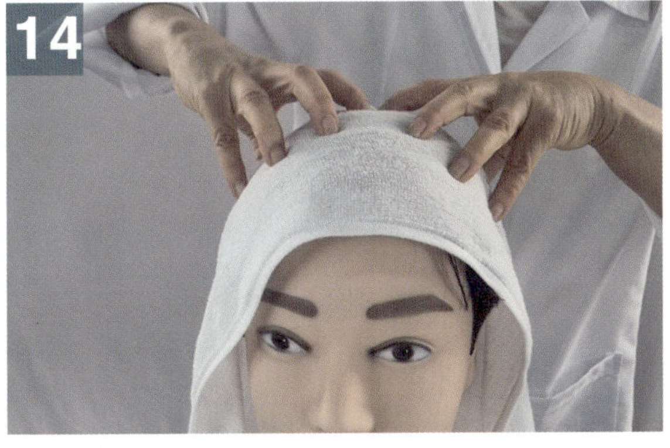

수건으로 물기를 닦아주기

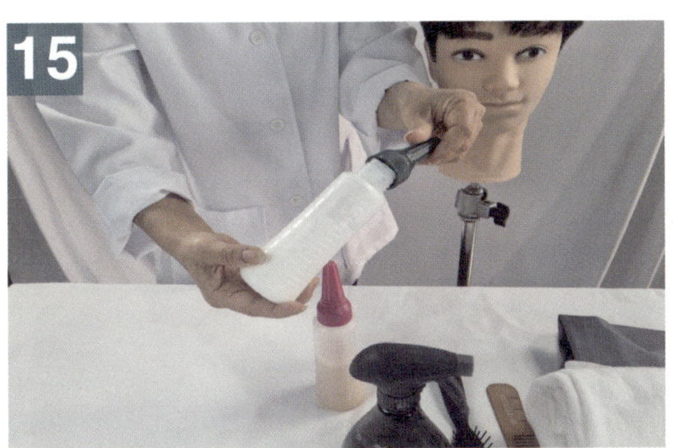

트리트먼트 바르기

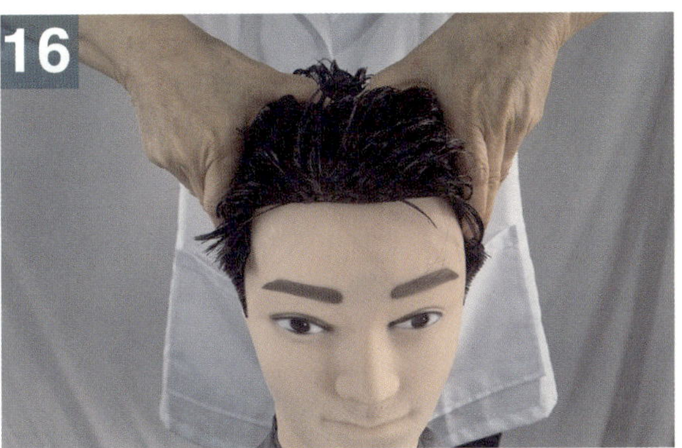

두정부 부터 마사지 동작하기

⑤ 샴푸 & 트리트먼트 작업과정

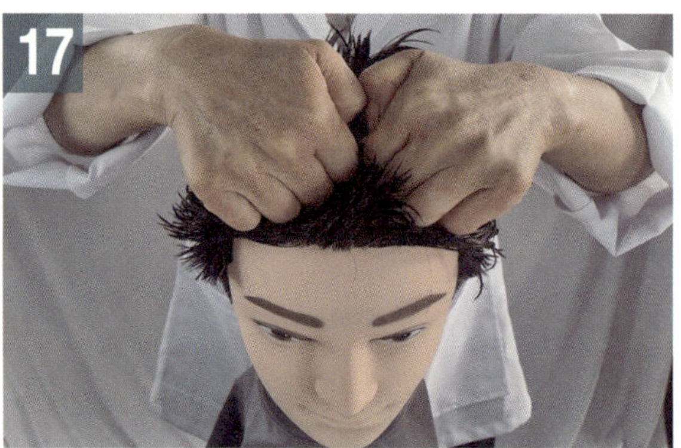

주먹을 쥐고 두정부에서 전두부로 연결하여 매니플레이션한다.

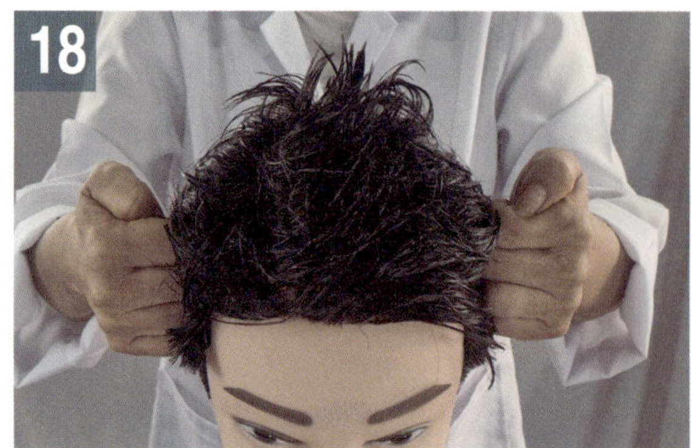

측두부 주먹을 굴러가며 마사지한다.

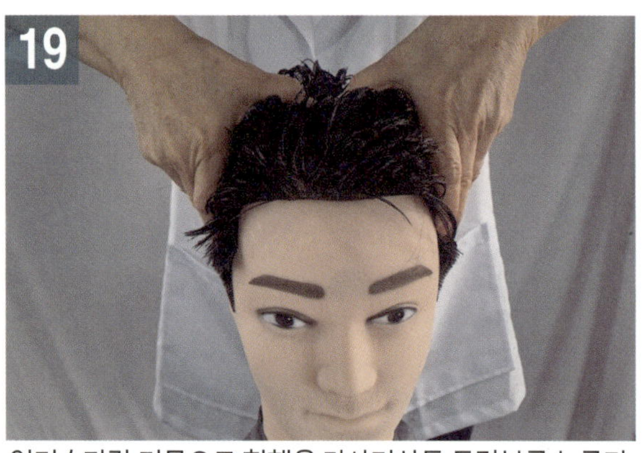

엄지손가락 지문으로 혈행을 마사지하듯 두정부를 누른다.

연결하여 동작하기

측주부로 연결하여 지압한다.

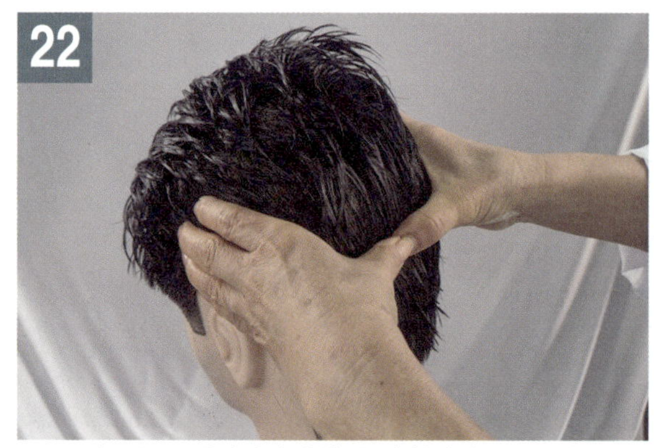

후두부로 연결하여 백회, 풍지 혈자리를 누른다.

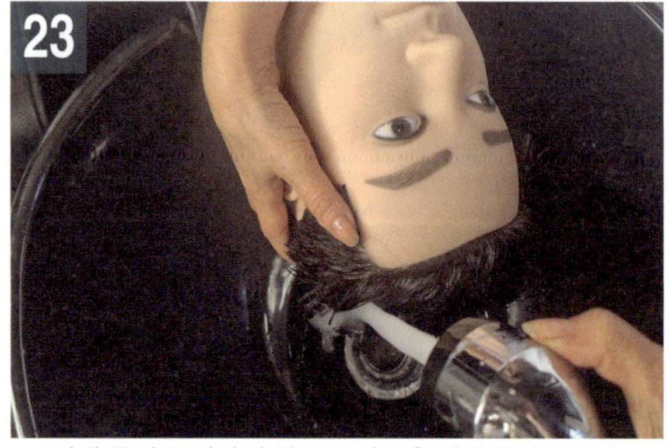

귀에 물이 들어가지 않도록 거품을 깨끗이 제거한다.

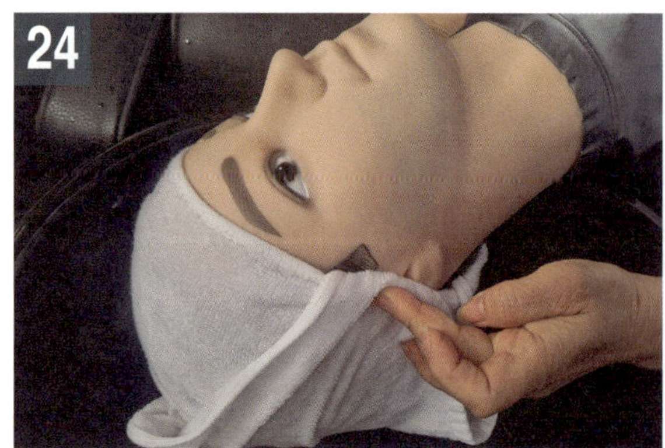

물이 흘러내리지 않게 수건으로 감싼다.

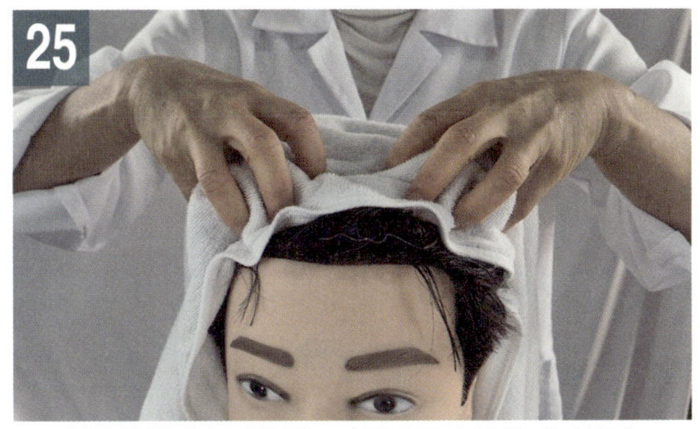

얼굴 주변에 물기를 닦고 수건으로 수분을 제거한다.

샴푸보에 물기를 제거한다.

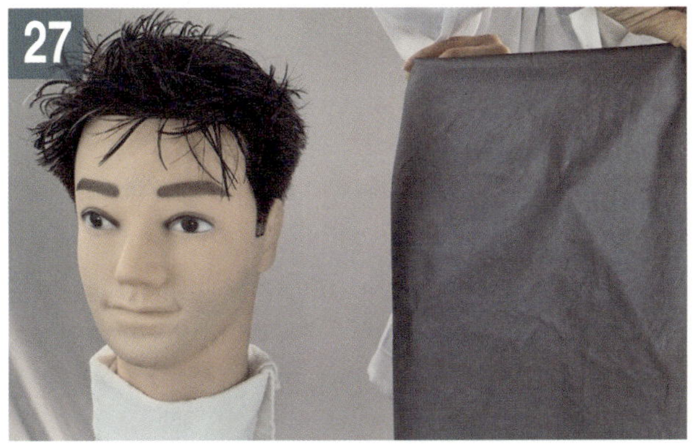

샴푸보를 정리한다.

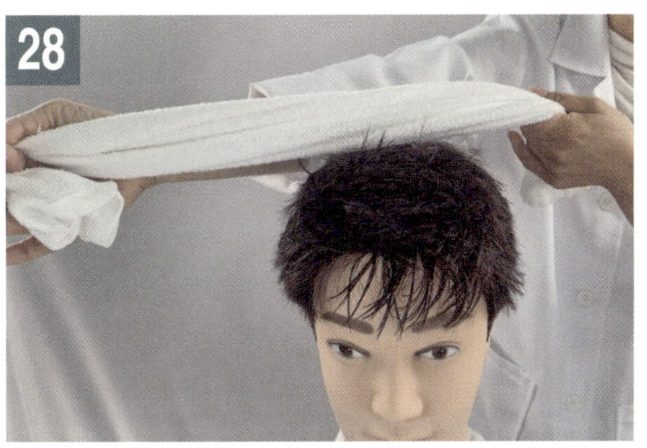

수분을 없애기 위한 타올드라이

한손에 텐션을 주고 다른 한손으로 힘을 뺀 상태에서
타올드라이-면치기 한다.

모류 방향으로 빗질한다.

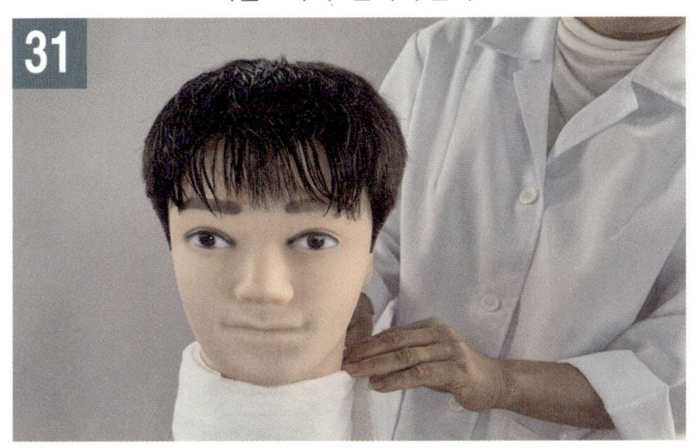

목수건 정리

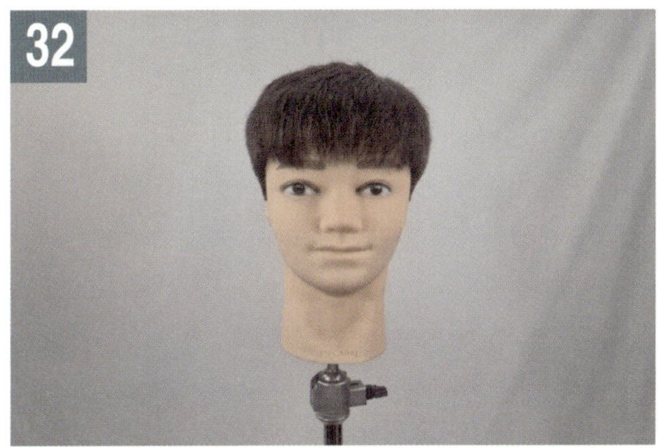

완성

두피스케일링 및 샴푸 트리트먼트 (20분)
(Scalp Exfoliation & Shampoo Treatment)

① 두피스케일링의 정의

두피 스케일링이란 샴푸만으로 제거되지 않는 두피의 노화된 각질, 과도한 피지, 산화 피지물, 미세먼지 등을 전용 스케일링제와 도구를 사용하여 물리적으로 제거하는 세정 과정을 말한다.
- 청결 유지 : 모공 주위의 노폐물을 제거하여 모공의 각화 현상 방지.
- 영양 공급 : 두피 환경을 개선하여 후속 영양제(토닉 등)의 흡수율 향상.
- 혈행 촉진 : 스케일링 동작을 통한 두피 마사지 효과로 혈액 순환 촉진.
- 질환 예방 : 비듬, 염증, 탈모 예방 및 건강한 모발 성장 환경 조성.

② 샴푸 & 트리트먼트 준비물

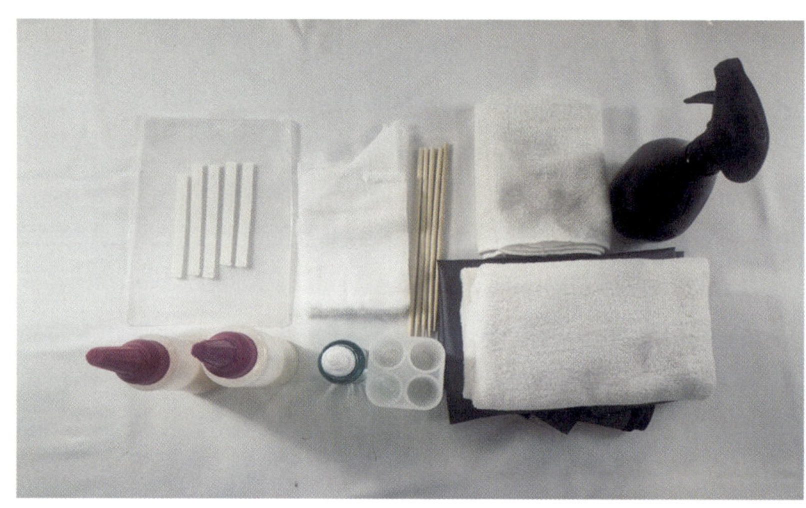

1. 작업내용
스케일링제를 사용하여 마네킹의 두피 전체를 스케일링한 후, 두발을 좌식 샴푸 및 정확한 동작으로 매니플레이션 한다.

2. 작업 순서
- 세발앞장치기 → 스틱봉 만들기 → 두피 스케일링하기 → 샴푸 및 세척하기
  트리트먼트제 도포하기 → 스캘프 매니플레이션하기 → 모발 세척하기 → 얼굴 및 머리부위
  물기 제거하기 → 타월 드라이하기 → 정리정돈하기

3. 유의사항
- 두피스케일링 시 스틱본(우드스틱의 뭉툭한 부분에 탈지면을 감은 후 거즈로 마무리, 4개 제조)을 3개이상 사용하여 스케일링한다.
- 스케일링은 우드의 뾰족한 부분으로 섹션을 가르며 전두부, 두정부, 우측두부, 후두부, 좌측두부 순으로 작업한다.
- 샴푸 순서는 두정부, 전두부, 측두부, 후두부 순이며, 모발세척 시 마네킹의 두피에 샴푸제가 남아있지 않도록 한다.
- 스캘프 매니플레이션 시 두피 관리를 위한 3가지 이상의 다양한 손동작을 사용한다.
- 타올드라이는 아이론 펌 전단계로써의 완성도를 갖도록 작업한다.

③ 두피스케일링 & 샴푸·트리트먼트 세부 순서

1. 두피 스케일링 및 샴푸·트리트먼트 작업

A. 마네킹의 어깨에 타월을 두르기
B. 샴푸 보를 두르기
C. 쿠션 브러시를 사용하여 모발 전체를 가볍게 브러싱하여 엉킨 모발을 풀고 1차 이물질을 제거한다.
D. 스케일링 도구 준비하기
E. 스케일링제를 컵에 담기
F. 우드 스틱 끝에 탈지면을 단단하게 말기
G. 거즈로 '면봉' 형태로 만든다. (풀리지 않도록 주의)
H. 면테이프로 단단히 고정하기
G. 스틱봉 4개 만들어 놓은 상태
K. 정중선과 측중선을 기준으로 4등분(4-Section)을 한다.
L. 스케일링하기(전두부-두정부-우측두부-후두부-좌측두부) 순으로 스케일링 하기
M. 스케일링 도포가 끝나면 양손 지두(손가락 끝)를 이용하여 두피 전체를 가볍게 압박 마사지
N. 우드 스틱과 소모품은 즉시 폐기하여 위생 상태를 유지
O. 샴푸액 도포하기
P. 샴푸하기(두정부-전두부-측두부-후두부) 순으로
Q. 모발 세척하기
R. 트리트먼트 도포하기 (두정부-전두부-측두부-후두부) 순으로
S. 두피 맛사지하기 (스켈프매니플레이션)
T. 두발 세척하기
U. 두발에 물기를 제거하고 수건으로 건조하기
V. 샴푸보 물기제거
W. 빗질하고 난 후 주변 정리 정돈하기

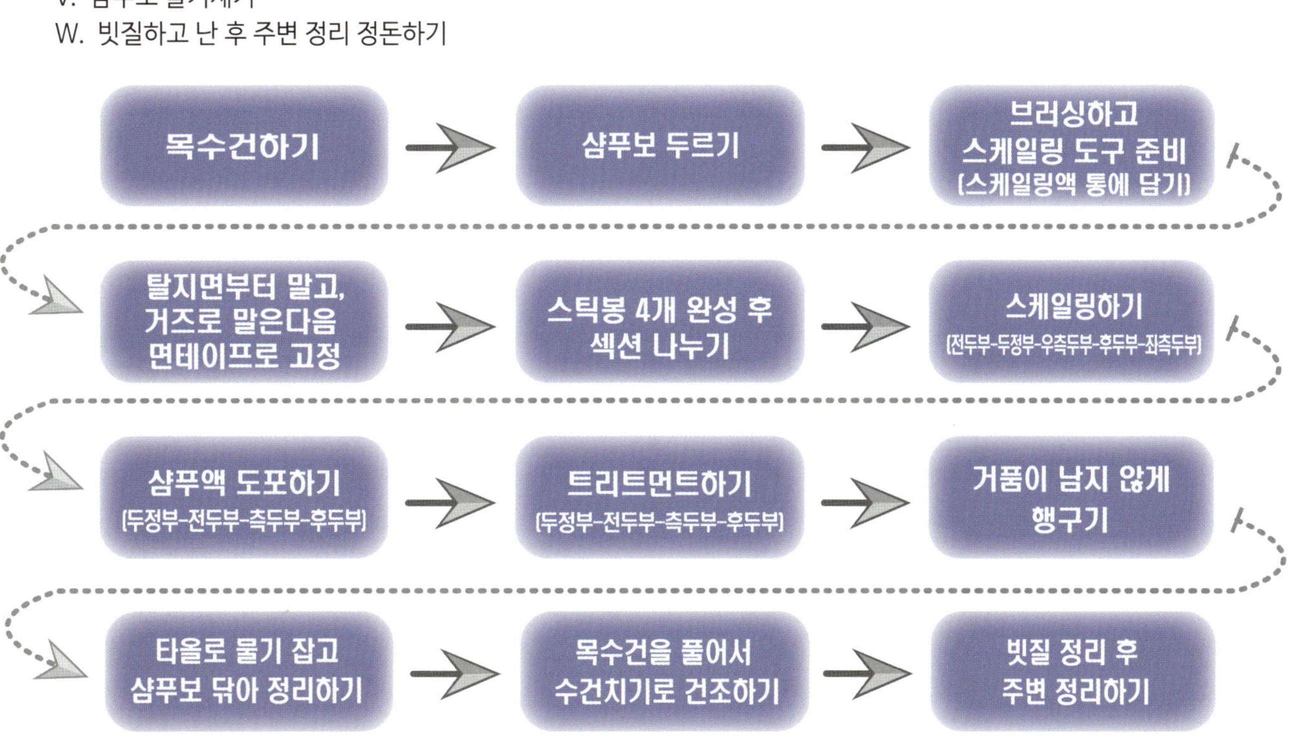

④ 두피 스케일링 기법

1. 스케일링 시술 과정

① 준비 및 블로킹 (Preparation)

- 모델의 어깨에 타월을 두르고 커트 보를 착용한다.
- 쿠션 브러시를 사용하여 모발 전체를 가볍게 브러싱하여 엉킨 모발을 풀고 1차 이물질을 제거한다.
- 정중선과 측중선을 기준으로 4등분(4-Section) 또는 시험 기준에 맞는 블로킹을 실시한다.

② 우드 스틱 제작 및 도포 (Loading)

- 우드 스틱 끝에 탈지면을 단단하게 말아 '면봉' 형태로 만든다(풀리지 않도록 주의).
- 스케일링제를 컵에 덜어 우드 스틱에 충분히 적신다.

③ 파팅 및 스케일링 동작 (Sectioning & Stroking)

- 파팅(Parting) : 1~1.5cm 간격으로 정교하게 슬라이스를 뜬다.
- 스트로크(Stroke) : 우드 스틱을 두피 표면에 밀착시켜 문지른다.
- 방향: 전두부(앞)에서 후두부(뒤) 방향으로, 위에서 아래 방향으로 진행한다.

④ 세부 부위 진행 (Detailing)

- 프런트/사이드 : 헤어라인 안쪽부터 꼼꼼히 문지른다.
- 탑/크라운 : 정수리 부위는 더욱 세심하게 작업한다.
- 네이프: 뒷덜미 라인까지 빠짐없이 스케일링제를 도포하고 문지른다.

⑤ 지압 및 마사지 (Acupressure)

- 스케일링 도포가 끝나면 양손 지두(손가락 끝)를 이용하여 두피 전체를 가볍게 압박 마사지한다.
  약제의 흡수를 돕고 두피의 긴장을 완화하는 과정이다.

⑥ 마무리 (Finishing)

- 방치 시간(약 1~2분 핸들링을 한 뒤, 시험 기준에 따름)을 둔 뒤, 샴푸 과정으로 넘어간다.
- 사용한 우드 스틱과 소모품은 즉시 폐기하여 위생 상태를 유지한다.

테크닉 순서 :

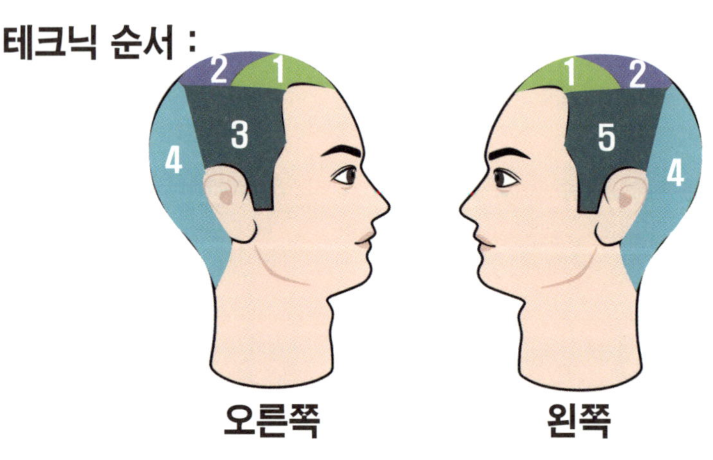

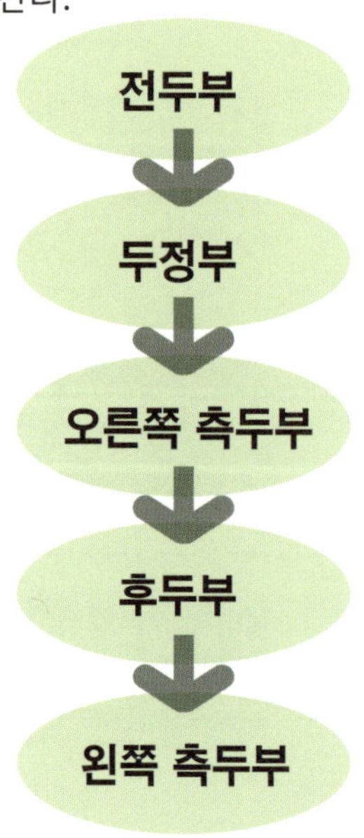

3. 작업 시 주의 및 강조 사항

① 준비 및 블로킹 (Preparation)

- 모델의 어깨에 타월을 두르고 커트 보를 착용한다.
- 쿠션 브러시를 사용하여 모발 전체를 가볍게 브러싱하여 엉킨 모발을 풀고 1차 이물질을 제거한다.
- 정중선과 측중선을 기준으로 4등분(4-Section) 또는 시험 기준에 맞는 블로킹을 실시한다.

② 우드 스틱 제작 및 도포 (Loading)

- 우드 스틱 끝에 탈지면을 단단하게 말아 '면봉' 형태로 만든다(풀리지 않도록 주의).
- 스케일링제를 컵에 덜어 우드 스틱에 충분히 적신다.

③ 파팅 및 스케일링 동작 (Sectioning & Stroking)

- 파팅(Parting): 1~1.5cm 간격으로 정교하게 슬라이스를 뜬다.
- 스트로크(Stroke): 우드 스틱을 두피 각도에 밀착시켜 문지른다. 이때 지그재그(Zigzag) 또는 회전(Rolling) 기법을 사용하여 두피 전체를 꼼꼼히 닦아낸다.
- 방향: 전두부(앞)에서 후두부(뒤) 방향으로, 위에서 아래 방향으로 진행한다.

④ 세부 부위 진행 (Detailing)

- 프런트/사이드: 헤어라인 안쪽부터 꼼꼼히 문지른다.
- 탑/크라운: 정수리 부위는 더욱 세심하게 작업한다.
- 네이프: 뒷덜미 라인까지 빠짐없이 스케일링제를 도포하고 문지른다.

⑤ 지압 및 마사지 (Acupressure)

- 스케일링 도포가 끝나면 양손 지두(손가락 끝)를 이용하여 두피 전체를 가볍게 압박 마사지한다. 약제의 흡수를 돕고 두피의 긴장을 완화하는 과정이다.

⑥ 마무리 (Finishing)

- 방치 시간(시험 기준에 따름)을 둔 뒤, 샴푸 과정으로 넘어간다.
- 사용한 우드 스틱과 소모품은 즉시 폐기하여 위생 상태를 유지한다

☞평가 핵심

1. 텐션 유지: 왼손으로 모발을 팽팽하게 잡아 두피가 잘 보이도록 하는 것이 중요하다.
2. 각도 준수: 우드 스틱이 두피와 너무 수직이 되지 않게, 약 30~45도 각도로 부드럽게 굴려야 한다.
3. 위생: 시술 도중 스틱이 바닥에 떨어지지 않도록 주의하며, 일회용품 사용 원칙을 지킨다.

⑤ 두피 스케일링 및 샴푸 · 트리트먼트 작업과정

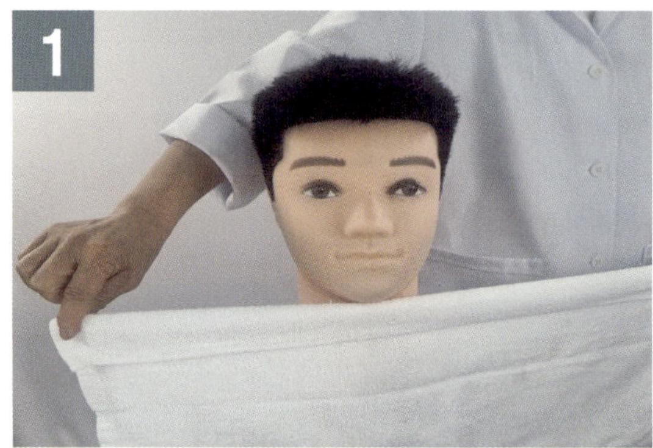

수건두르기

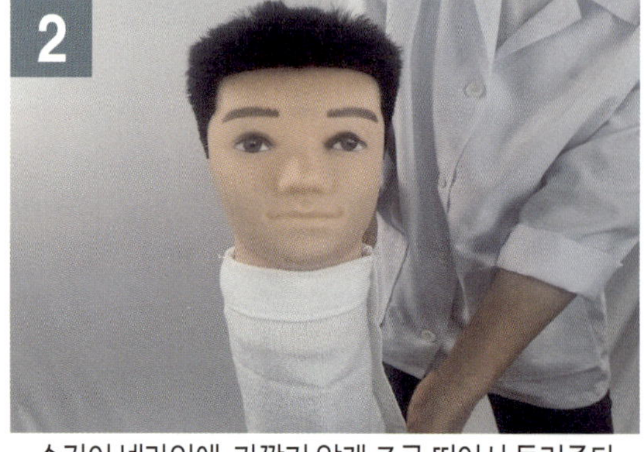

수건이 넥라인에 가깝지 않게 조금 띄어서 둘러준다.

목수건이 보이지 않게 샴푸보 두르기

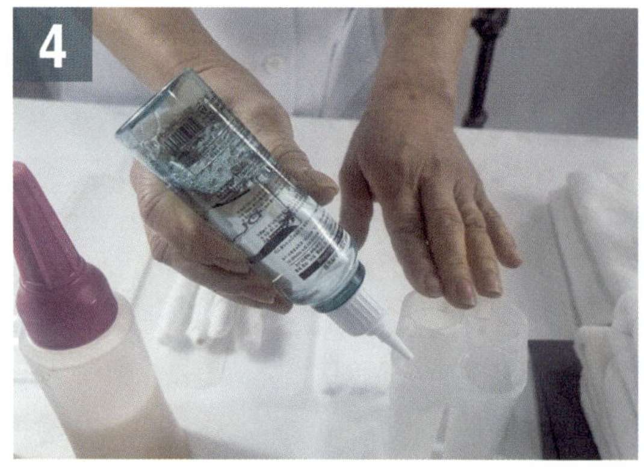

스케일링 도구 준비하여 스케일링제 붙기

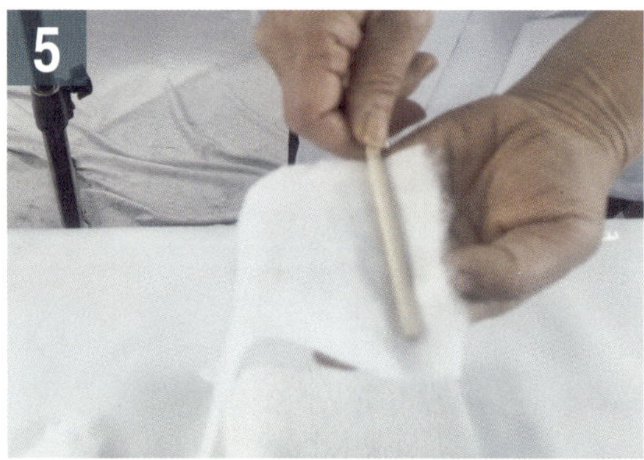

스틱봉을 들어 솜을 먼저 감는다.

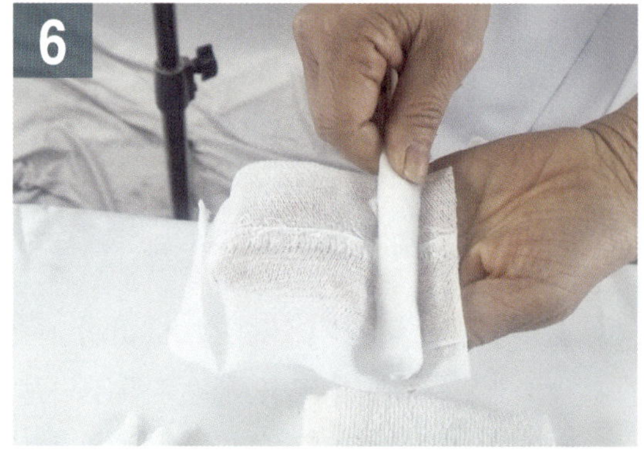

거즈를 손바닥에 올려놓고 단단하게 나선형으로 감아준다.

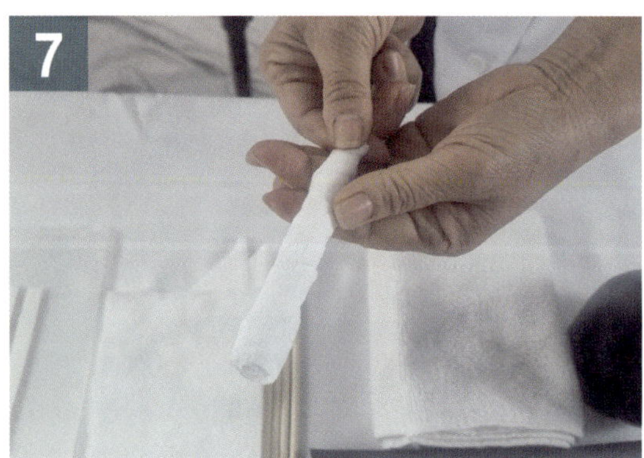

나선형으로 감은 스틱의 하단을 단단하게 말아준다.

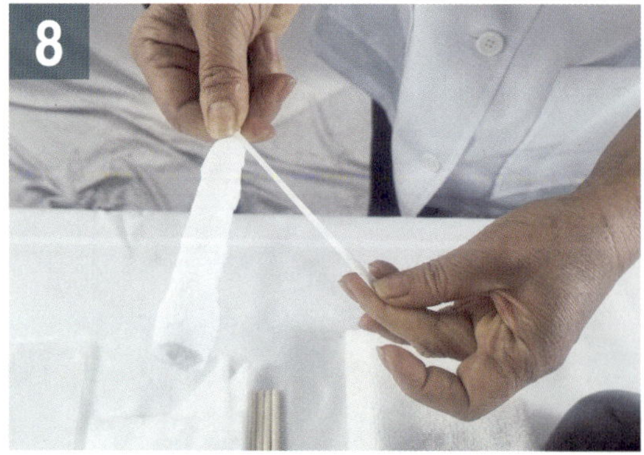

면 테이프를 이용해 거즈가 풀리지 않도록 감아준다.

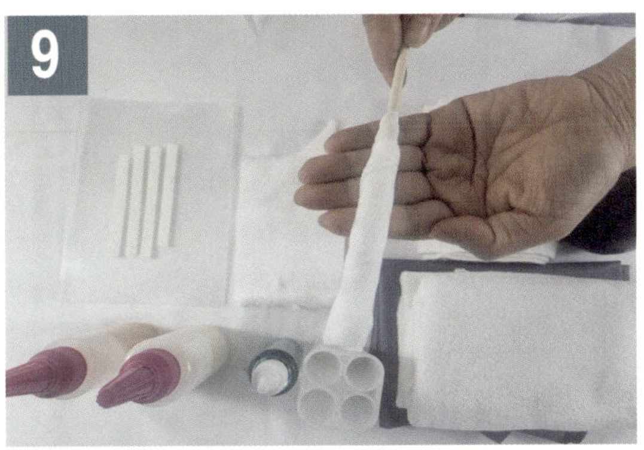

완성된 스케일링 봉

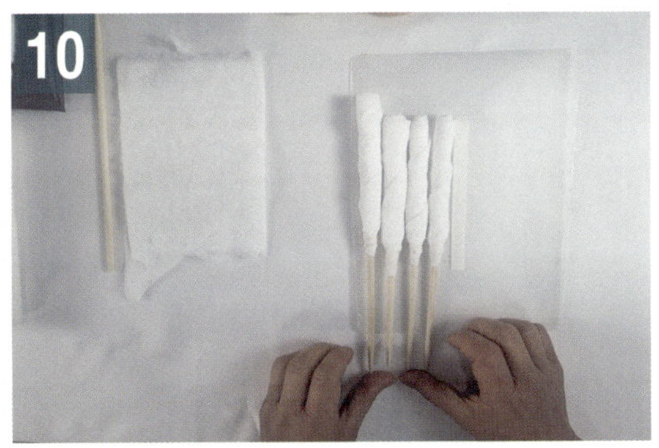

5세트를 준비하여 동일하게 4개를 만들어준다.

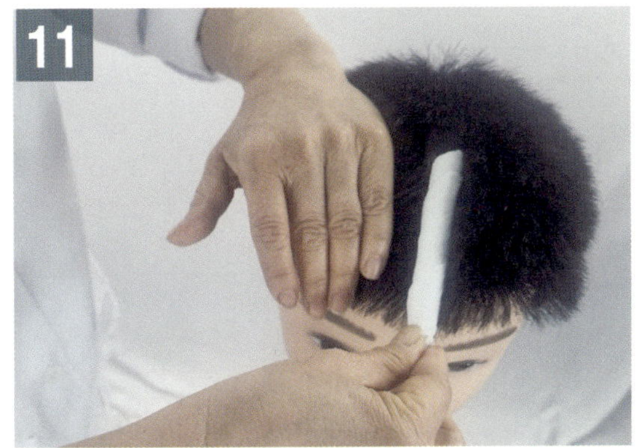

전두부 중앙에서 부터 스케일링 실시

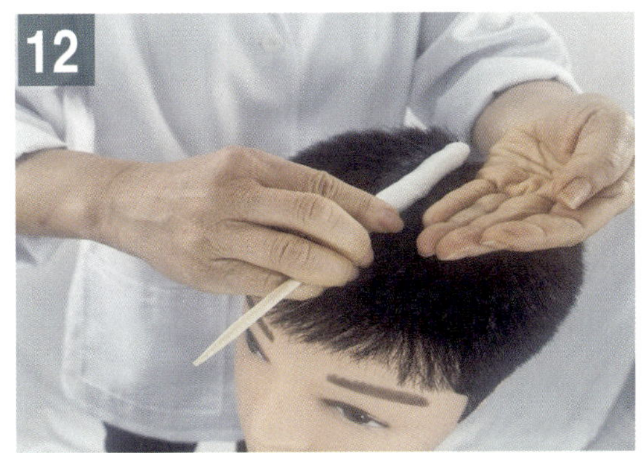

두정부 부분을 섹션을 나누어 스케일링 실시

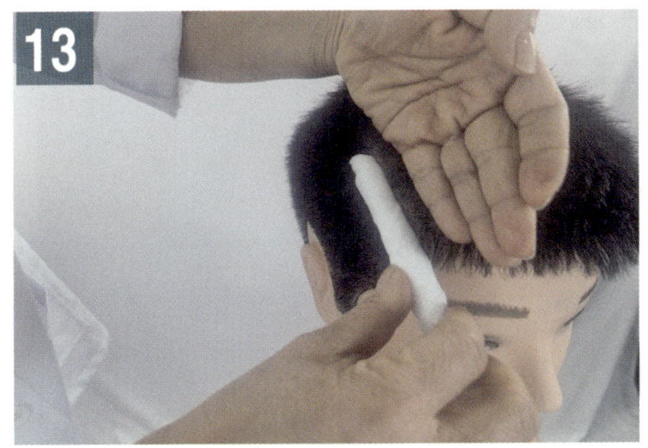

우측 측두부에 스케일링을 사선방향으로 실시

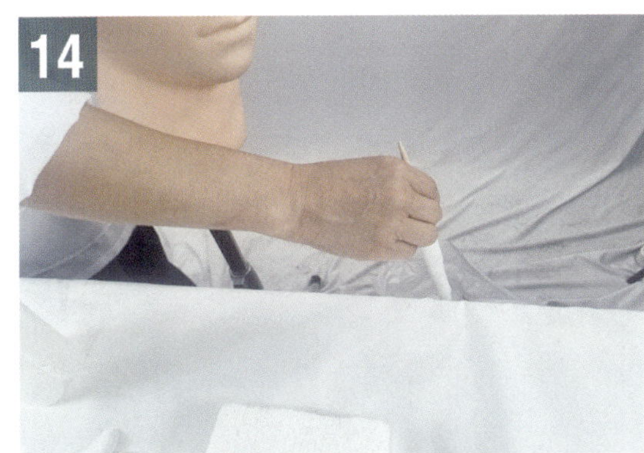

사용된 스케일링봉은 쓰레기봉투에 버린다.

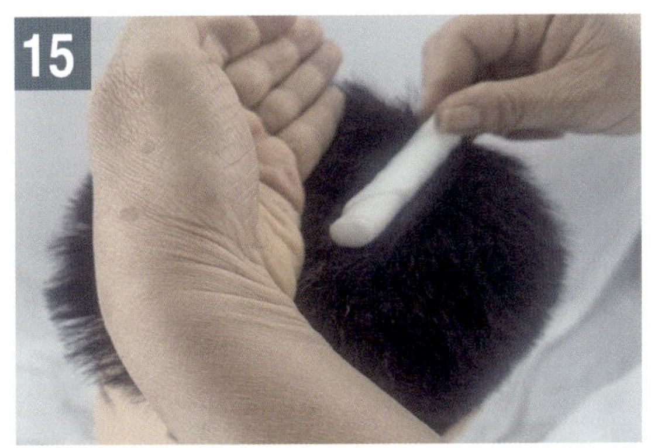

새로운 스켕일링 봉으로 후두부 상단부터 실시한다.

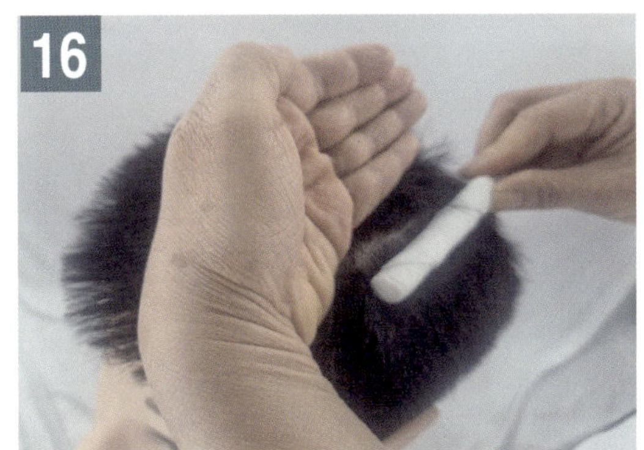

섹션을 정확하게 갈라서 작업하는 것이 좋다.

⑤ 두피 스케일링 및 샴푸 · 트리트먼트 작업과정

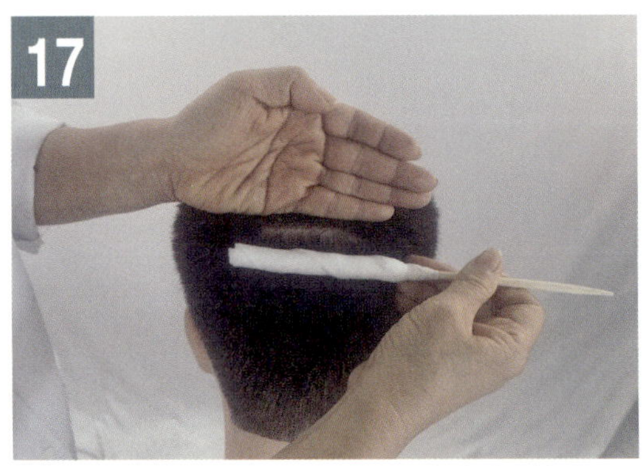

후두부 상단에서 부터 내려오면서 작업한다.

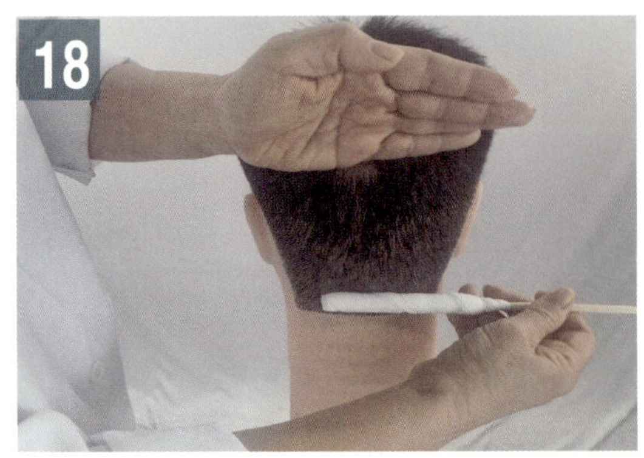

N.P 라인까지 꼼꼼하게 작업한다

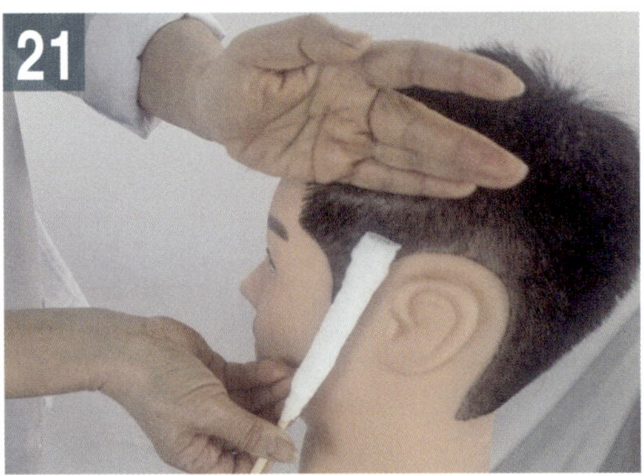

좌측두부의 헤어라인부터 꼼꼼하게 작업한다.

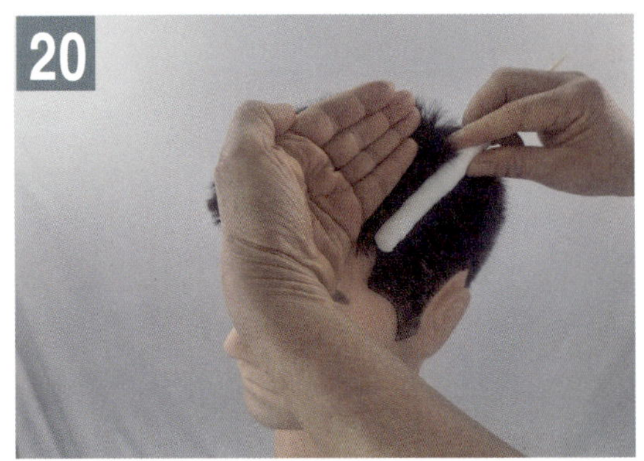

U-Line경계면까지 작업한다.

구렛나루 부분도 엄지손가락의 압력으로 작업한다.

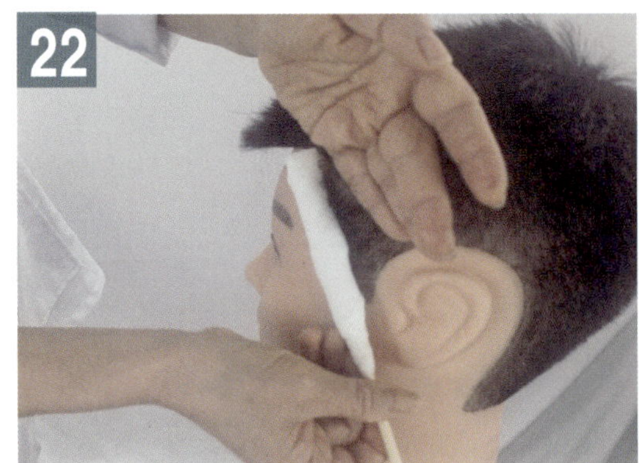

페이스라인도 동일하게 작업한다.

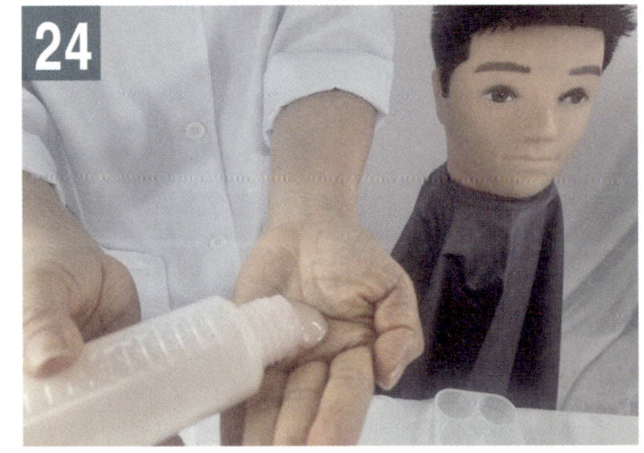

스케일링동작을 완성한 후 손가락 지문을 이용하여
전체적으로 핸들링 해준다.

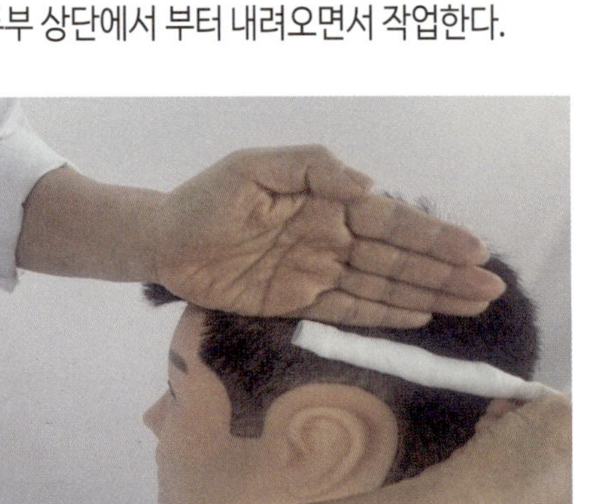

연결하여 샴푸제를 손바닥에 덜어준다.

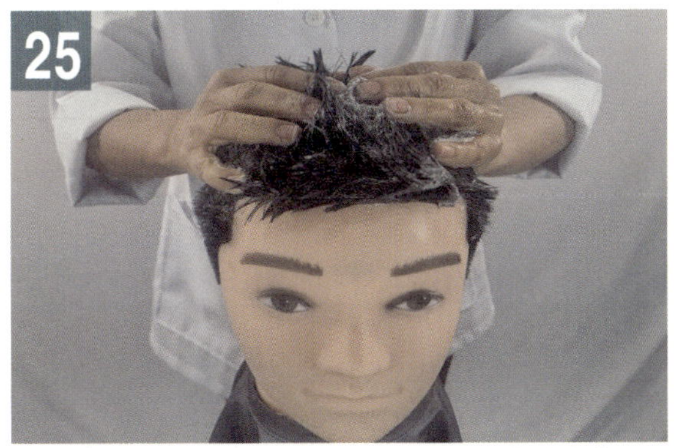

샴푸제를 골고루 도포하고 거품이 많이 일어날
수 있도록 한다.

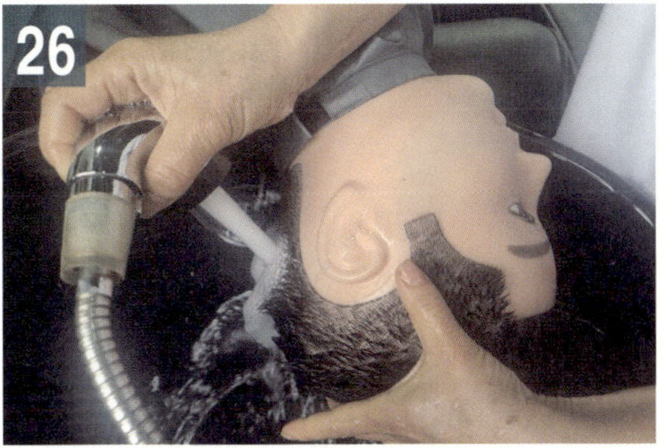

샴푸제가 남아 있지 않도록 세척한다.

물기가 바닥이나 샴푸보에 떨어지지 않도록하여
큰 물기를 잡아준다

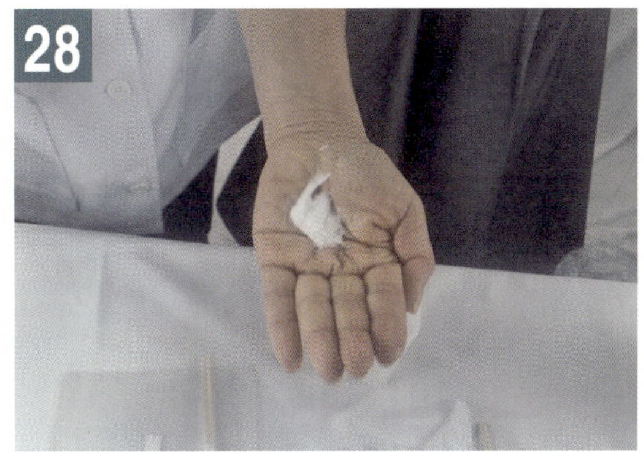

트리트먼트제를 손바닥에 덜어준 후 도포한다.

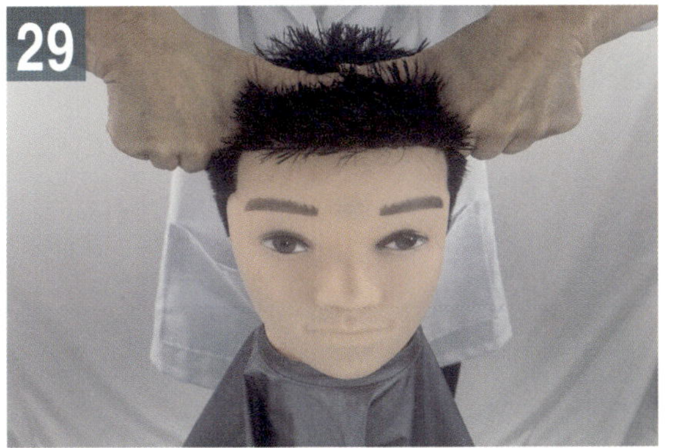

두정부-전두부-측두부-후두부 순으로 마사지
동작을 한다.

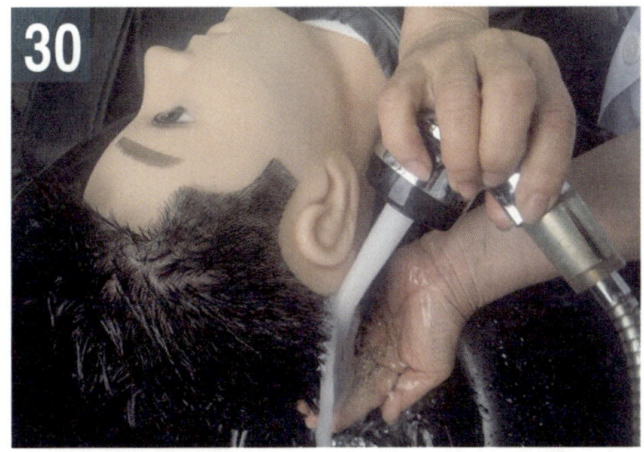

트리트먼트제가 남아있지 않도록 세척한다

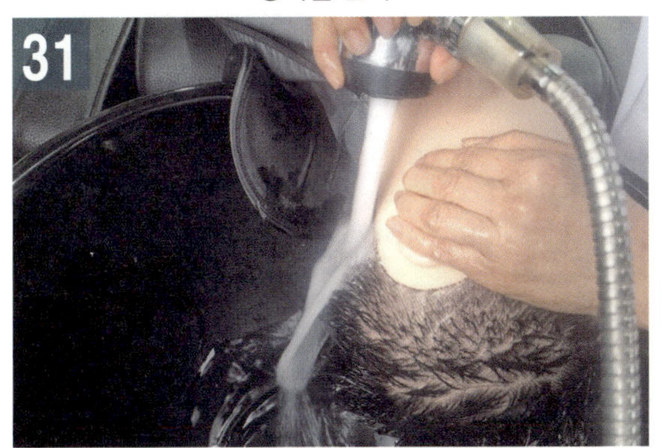

귀 뒤라인도 꼼꼼하게 작업해 준다.

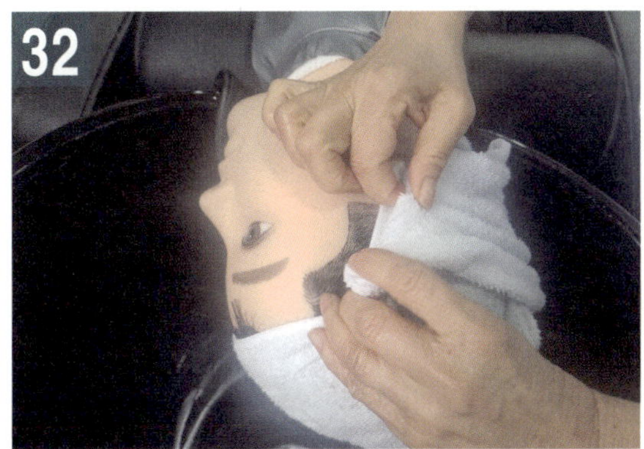

수건으로 머리를 감싸서 자리까지 이동한다.

⑤ 두피 스케일링 및 샴푸 · 트리트먼트 작업과정

수건을 감싸서 물기 제거

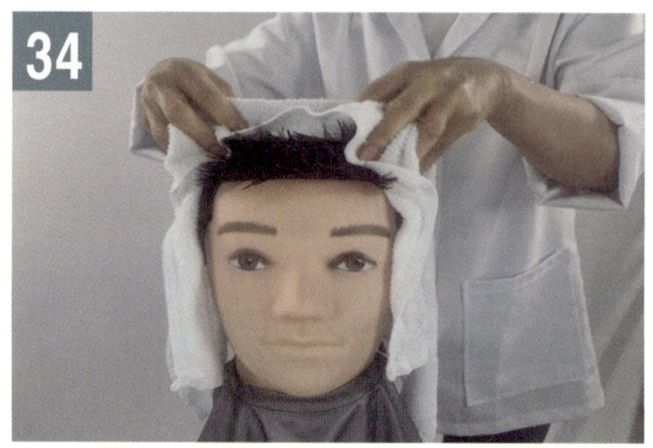

머리카락의 수분을 수건으로 건조하기

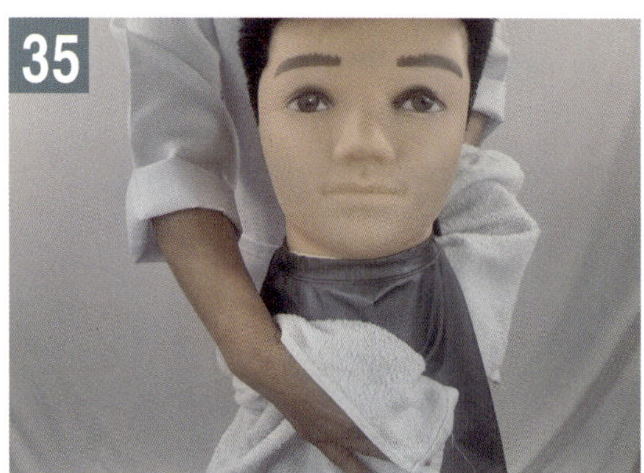

샴푸보 물기 제거

샴푸보 접기

수건으로 면치기

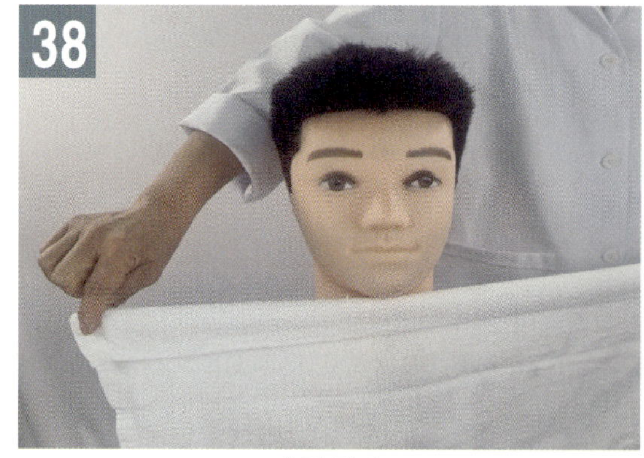

수건 정리

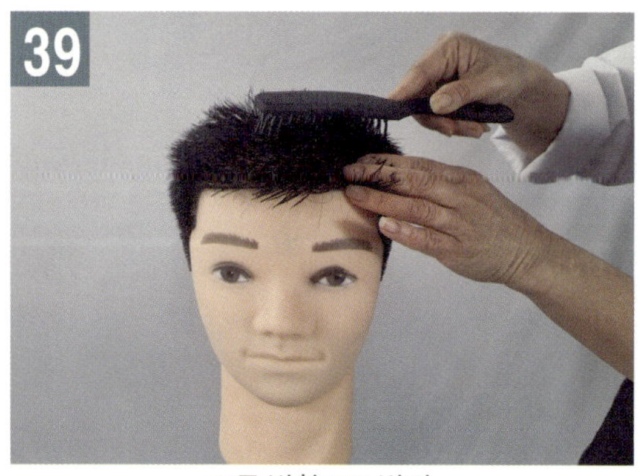

모류 방향으로 빗질

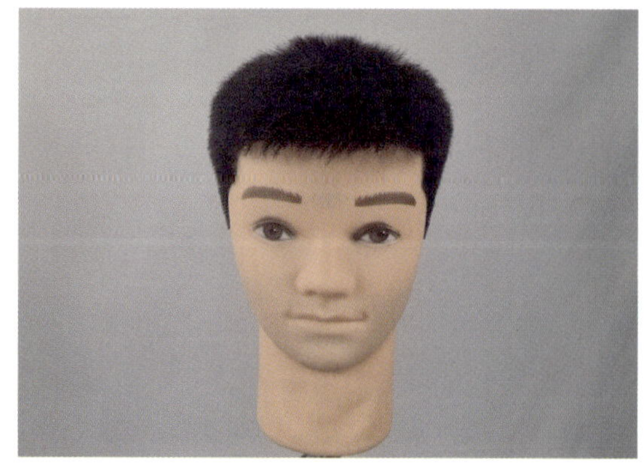

완성모습

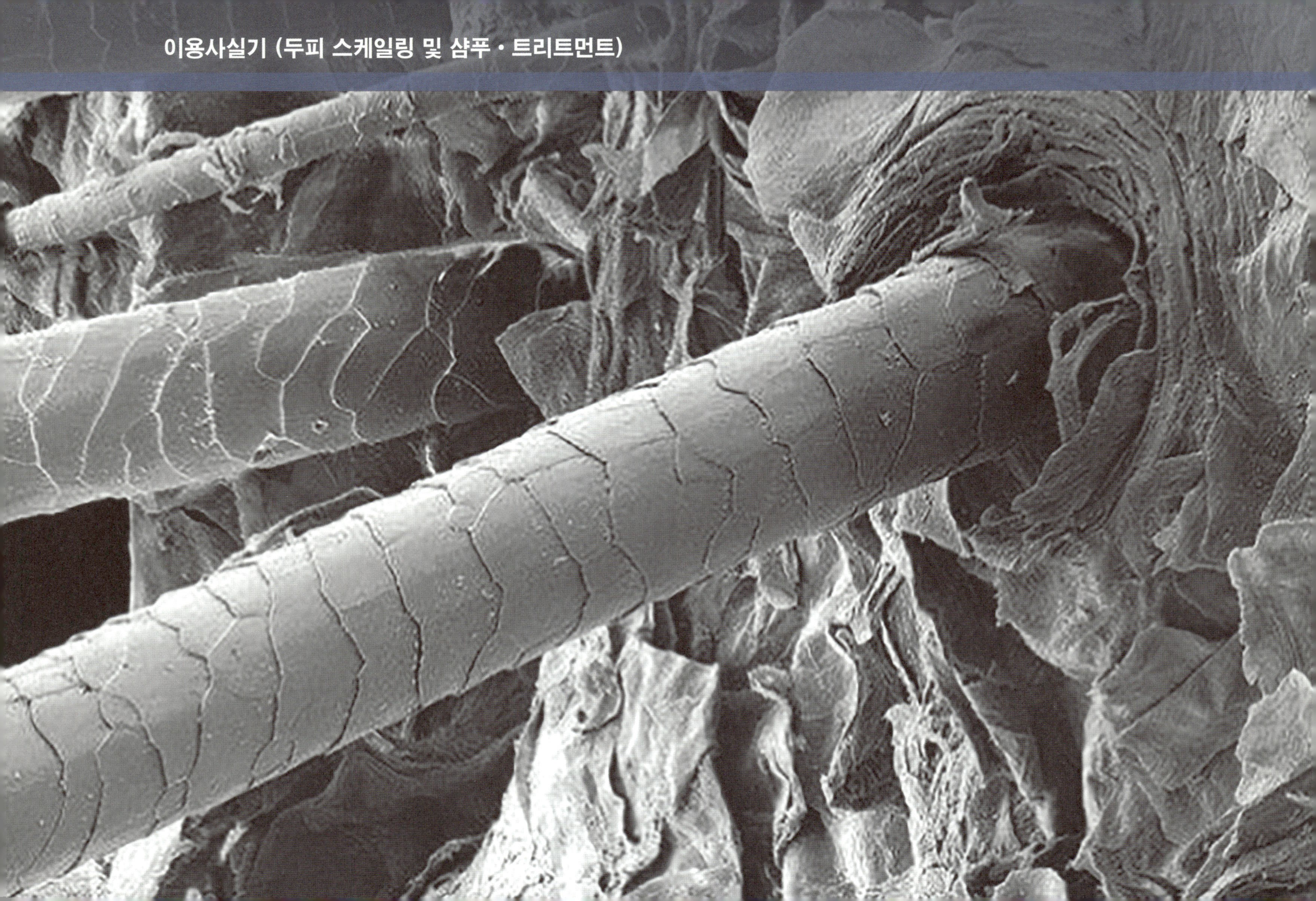

이용사실기 (두피 스케일링 및 샴푸 · 트리트먼트)

6단계
드라이
Hair styling

드라이(Hair styling) (15분)

① 정발(드라이) 정의와 목적

- 정의 : 젖은 모발에 열과 바람을 가하여 수분을 제거함과 동시에, 모발의 수소 결합을 일시적으로 변화시켜 형태를 변형시키는 기술이다.
- 목적 : 두상의 단점을 보완하고, 볼륨감(Volume)과 흐름(Movement)을 부여하여 세련된 스타일을 완성한다.

② 정발 준비물

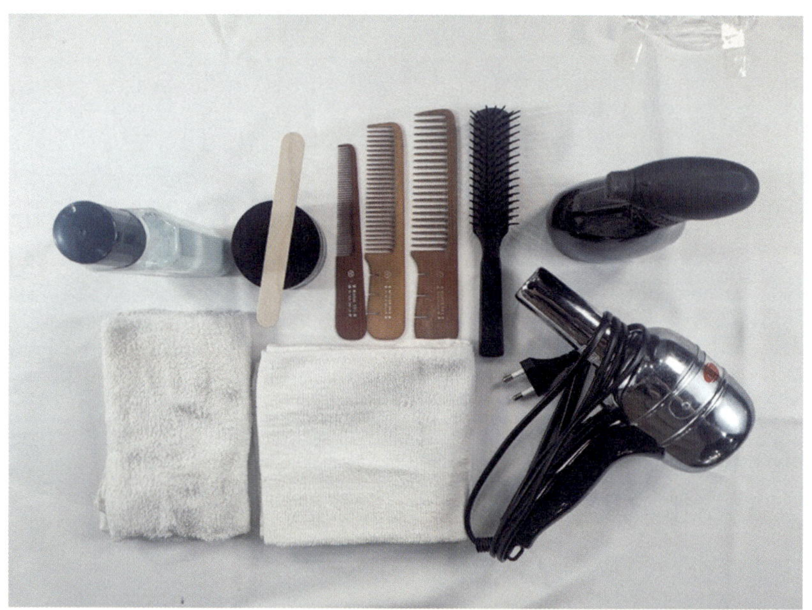

2. 작업내용
드라이어와 브러시, 일자빗을 사용하여 기초작업은 덴맨브러시로 뿌리 몰딩하고 빗으로 정발한다.

3. 작업 순서
- 수건대기 → 핸드드라이하기 → 정발제 도포하기 → 머리 정발하기 → 정리정돈하기

4. 유의사항
- 두발을 기초 손질한 후 마네킹의 두발 성질에 적합한 정발 용품을 선택하여 사용하되 작품의 초점, 크기, 흐름 및 전체 조화미가 있도록 정발하며 필요시 작품의 보정을 한다.

③ 정발 세부 순서

1. 형태 (스타일)
이용사 시험에서는 주로 클래식(Classic)한 형태를 중점적으로 본다.
- 프런트(Front) : 앞머리 부분에 충분한 볼륨을 주어 두상 각도 90° 세워 뒤로 넘긴다.
- 사이드(Side) : 옆머리는 뒤쪽 방향으로 자연스럽게 흐르도록 밀착시킨다.
- 탑(Top) : 정수리 부분은 전체적인 실루엣이 완만한 곡선을 그리도록 연결한다.
- 백(Back) : 뒷머리는 목덜미 라인에 맞춰 깔끔하게 정리하며 사이드와 연결한다.

2. 드라이 세부 작업 순서
A. 타올 두른다.

B. 적당한 수분이 있는 상태 (약 20~30%)의 수분이 있을 때 형태

C. 포마드 1 : 2 헤어크림을 적당한 양의 손바닥에 놓고 나무막대기로 혼합한다.

D. 사용한 나무막대기는 일회용 쓰레기통에 버린다.

E. 정발제를 두정부와 전두부를 중심으로 꼼꼼히 바르고 남은 여분은 양측 두부 후두부 순으로 바른다.

F. 일자 빗으로 라인이 선명하게 보이도록 7:3 가르마를 나눈다.

G. 이용용 드라이기를 이용해 덴맨 브러시로 모발을 들어 올려 가르마선 부분부터 1차 몰딩 드라이(가르마선 – 좌측두부 – 후두부 – 우측두부 – 두정부 – 전두부) 순으로 모근에 열을 가해 뿌리 볼륨을 만든다.

H. 일자 빗을 가르마 선부터 2차 드라이(두정부-전두부-반대쪽에 가르마선-G.P 주변-두정부 사선-전두부 사선- 앞머리 헤어라인 – 전두부) 순으로 연결하여 매끄러운 결을 만든다.

I. 두상의 양측면 사이드와 후두부 하단부위에 열을 가한 후 2~3초간 뜸을 들여 냉 타올로 형태를 고정한다 (중요한 과정 부분).

J. 전체 층이 지지 않도록 빗질을 반복하여 매끄럽게 연결한다.

K. 목수건 정리한다.

L. 주변 정리 정돈한다.

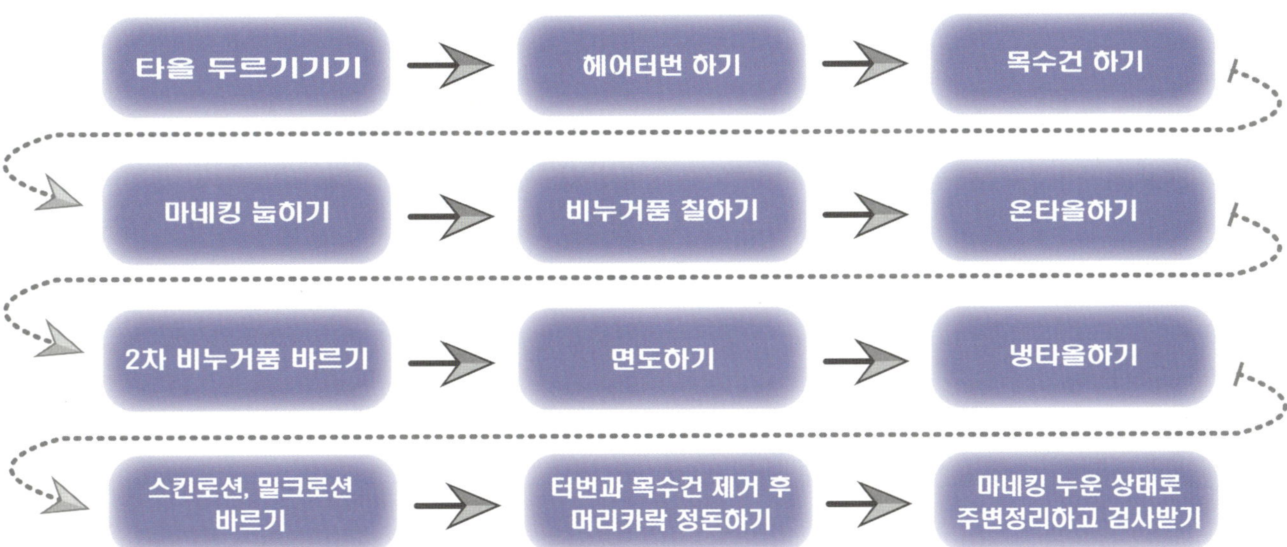

④ 드라이 기법

1. 이용사 실기시험에서의 정발 순서

2. 체크포인트 (주의사항)

- 안전 : 드라이어 노즐이 두피에 너무 가까이 닿아 화상을 입히지 않도록 주의
- 윤기 : 바람의 방향은 항상 뿌리에서 모발 끝 방향으로 향해야 머릿결이 거칠어 보이지 않는다.
- 시간 배분 : 정해진 시간 내에 대칭이 맞는지 확인하며 신속하게 작업해야 한다.

3. 드라이의 기본 원리

- 드라이기는 열(Heat) 과 바람(Air) 을 이용
- 젖은 모발의 수분을 증발시켜 형태를 고정

4. 시험에서 주장하는 "덴맨브러시로 몰딩하기" 의 뜻과 방법

드라이기로 몰딩한다는 의미는
드라이기의 열과 바람을 이용해 모발을 원하는 형태로 '틀을 잡아 고정'하는 것을 말한다.
즉, 자연스럽게 말리는 것이 아니라, 의도적으로 형태를 만들며 열로 모양을 기억시키는
작업이다.

⑤ 드라이 작업과정

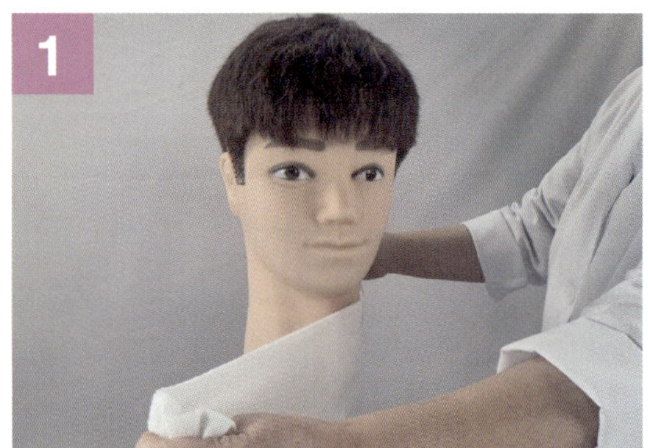

수건의 한쪽 면을 길게 잡는다.

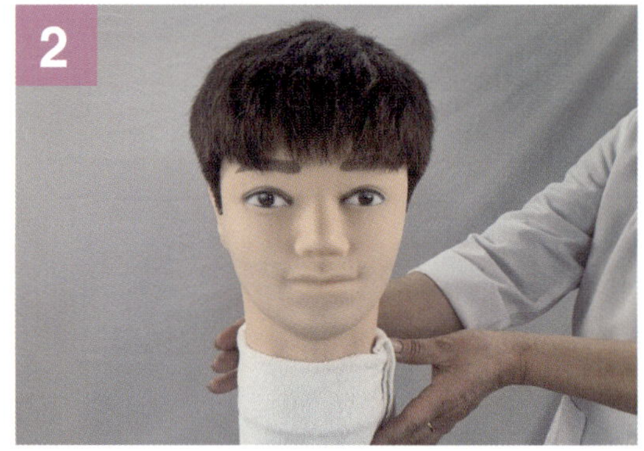

목수건 두르기

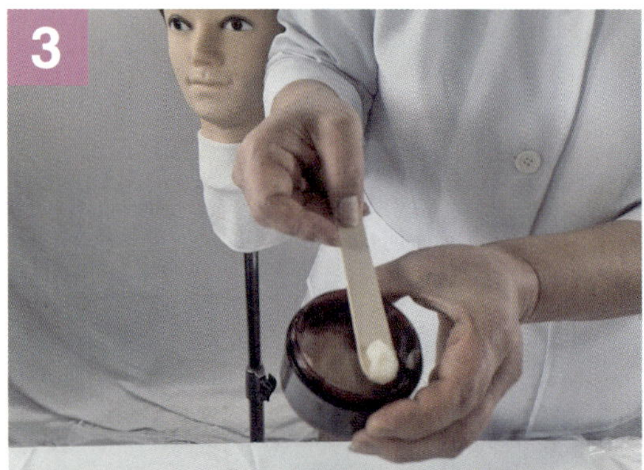

포마드 나무막대를 사용하여 손가락 마디 반 정도 뜬다

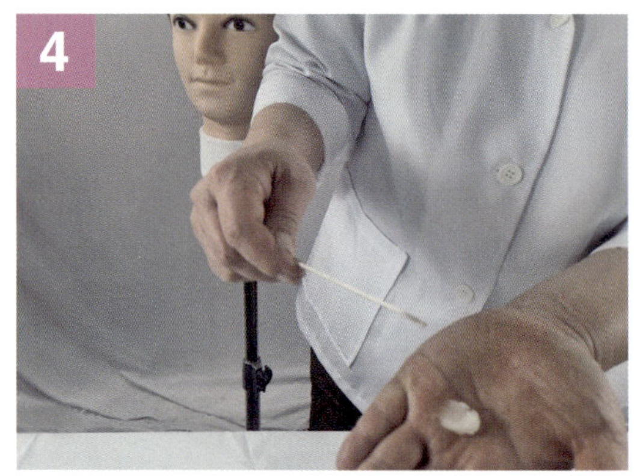

왼쪽 손바닥에 펴서 놓는다.

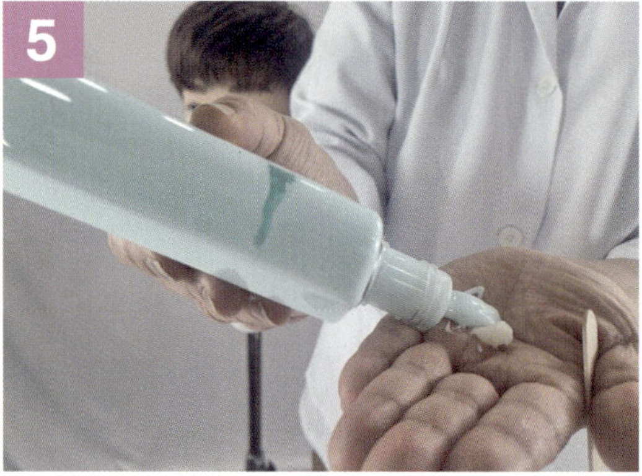

포마드1:헤어크림2를 손바닥 위에 펴서 놓는다.

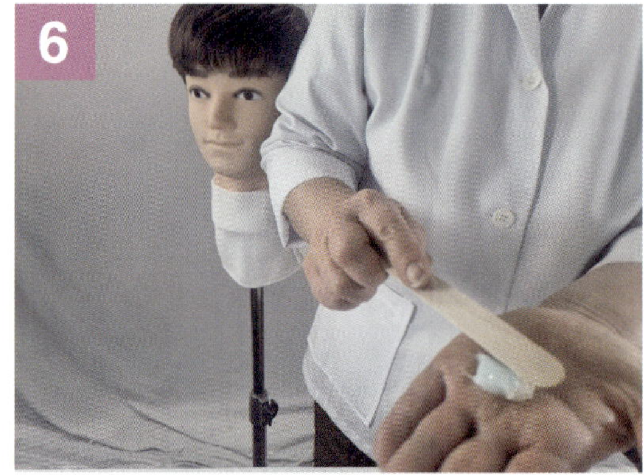

포마드와 헤어크림을 나무스틱으로 혼합한다.

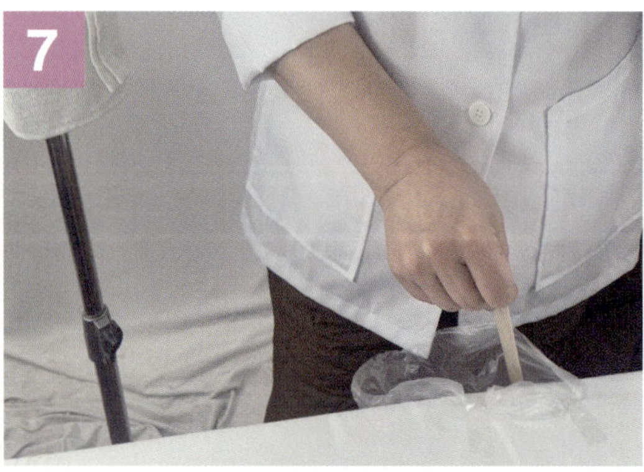

사용한 스틱은 일회용 휴지통에 버린다.

정발제는 두정부, 전두부 순으로 뿌리까지 골고루 바른다.

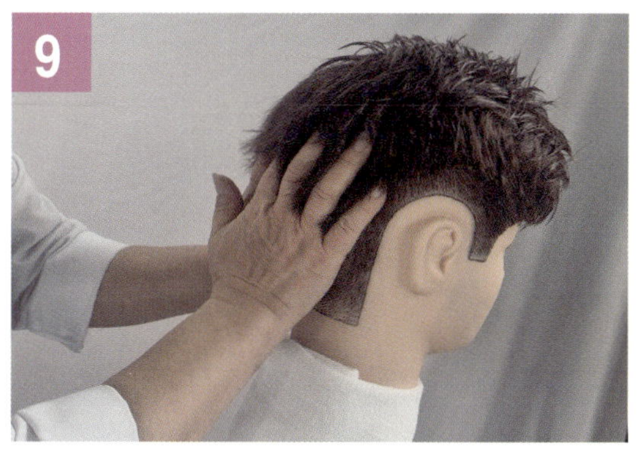

이어서 양측 두부, 후두부 순으로 바른다.

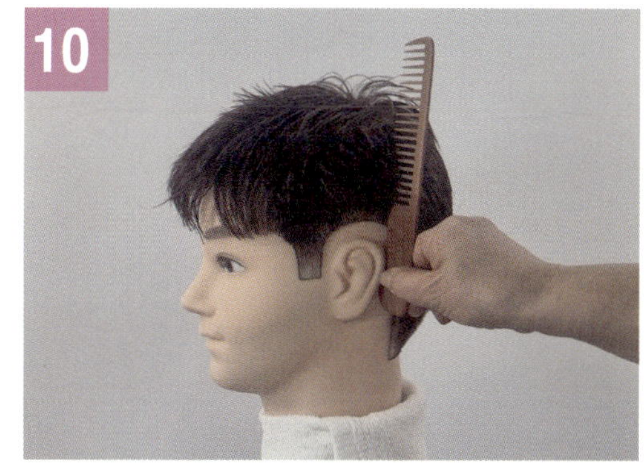

일자 빗으로 측중선을 정확히 나눈다.

빗으로 7:3 가르마 탄다.

가르마 선을 기준으로 모류 작업을 먼저 시작한다.

가르마 선에서 오른쪽 방향으로 모류가 흐르도록 한다.

측면 앞쪽으로 연결하여 같은 방법으로 드라이한다.

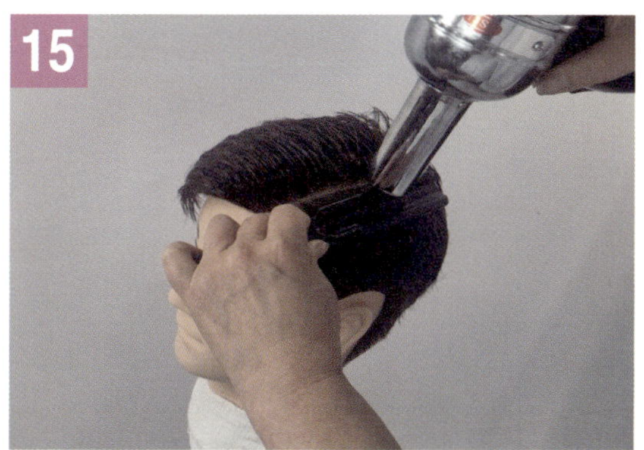

가르마 선과 연결된 G.P를 뿌리 드라이한다.

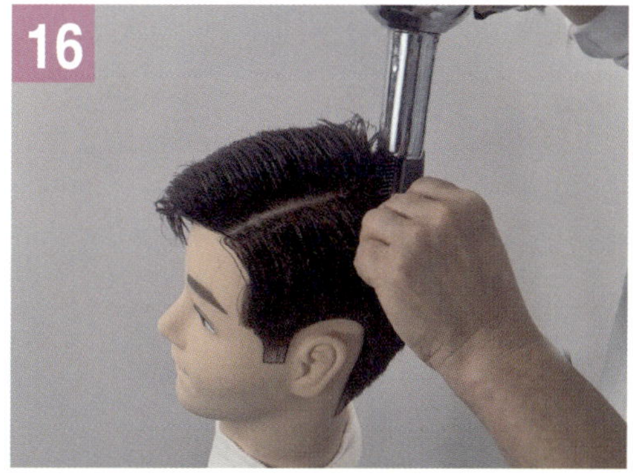

브러시를 가로 방향으로 잡고 G.P와 연결하여 드라이한다.

⑤ 드라이 작업과정

후두부 하단과 상단을 자연스럽게 연결하여 드라이한다.

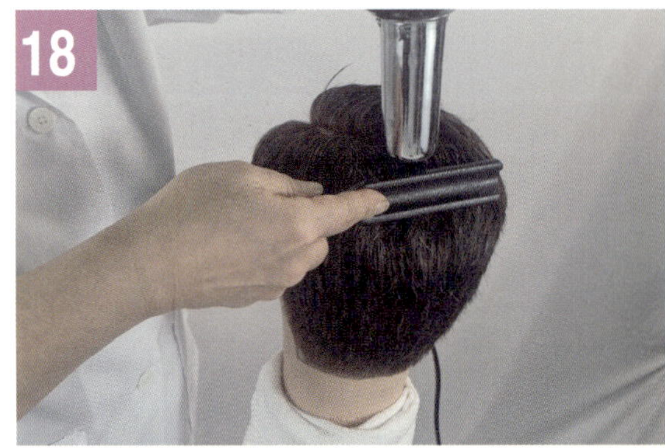

U라인과 연결된 두정부와 갈라지지 않도록 뿌리 볼륨을 준다.

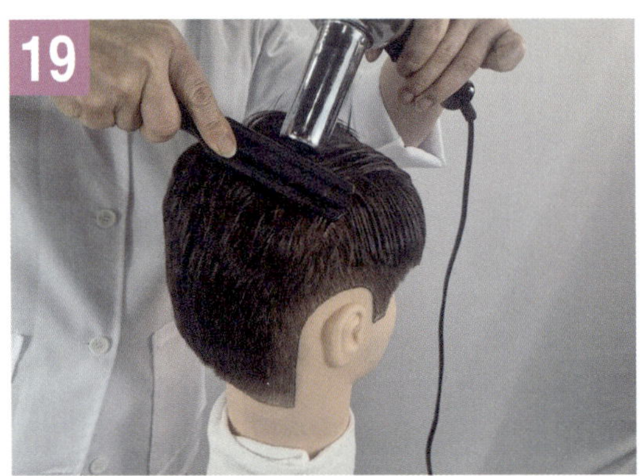

우측 측두부 U라인 경계를 열을 준다.

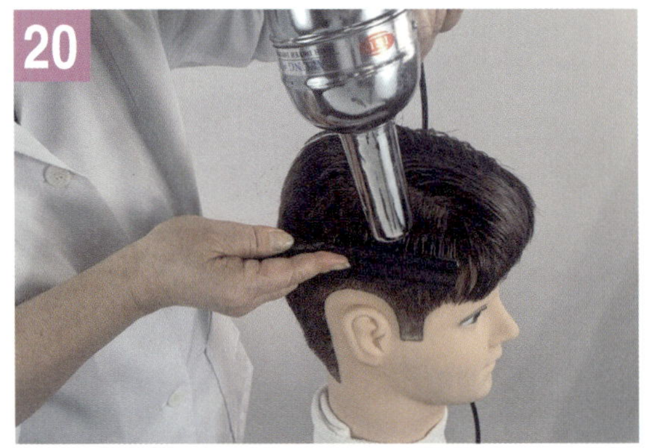

우측 측두부 U라인으로 연결된 선 앞쪽을 드라이한다.

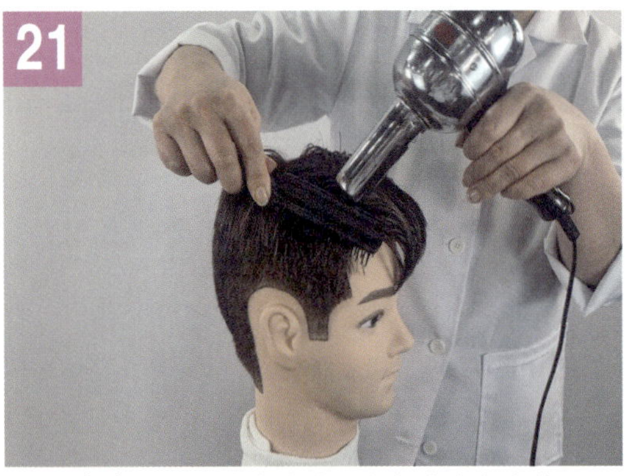

우측 측두부 U라인 하단부위가 완성된 상태

두정부 덴멘 브러시를 직각으로 세운 모습

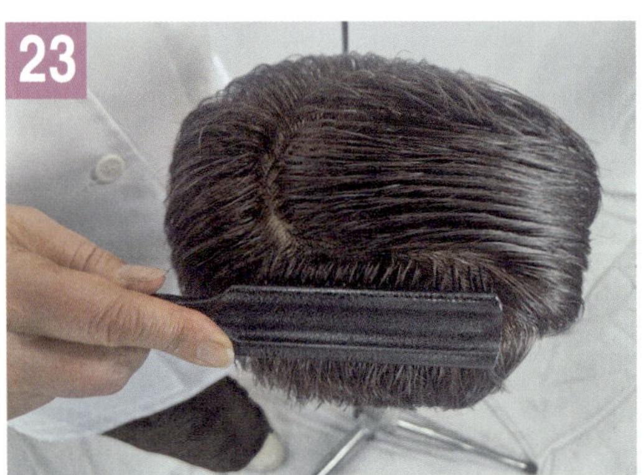

두정부 윗부분을 뿌리 몰딩한다

두정부 가르마 라인까지 뿌리 몰딩 한다

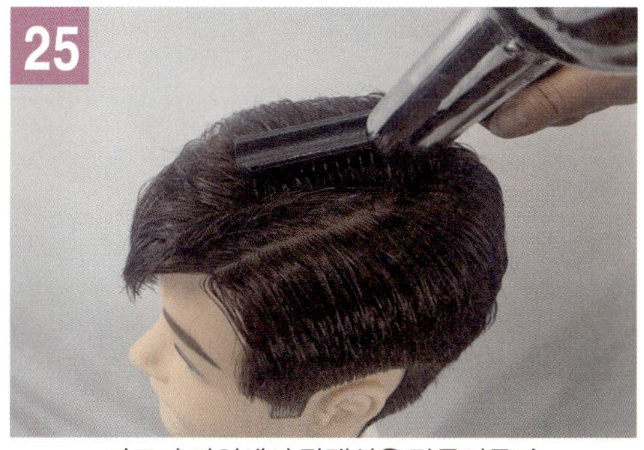

가르마 라인에서 광택선을 만들어준다.

꼭지점라인에서 후두부와 연결하여 광택선을 연결한다.

전두부 라인애서 두정부 라인을 연결하여 몰딩한다.

두정부 라인이 완만하도록 모류의 흐름을 연결해준다.

가르마 라인의 광택선을 전두부 라인까지 연결해준다.

좌측두부의 반대편 라인도 광택선을 형성해준다.

헤어라인의 짧은 모발이 지저분하지 않도록 잘 눌러준다.

라인 정돈을 해준다.

⑤ 드라이 작업과정

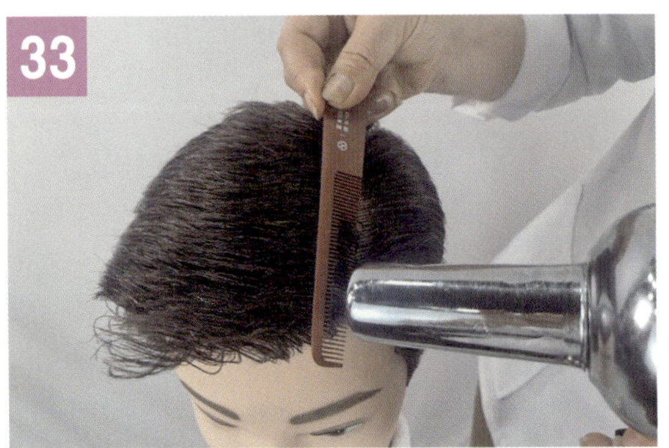

일자빗을 이용하여 가르마라인을 다시 한번 정발한다.

두정부의 표면이 매끄럽도록 정돈해준다.

앞머리가 떨어지지 않도록 뿌리부분을 정돈해준다.

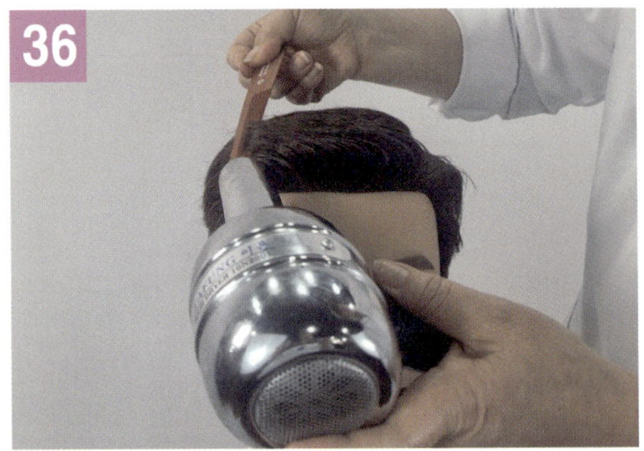

반대편의 머리도 모류의 흐름대로 정돈하여 준다.

구렛나루의 짧은 머리가 지저분하지 않도록 눌러준다.

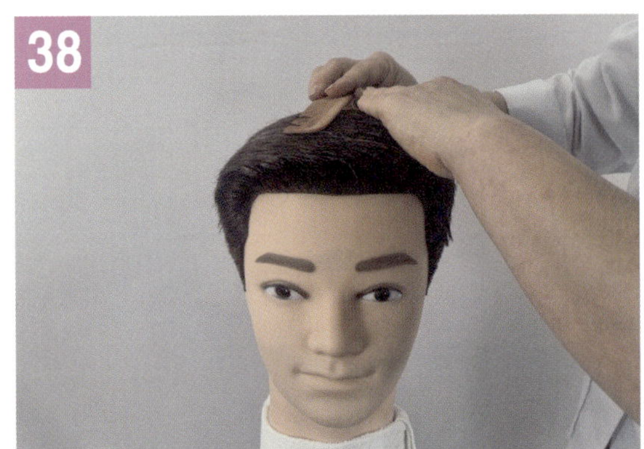

다시한번 두정부의 평면을 잡아준다.

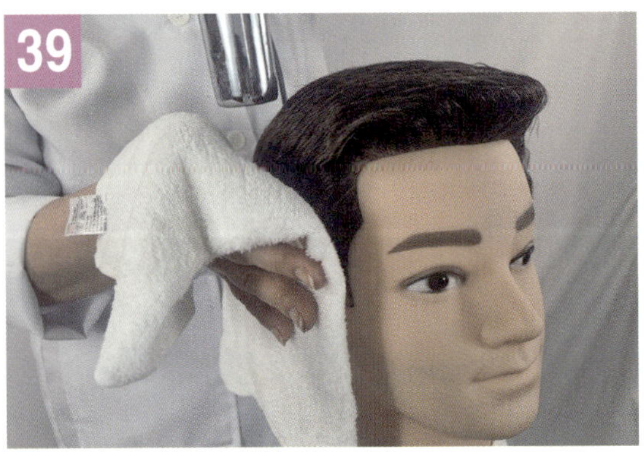

냉타올을 이용하여 하단의 라인을 매끄럽제 정돈한다.

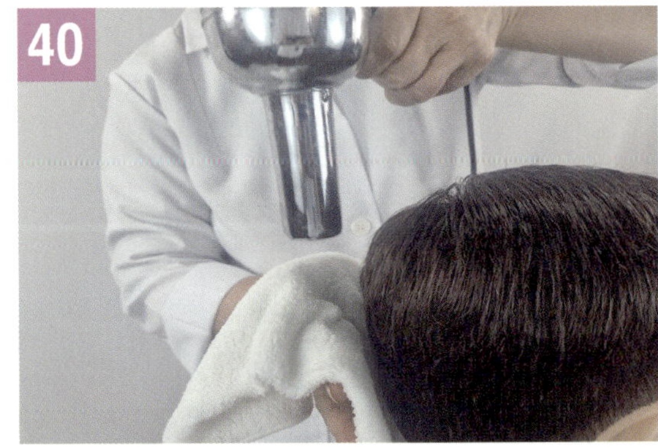

드라이의 열이 닿지않은 후두부 모발도 냉타올 해준다.

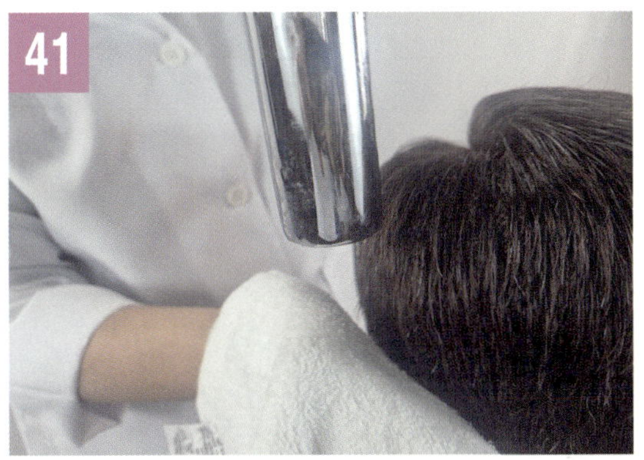

냉타올은 머리에 대고 누르는 동작이 아니다.

냉타올은 뜨거운 바람과 차가운 수건의 역작용으로
머리표면이 단정해지는 효과이다.

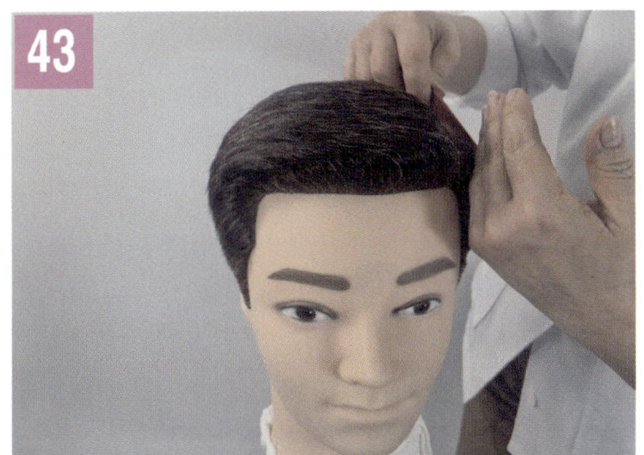

다시 작은 빗으로 표면이 더욱 매끄럽도록 정돈한다.

후두부 하단에도 빗질 정돈한다.

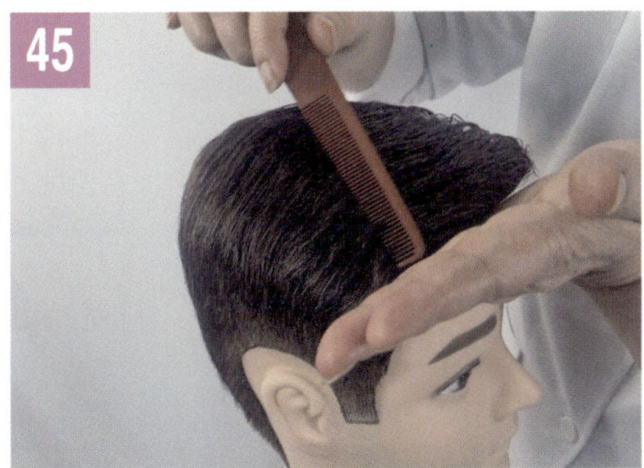

이마라인에 머리는 두상각도로 세워야 한다.

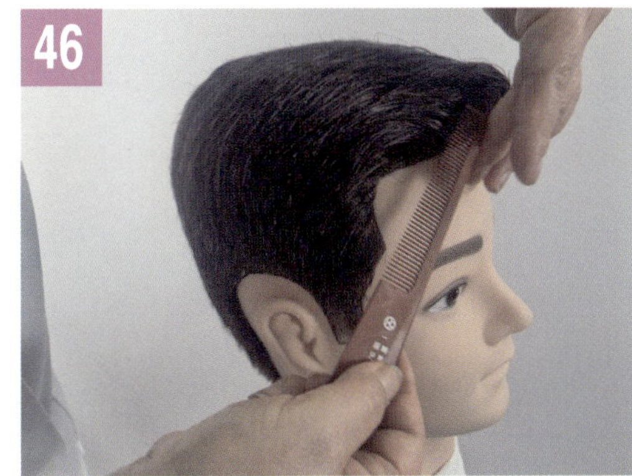

이마쪽으로 머리카락이 내려오지 않도록 잘 정돈한다.

우측 두부에도 작은빗살로 표면정리 해준다.

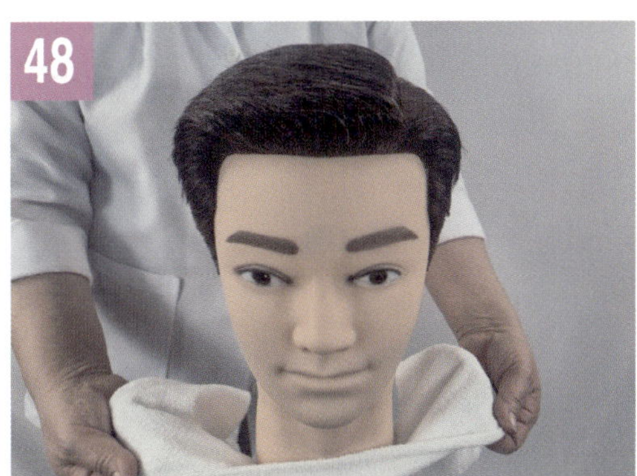

작업을 마치고 목수건 걷어낸다.

⑤ 드라이 작업과정

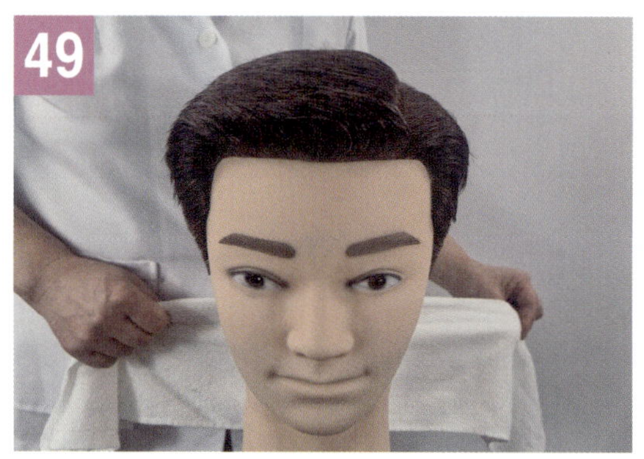

목수건 제거 후 정리정돈 한다.

두정부의 작업은 뿌리 몰딩이 균일하게 이루어져야 한다.

⑥ 드라이 완성

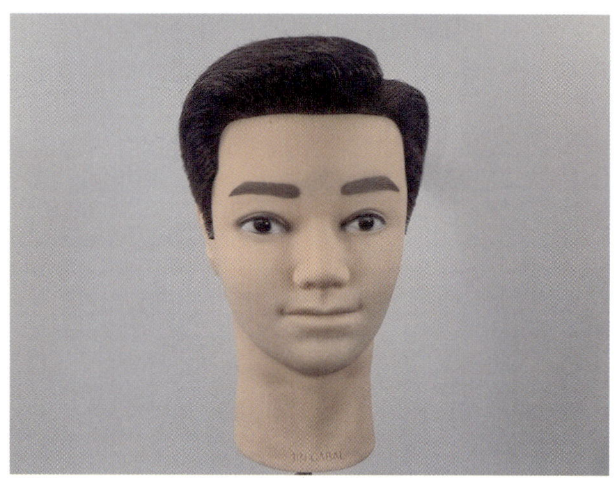

front

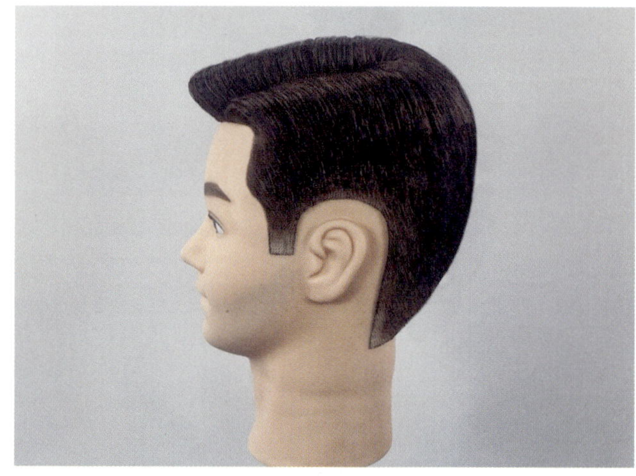

left

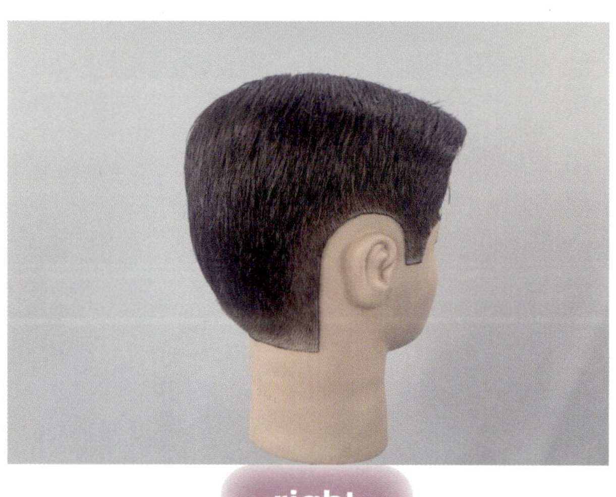

right

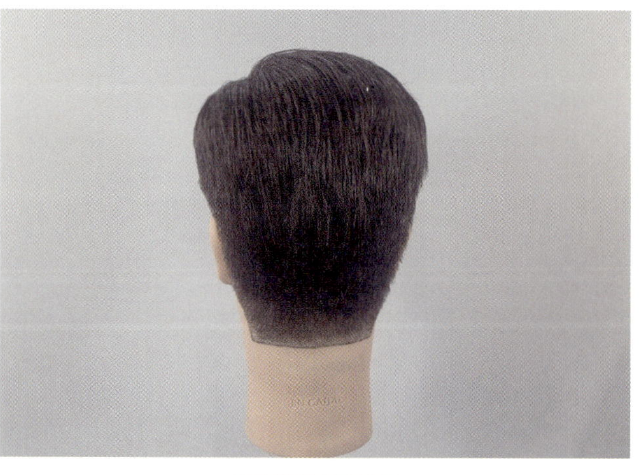

back

⑦ 드라이 몰딩 잘하는 핵심 요령

① 수분 컨트롤이 70%

- 타월 드라이로 물기 60~70% 제거
- 너무 젖으면 몰딩 안 됨
- 너무 마르면 형태가 안 잡힘 "반건조 상태가 최고

② 뿌리부터 말린다

- 뿌리 → 중간 → 끝 순서
- 볼륨은 뿌리에서 결정
- 두피에 바람 집중

③ 브러시 텐션 유지

- 빗·브러시로 당기는 힘 유지
- 느슨하면 형태 무너짐 (텐션 + 열 = 몰딩)

④ 바람 방향은 위 → 아래

- 큐티클 정돈
- 윤기 증가
- 부스스함 방지

⑤ 각도는 작게, 움직임은 짧게

- 드라이기를 흔들지 않기
- 짧은 스트로크로 집중
- 한 부위 완성 후 다음 부위 이동

⑥ 열 → 냉풍 고정

- 열로 형태 형성
- 냉풍으로 수소결합 고정
- 지속력 상승 (시험에서 중요)

⑦ 부위별 접근

- 앞머리: 방향 몰딩
- 정수리: 뿌리 볼륨
- 옆머리: 눌러주기
- 뒤통수: 라운드 몰딩

시험 대비 한 문장 요약

드라이 몰딩은 반건조 상태에서 브러시 텐션과 바람 방향을 이용해 열로 형태를 만들고 냉풍으로 고정하는 것이 요령이다.

7단계
아 이 론
Hair Iron

아이론 (Hair Iron) (20분)

① 아이론 펌의 정의

하상고(Low Gradient)는 뒷머리와 옆머리를 낮게(보통 후두부 아래쪽 위주로) 깎아 올린 상고머리 형태를 말한다. 여기에 아이론(Curling Iron)을 사용하여 직모인 모발에 C컬이나 J컬의 흐름을 부여함으로써, 모발의 방향성을 잡고 손질이 쉬운 형태로 만드는 기술이다.

② 아이론 준비물

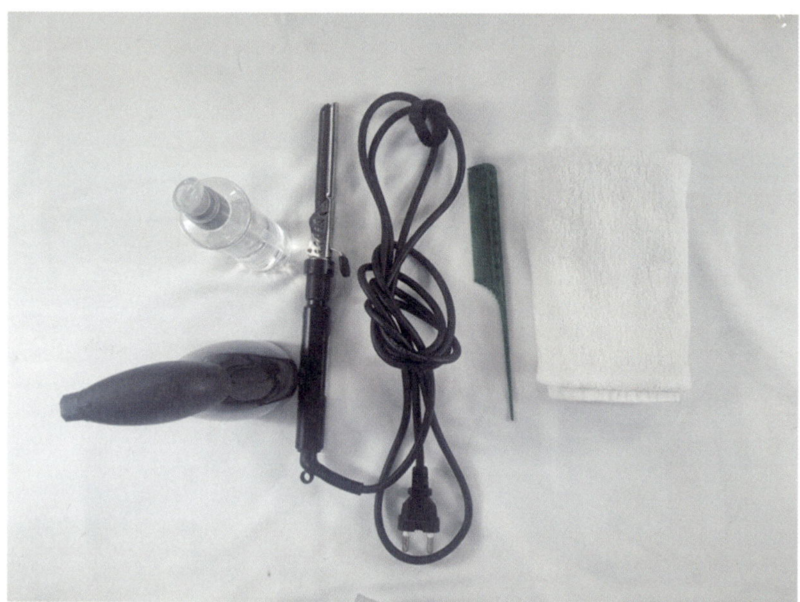

2. 작업내용
마네킹의 천정부(인테리어) 부위의 두발을 아이론 펌한다 (사전샴푸 및 수분조절 시간 5분 별도 부여).

3. 작업 순서
커트하기(필요시) → 센터 중심으로 수평 와인딩하기 → 양쪽 사이드 사선 와인딩하기 → 정리정돈하기

4. 유의사항
• 배열, 균일성에 유의하여 와인딩한다.
  (12mm 아이론을 사용하여 센터 중심으로 수평 9개 이상, 양쪽 사이드 사선으로 5개 이상 와인딩한다)

3 아이론 세부 순서

1. 형태 (스타일)

- 실루엣 : 후두부 하단은 짧고 깔끔하게 밀착되며, 상단으로 갈수록 자연스럽게 길어지는 형태이다.
- 컬의 정도 : 너무 과한 웨이브보다는 뿌리 볼륨과 자연스러운 흐름에 집중한다.
- 가르마 : 양쪽 눈동자 안쪽을 기준으로 하여 가르마를 나눈다(약 5.5cm).

2. 아이론 세부 작업 순서

아이론 작업은 반드시 건조 – 아이론 – 빗질 – 마무리의 흐름을 따른다.

A. 목 수건을 두른다.

B. 모발의 90% 이상 건조된 상태에서 핫오일을 동전 크기의 적당한 양을 바른다.

C. 모델의 코와 시술자의 눈이 일직선이 되도록 고개를 뒤로 눕힌다.

D. 센터를 중심으로 5cm 가르마를 나눈다.

E. 12mm 아이론을 두피에서 1cm 띄우고 전두부 중앙부터 꼬리빗으로 모발을 들어 올려 90˚로
   9개 와인딩한다.

F. 양측 사이드(옆) 45˚ 사선의 중간 각도로 뒤쪽으로 흐르듯 연결하여 5개씩 와인딩한다.

G. 목수건 제거한다.

H. 주변 정리 정돈한다.

4 아이론 펌 기법

1. 이용사 실기시험에서의 아이론 펌 방법

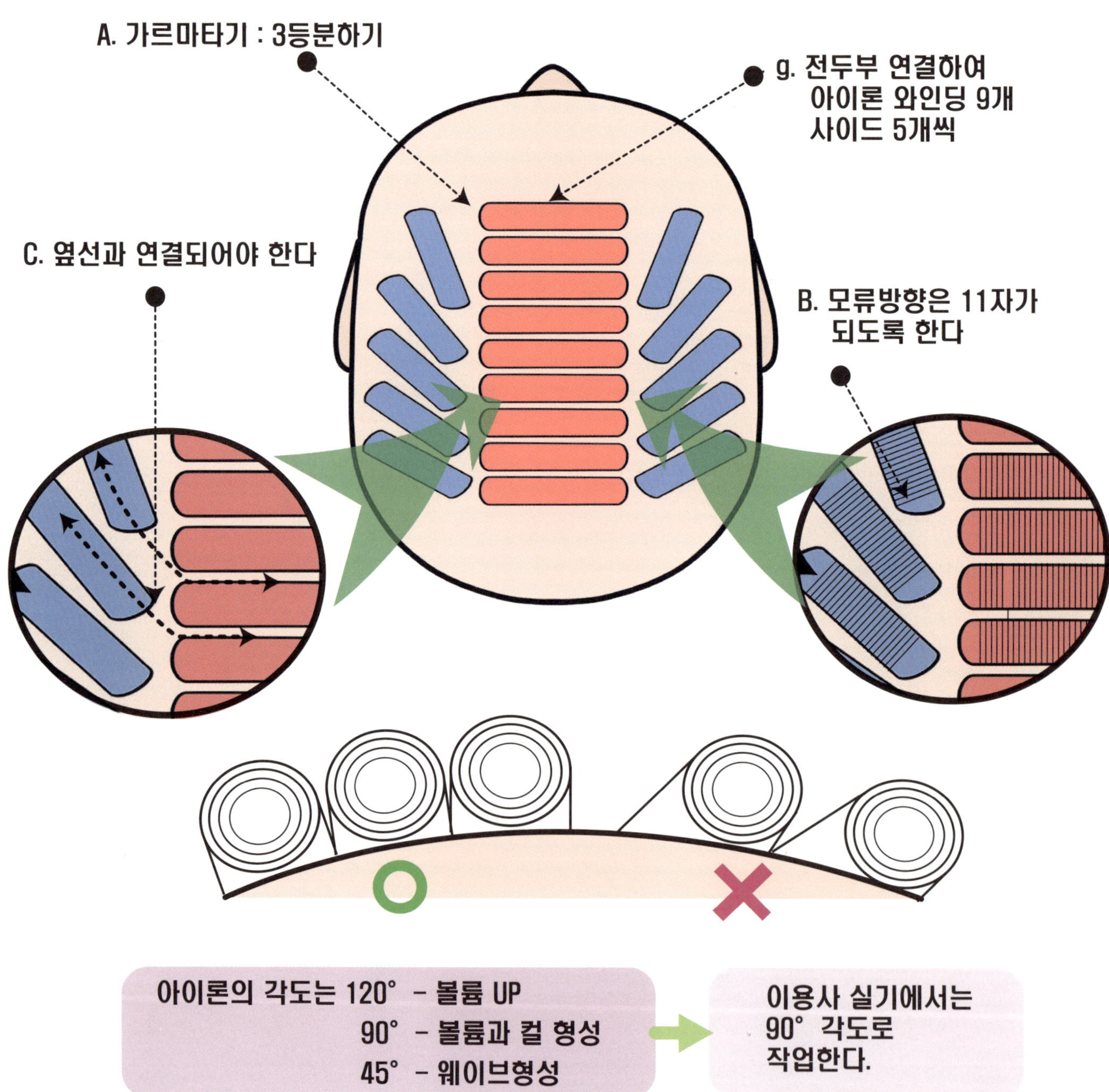

2. 체크포인트 (주의사항)

- 안 전 : 아이론 작업 시 반드시 꼬리빗을 두피와 아이론 사이에 대어 화상을 방지해야 한다.
- 각 도 : 부위별로 각도를 달리하여 두상 모양에 맞는 볼륨감을 형성했는가?
- 숙련도 : 아이론을 돌리는 동작이 끊기지 않고 매끄러운가?
- 청 결 : 작업 후 떨어진 모발과 도구를 깔끔하게 정리하였는가?

3. 아이론 펌의 메카니즘 (열에 의한 형태 기억)

아이론의 고온 열로 – 컬 방향 – 볼륨 – 웨이브 형태를 정확히 형성 – 열이 모발 형태를 기억하게 함

⑤ 아이론 펌 작업과정

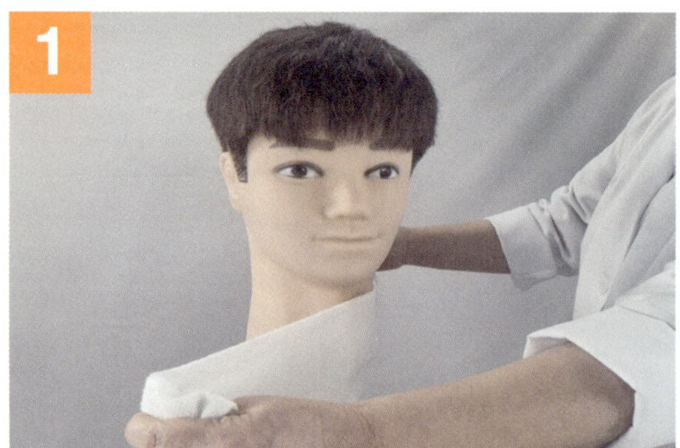

목수건 두르기

아이론 오일을 손바닥에 따른다.

전두부를 중심으로 모발 전체에 고르게 펴 바른다.

전체적으로 빗질하여 결을 정돈한다.

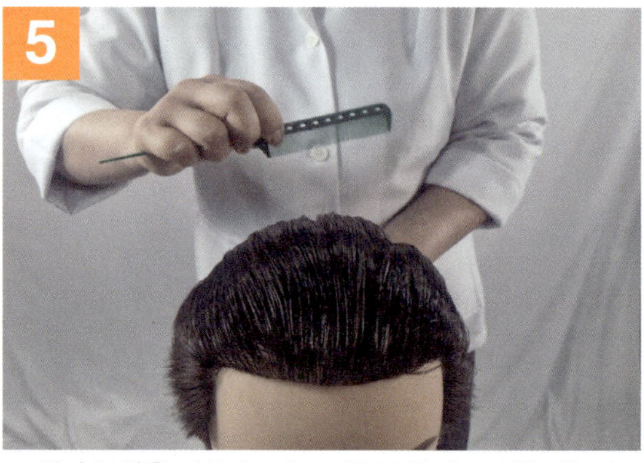

센터 중앙을 기준으로 5cm 폭 만큼 가르마를 나눈다.

두정부까지 가르마 선을 연결한다.

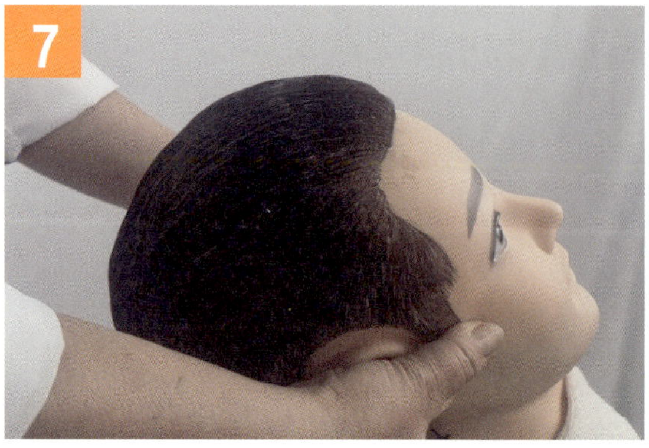

시술자의 눈과 마네킹에 코와 일직선이 되도록 뒤로 눕힌다.

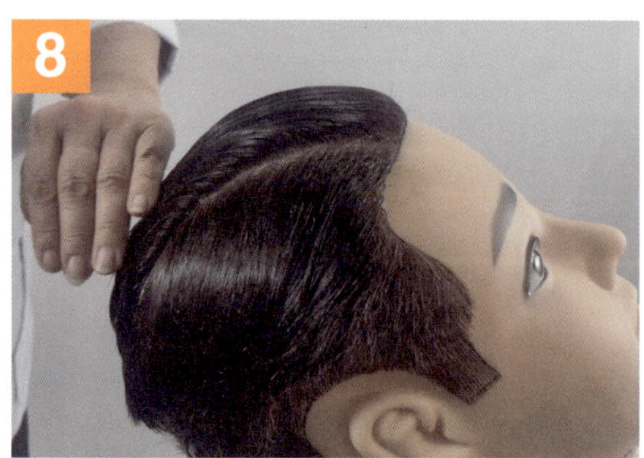

가르마를 나눈 상태의 옆면

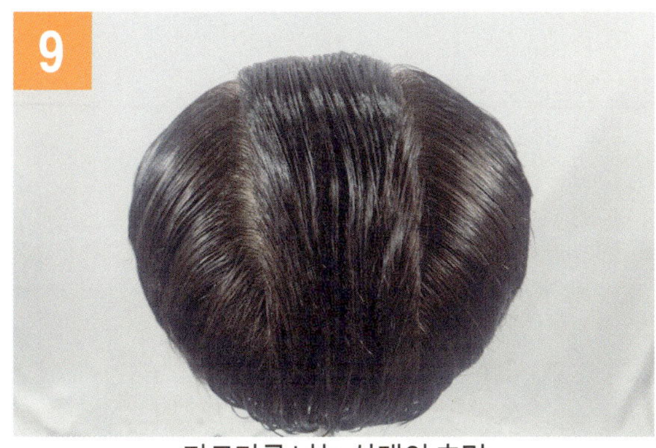

가르마를 나눈 상태의 후면

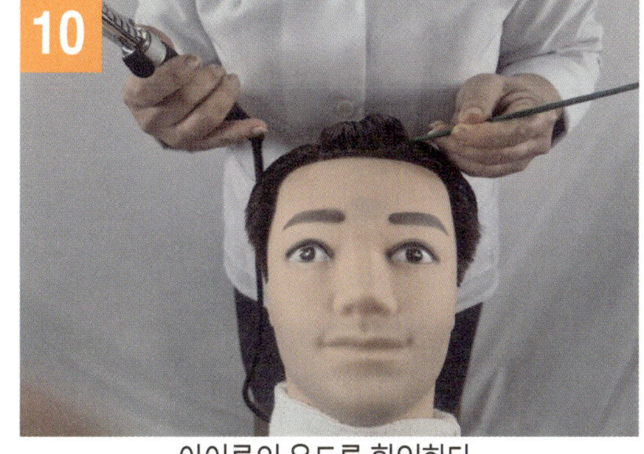

아이론의 온도를 확인한다.

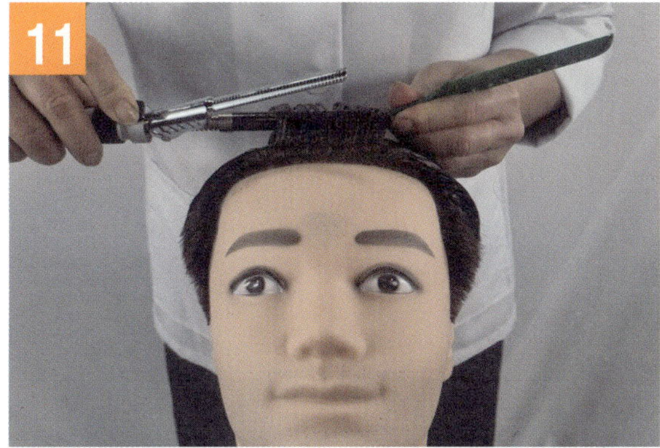

꼬리빗을 사용하여 약 1~1.5cm 폭으로 슬라이스를 뜬다.

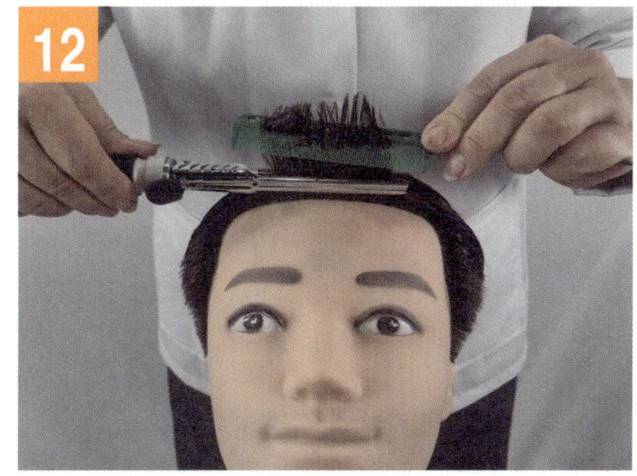

모발을 90° 각도로 팽팽하게 들어 올려 수평 와인딩한다

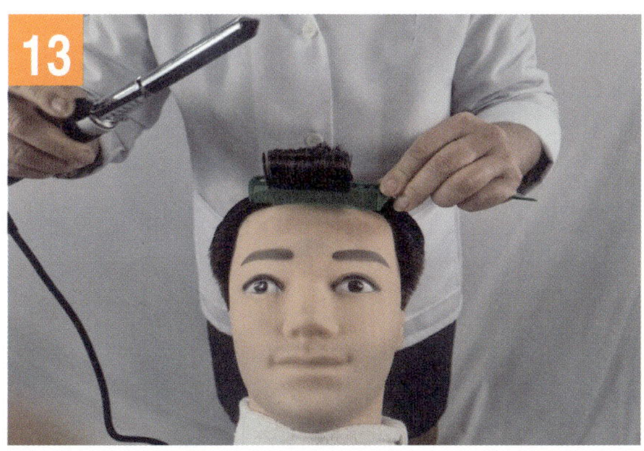

슬라이스를 빗살에 가둔채로 아이론으로 쏠어준다.

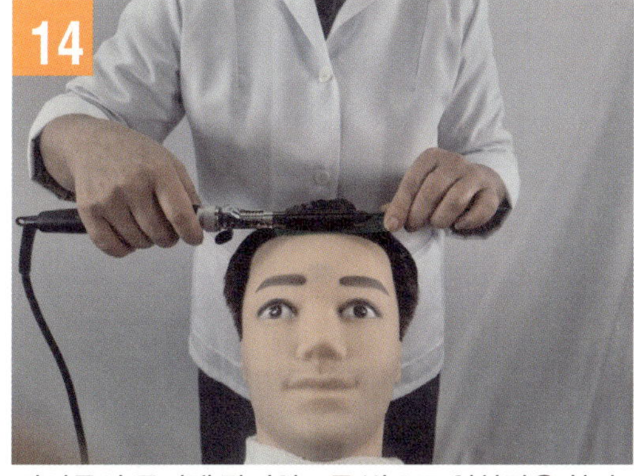

아이론이 두피에 닿지않도록 빗으로 열차단을 한다.

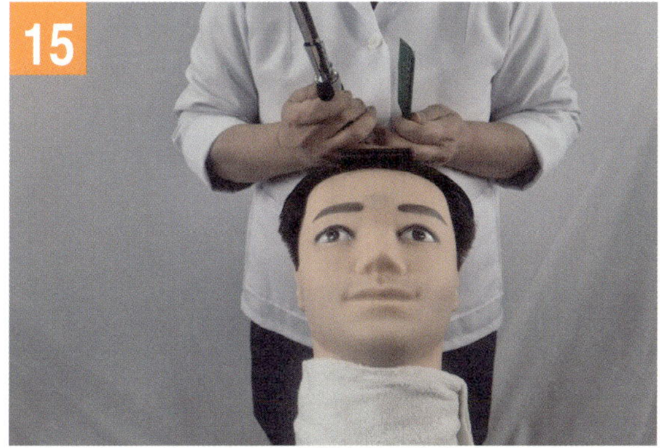

모발이 흐트러지지 않도록 정돈하며 와인딩한다.

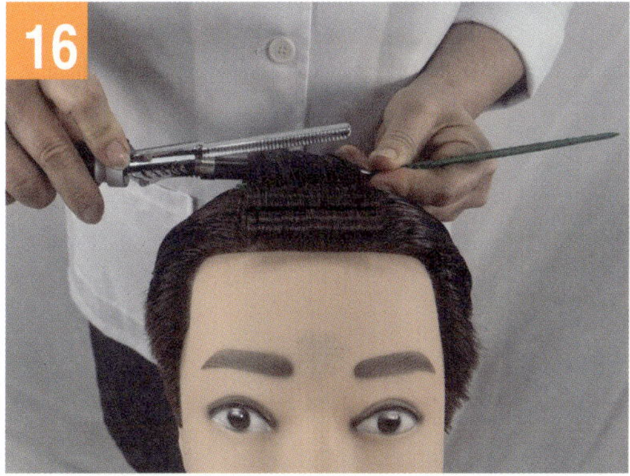

모발을 뜰때는 모발이 떠있는 상태에서 아이론으로
잡아야한다.

⑤ 아이론 펌 작업과정

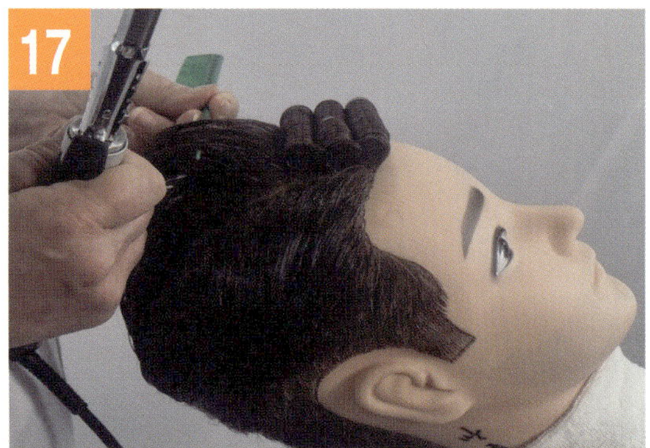

꼬리빗을 이용하여 좌우 폭을 맞추어 섹션을 나눈다.

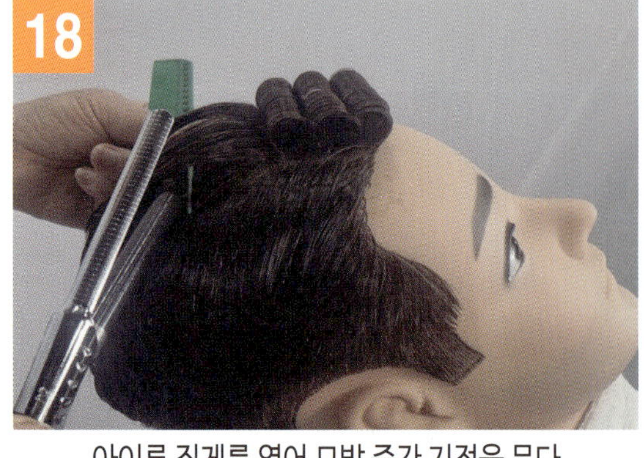

아이론 집게를 열어 모발 중간 지점을 문다.

센터 중앙 9개의 수평 와인딩을 말아놓은 모습

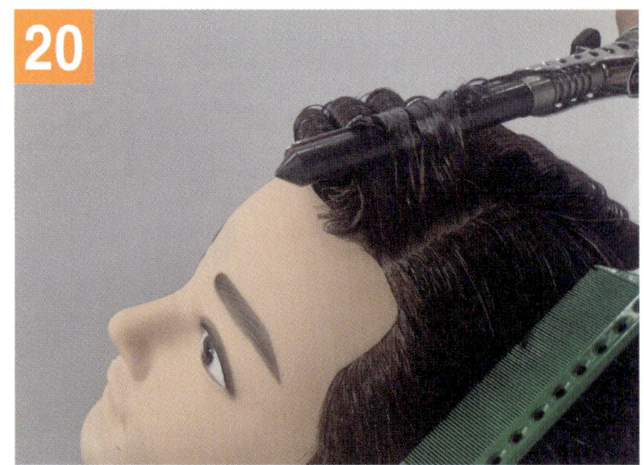

좌측사이드 부분은 흐름에 맞춰 사선으로 나눈다.

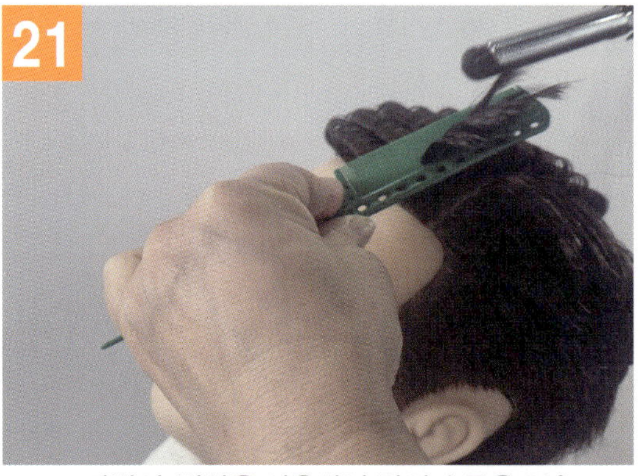

꼬리빗의 빗살을 이용하여 컬의 흐름을 90°
일정하게 빗어 올려가며 와인딩한다.

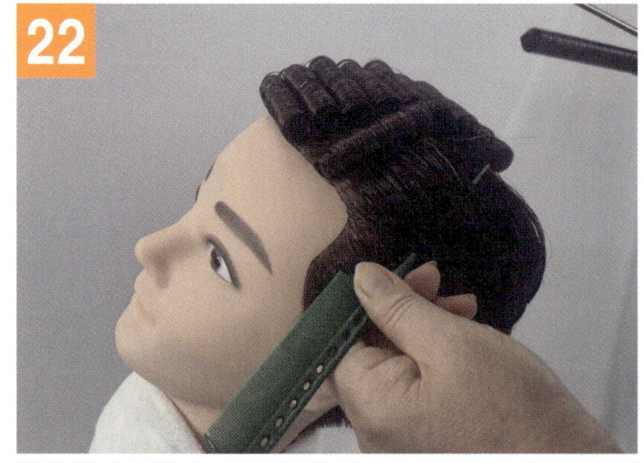

앞선 컬과 연결되도록 동일한 각도와 회전수로 와인딩한다.

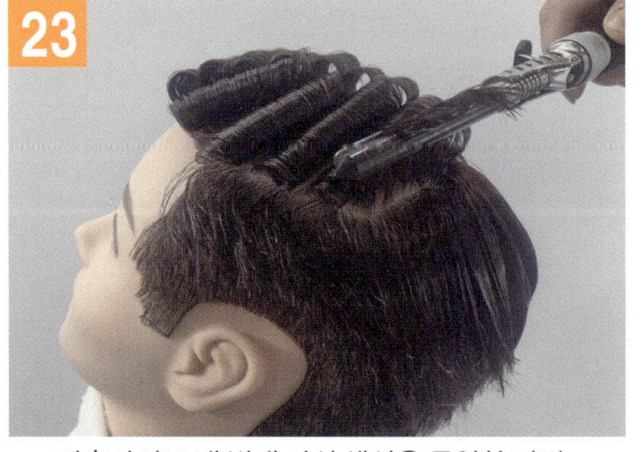

좌측사이드 네 번째 사선 섹션을 동일한 간격
(1~1.5cm)으로 뜬다.

좌측사이드 5개의 사선 와인딩을 말아놓은 모습

25 우측사이드 첫 번째 사선으로 나눈다.

26 아이론이 말린 상태에서 2~3초간 뜸을 들여준다.

27 모발 끝이 삐져나오지 않도록 빗살을 안으로 완전히 밀어 넣는다.

28 빗의 빗살을 이용하여 모발의 흐름을 일정하게 빗어 넘긴다.

29 섹션을 뜰 때는 옆선과 맞추어 연결하면서 떠야한다.

30 네 번째 컬과 연결되도록 동일한 각도로 와인딩한다.

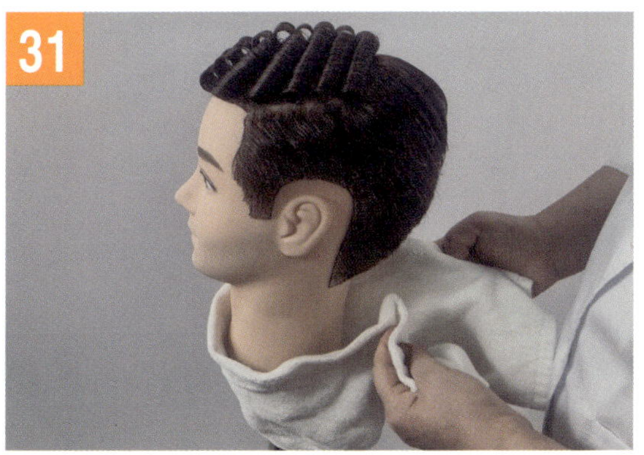

31 목수건 제거한다.

32 완 성

이용사 실기시험 배점표

단　계 (하상고)	시간	배점
1　기구 정비 및 소독술	5분	5점
2　헤어커트(하상고)	30분	25점
3　면 도	15분	15점
4　탈 색	35분	15점
5　샴푸 · 트리트먼트	10분	10점
6　정발(드라이)	15분	15점
중간샴푸	5분	배점없음
7　아이론(12mm)	20분	15점

단　계 (중상고)	시간	배점
1　기구 정비 및 소독술	5분	5점
2　헤어커트(중상고)	30분	25점
3　면 도	15분	15점
4　멋내기염색	35분	15점
5　샴푸 · 트리트먼트	10분	10점
6　정발(드라이)	15분	15점
중간샴푸	5분	배점없음
7　아이론(12mm)	20분	15점

단　계 (둥근형)	시간	배점
1　기구 정비 및 소독술	5분	5점
2　헤어커트(둥근형)	30분	30점
3　면 도	15분	15점
4　새치염색	30분	15점
5　두피스케일링 및 샴푸 · 트리트먼트	20분	15점
중간샴푸 없음		
6　아이론(6mm)	20분	20점

이용사 실기시험의 연습 시간 배분

시험 합격의 비결은 연습량과 몰입도의 차이다

기초동작은 매우 중요하다.(시험장에서의 첫인상)

- 이용 가위질, 이용 빗질, 지간잡기, 싱글링하기, 수직가위질 등을 30일간 30분씩 연습해본다(내 몸에 버릇을 들이는 시간).

같은 동작을 반복해서 시간재고 연습 (시간이 줄어드는 마법)

- 처음에 완성시간이 1시간 이상이 나와도 반복 연습을 하게되면 몸이 기억하기 때문에 생각하지 않아도 자연스럽게 동작을 하게된다.

배점이 큰것 부터 연습한다(난이도가 있다는건 어렵기 때문이다)

- 헤어커트가 배점이 제일 크기 때문에 커트 연습은 매일 해야한다(역시, 기초동작이 중요하므로 매일 2시간씩 30일동안 유지한다).

가발값은 아끼지 말자. (통계적으로 보면 가발을 많이 쓴사람이 합격율이 높다)

- 커트에 비중이 높게 차지함으로 결국은 커트연습을 많이 해야만 한다는 결론이다. 커트를 할수록 커트에 대한 방법이나 요령이 그만큼 다가오기 때문이다.

작업마다 시간을 재고 연습한다.

- 시간을 재지않고 연습을 하게되면 시간에 대한 압박이 없고, 긴장감이 없기때문에 실력이 잘 늘지 않는다. 작업을 잘 하다가도 시간을 재면 그 실력이 잘 안나온다.

가상의 모의테스트를 많이 해본다

- 실기시험이 보름 남았을때, 매일 모의테스트를 해본다(시험 전과정을 순서대로). 실제 시험장에서는 몸이 먼저 반응하는 놀라운 결과가 생긴다(헤매지 않는다).

나는 어떤 감독관을 만날까...

1. 감독관의 기본 성향: "기본에 충실한 보수성"

이용사 자격증은 국가기술자격인 만큼, 감독관들은 전통적인 기법과 안전 규칙을 매우 중시한다.
화려한 테크닉보다는 '정석'대로 하고 있는지를 본다.

- 위생에 대한 집착 : 도구 소독 상태, 주변 정리정돈, 위생복 착용 상태는 가장 먼저 보는 부분이다.
  기술이 조금 부족해도 위생이 완벽하면 좋은 인상을 준다.
- 절차의 정석 : 생략해도 될 것 같은 작은 절차(예: 소독솜 사용, 빗질 순서 등)를 건너뛰는 것을 매우
  예리하게 잡아낸다.

2. 채점 시 집중적으로 보는 '디테일'

감독관들이 수험생의 뒤를 지나가며 유심히 살피는 포인트들이다.

가위질과 빗질의 조화 (싱글링)

- 리듬감 : 가위질이 끊기지 않고 일정하게 유지되는지 본다.
- 빗의 각도 : 두피와 빗의 각도가 일정하게 유지되어 단차가 생기지 않는지 확인합니다. 감독관은
  수험생의 손목 스냅을 보고 숙련도를 판단한다.

면도(쉐이빙) 시의 안전성

- 텐션(Tension) : 피부를 당겨주는 손의 위치와 강도가 적절한지 본다.
- 칼날의 각도 : 마네킹의 피부에 상처를 내지 않을 안전한 각도(15~30°로 면도하는지 체크합니다.
  벤 상처가 있으면 감점 폭이 매우 크다.

염색 및 세발

- 뒷정리 : 샴푸 후 마네킹의 귀나 얼굴에 거품이 남아있는지, 수건으로 물기를 제대로 닦았는지를 본다.
- 도포의 균일성 : 염색약이 뭉치지 않고 골고루 도포되었는지 확인한다.

3. 감독관 유형별 특징 (현장 분위기)

시험장마다 다르지만, 보통 다음과 같은 성향의 감독관들이 배치됩니다.

유 형	특 징	대응전략
현미경 형	아주 가까이 다가와서 가위질 하나하나를 지켜봄	당황하지 말고 평소 리듬을 유지한다. 눈을 마주치기보다 작업에 집중하는 모습을 보인다.
매의눈 형	멀리서 전체적인 작업 흐름과 자세를 관찰함	허리를 곧게 펴고, 도구 배치를 깔끔하게 유지하여 '준비된 기능인'의 태도를 보여준다.
결과 중시 형	작업 과정보다는 최종 완성된 머리의 대칭과 라인을 체크함	마지막 1~2분 남았을 때 전체적인 대칭과 튀어나온 머리카락을 정리하는 데 집중한다.

4. 반드시 지켜야 할 '매너' 포인트

감독관도 사람인지라 수험생의 태도에서 많은 영향을 받는다.

- 자신감 있는 손놀림 : 머뭇거리는 모습은 미숙함으로 비춰진다.

  설령 실수했더라도 당황하지 않고 자연스럽게 다음 단계로 넘어간다.
- 정돈된 작업대 : 작업 중간중간 주변을 정리하고 도구를 가지런히 놓는 모습은 점수에 긍정적인

  영향을 준다.
- 복장 규정 : 흰색 위생복, 검은색 하의, 단정한 신발은 필수입니다. 복장에서 이미 감점을 받고

  시작하면 합격이 어려워집니다.

이 파트는 이용사 시험의 꽃이자 가장 점수 비중이 높다.
감독관은 결과물도 보지만 "가위질 소리" 와 "자세" 에서 이미 점수를 매기기 시작한다.

- 싱글링(Shingling)의 일관성: 빗과 가위가 같이 움직일 때 가위가 빗보다 빨리 나가거나 늦게

  나가는지 유심히 봅니다. 빗 면을 따라 가위가 일정하게 '사각사각' 소리를 내며 올라가야 한다.
- 그라데이션(Gradation) : 밑머리는 짧고 위로 갈수록 자연스럽게 길어지는 연결 부위에 '층(턱)'이

  생겼는지를 손가락으로 직접 쓸어보며 확인한다.
- 라인의 깔끔함 : 귀 뒷 라인과 목덜미 라인이 자로 잰 듯 깔끔하게 따졌는지 확인한다. 이때 바리캉 만

  쓰는 게 아니라 가위의 적절히 혼용하는 숙련도를 보여주는 것이 좋다.

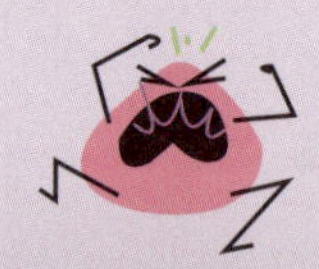

"나는 이렇게 합격했다"

"믿고 따라가는 힘" (선생님의 가이드)

합격 비결은 단순합니다. 한눈팔지 않고 오직 강사님의 가이드라인만 주구장창 팠습니다. 수업 시간에는 손동작 하나하나에 집중했고, 집에서는 그 감각을 잊지 않으려 반복했습니다. 특히 혼자 연습하다 막힐 때마다 보내주신 상세한 사진 피드백은 합격의 큰 이정표가 되었습니다.

강사님의 노하우를 믿고 완주한 덕분에 자격증 취득은 물론, 현재는 제 이름을 건 샵을 운영하고 있습니다. 비법을 찾느라 시간을 허비하지 마세요. 이 교재와 가이드에 정답이 있습니다.

[실제 합격 후기] "선생님이 시키는 대로만 하세요!"
- 100% 집중: 다른 비법 대신 학원 가이드와 선생님의 손동작에만 집중했습니다.
- 반복 연습: 집에서도 수업의 감각을 유지하기 위해 무한 반복했습니다.
- 밀착 피드백: 애매한 순간마다 사진으로 받은 상세한 답변이 큰 힘이 되었습니다.
- 성공 결과: 탄탄한 기본기 덕분에 합격 후 현재 현직 샵 원장으로 활동 중입니다.

"이 가이드를 믿으세요. 곧 여러분의 꿈도 현실이 됩니다!"

[현직 샵 원장 김성호님의 후기]

"한 번의 낙방, 그 끝에 얻은 값진 합격과 창업의 꿈"

첫 시험의 실패는 오히려 저에게 부족함을 채울 기회가 되었습니다. 강사님의 열정적인 수업과 실전 같은 모의고사 덕분에 이론과 실습의 중심을 잡을 수 있었습니다. 특히 동기들과 서로 격려하며 부족한 부분을 보완한 시간이 큰 힘이 되었습니다.

두 번째 도전 끝에 얻은 합격은 그 무엇보다 달콤했습니다. 그때 다진 탄탄한 기본기 덕분에 현재 3년 차 샵을 성공적으로 운영하고 있습니다. 포기하지 않고 가이드대로 나아간다면 여러분도 반드시 합격의 기쁨을 누릴 수 있습니다!

[실제 합격 후기] "실패를 딛고 일어선 현직 3년 차 원장의 비결"
- 실전 중심 교육: 강사님의 열정적인 강의와 체계적인 이론·실습 조화.
- 실패를 기회로: 첫 시험 낙방 후 부족한 부분을 분석하고 모의고사를 통해 실전 감각 극대화.
- 함께하는 힘: 동기들과의 스터디와 강사님의 밀착 지도 덕분에 자신감 회복.
- 성공적인 창업: 합격의 기쁨을 넘어 현재는 3년 차 샵 원장으로 활동 중.

"노력의 결과는 반드시 합격이라는 달콤한 열매로 돌아옵니다!"

[3년차 샵 운영자 강현이 원장님의 후기]

"손은 시간을 배신하지 않습니다"

비뚤어진 커트 라인과 뜻대로 되지 않는 아이론을 보며 '이 길이 맞나' 의심하던 시절이 있었습니다. 남들보다 늦은 시작과 반복되는 실패에 자존감이 무너지기도 했지만, '하루라도 손을 놓지 말자'는 원칙 하나로 버텼습니다. 시험 당일, 떨리는 저를 대신해 움직여준 건 그동안 쌓아온 반복의 시간이었습니다. 그때 배운 집요함과 꾸준함은 샵을 운영하는 3년 차인 지금까지도 저의 가장 큰 무기가 되고 있습니다.
지금 속도가 느려도 괜찮습니다. 오늘 여러분의 연습은 반드시 내일의 기술이 됩니다. 포기하지 마세요. 손은 결코 시간을 배신하지 않습니다.

[합격 수기] 3년 차 원장이 전하는 '버티는 힘'의 기록
반복의 힘: 각도를 몸에 익히기 위해 같은 동작을 수십 번 반복하며 기본에 집착했습니다.
- 슬럼프 극복: 의문이 들 때마다 다시 가발을 꺼냈고, '하루라도 손을 놓지 말자'는 약속을 지켰습니다.
- 준비된 합격: 시험 당일, 수없이 반복한 시간이 몸의 기억이 되어 합격으로 이끌었습니다.
- 오늘의 가치: 자격증은 끝이 아닌 시작이었습니다. 그때의 간절함이 지금의 샵 운영을 가능케 했습니다.
- 후배님들께: "실력이 부족해 보여도 괜찮습니다. 오늘의 연습은 반드시 여러분의 기술이 됩니다."

[3년 차 샵 운영자 안수빈 원장님의 진심 어린 편지]

"불안함을 자신감으로 바꾼 한 권의 필기 노트"

시험 전날, 몰려오는 긴장감을 다스리기 위해 제가 선택한 방법은 손으로 직접 쓰는 복습'이었습니다. 머릿속으로만 떠올리는 것과 내 손으로 직접 종이에 적어 내려가는 것은 천지 차이였습니다. 먼저, 과제별로 필요한 준비물 목록을 꼼꼼히 적으며 빠진 것이 없는지 체크리스트를 만들었습니다. 그다음 각 과제의 시술 순서와 주의사항을 머릿속으로 시뮬레이션하며 하나하나 필기했습니다. 예를 들어 '면도 전 온습포 온도 체크', '아이론 뜸 들이는 시간' 같은 디테일한 부분까지 글로 옮겼습니다. 이렇게 직접 적어보니 머릿속에 엉켜있던 순서들이 선명하게 정리되었고, 시험 당일 대기실에서도 제가 쓴 노트를 훑어보는 것만으로도 큰 위안이 되었습니다. "내가 쓴 이 순서대로만 하자"는 확신이 생기니 떨리던 손도 멈추고 자신 있게 과제를 마칠 수 있었습니다.

[합격 비결] 시험 전날, '마인드 컨트롤 필기법'을 활용하세요!
시험장에서는 작은 실수 하나에도 크게 당황할 수 있습니다. 저는 전날 '과제별 로드맵'을 직접 작성하며 실수를 원천 차단했습니다.
- 준비물 매칭하기: 과제별로 필요한 도구(가위, 빗, 분무기, 소독약 등)를 순서대로 적어보며 가방 안의 세팅과 일치시키세요.
- 프로세스 필기: 1과제부터 마지막 과제까지 전체 흐름을 글로 적으세요. 특히 감점되기 쉬운 '위생 처리'나 '자세 유지' 단계를 빨간 펜으로 강조하며 적는 것이 효과적입니다.
- 효과: 직접 필기를 하면 뇌가 그 과정을 '이미 경험한 것'으로 인지합니다. 덕분에 시험장에서 감독관 앞에서도 긴장하지 않고 몸이 기억하는 대로 당당하게 시술할 수 있었습니다.
합격자의 한마디: "불안하다면 펜을 드세요. 직접 써 내려간 순서는 시험장에서 여러분의 가장 든든한 가이드북이 됩니다."

[합격생 김재영 님의 후기]

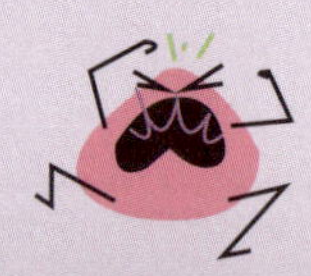

"나는 이렇게 합격했다"

"나이는 숫자에 불과합니다, 도전하는 마음이 합격을 만듭니다"

환갑을 앞둔 나이에 새로운 도전을 시작하기란 결코 쉽지 않았습니다. 젊은 사람들보다 습득은 더뎠지만, 기초부터 세밀하게 지도해주신 강사님 덕분에 자신감을 얻었습니다. 특히 가위와 빗을 '바늘과 실'에 비유하며 원리를 깨우쳐 주신 디테일한 강의는 늦깎이 수험생인 저에게 큰 등불이 되었습니다.

강사님을 믿고 의지한 결과, 빠른 시일내에 합격의 기쁨을 누릴 수 있었습니다. 현재는 이용 봉사활동을 통해 제2의 인생을 살고 있습니다. 시작을 주저하지 마세요. 올바른 스승과 함께라면 나이는 결코 장애물이 되지 않습니다.

[실제 합격 후기] 60대 도전자의 외침, "기초가 탄탄하면 누구나 합격합니다"
• 새로운 도전: 환갑에 가까운 나이, 두려움을 안고 시작한 이용사 자격증 도전.
• 맞춤형 교육: 초보자의 눈높이에서 가위와 빗의 원리를 세밀하게 가르쳐 주신 강사님의 지도.
• 자신감 회복: 이론과 실기의 조화로운 수업 덕분에 젊은 층보다 늦은 인지력을 극복하고 단기 합격.
• 나눔의 삶: 합격 후 현재는 이용 봉사활동으로 보람찬 일상을 보내는 중.

"도전하는 용기만 있다면, 강사님의 가이드가 합격으로 가는 길을 열어줍니다!"

[예비창업자 고태석 님의 후기]

"자격증 취득이 곧 현장 실무 준비였습니다"

미용사로 근무하며 더 넓은 기술력을 갖추기 위해 이용사에 도전했습니다. 직접 경험해 보니 이용 실기는 현장 실용성이 매우 뛰어납니다. 미용 커트와 달리 이용사 실기의 상고, 스포츠 커트는 남성 고객들이 가장 선호하는 스타일이라 별도의 추가 교육 없이도 실전 적용이 가능했습니다. 특히 아이롱 펌 기술까지 커리큘럼에 포함되어 있어 창업 준비에 큰 도움이 되었습니다. 탄탄한 이용 기술을 밑거름 삼아 2025년 11월, 마침내 저만의 샵을 오픈했습니다. 실무에 강한 디자이너를 꿈꾼다면 이용사 자격증은 선택이 아닌 필수입니다!

[합격 후기] 미용사에서 이용사까지, '현장형 디자이너'로 거듭나다
1. 실전 중심 커트: 상고, 스포츠 등 실제 남성 고객이 가장 많이 찾는 커트를 자격증 과정에서 마스터할 수 있습니다.
2. 추가 교육 불필요: 아이롱 펌 등 고부가가치 기술을 함께 배워 별도의 외부 교육 없이 실무 투입이 가능합니다.
3. 창업 성공: 이용사 자격증이 실무형 기술 덕분에 2025년 11월 성공적으로 샵을 오픈했습니다.

합격자의 한마디: "이용사 실기는 단순한 시험 과제가 아닙니다. 현장에서 바로 매출로 이어지는 가장 실용적인 기술입니다."

[1년 차 샵 운영자 김지성 원장님의 후기]

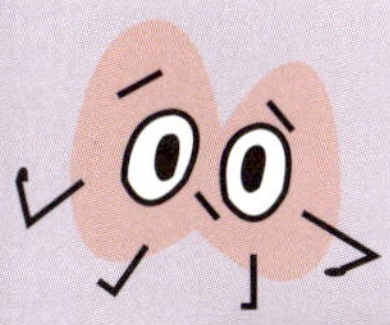

"무수한 가발이 쌓인 만큼, 커트의 감각이 깨어났습니다"

이용사 자격증의 꽃인 커트는 두상 각도에 따른 면 처리와 자연스러운 그라데이션을 완성하는 '감각' 이 무엇보다 중요했습니다. 처음엔 막막했지만, 교재에 명시된 수치와 각도를 기준 삼아 무수히 반복하니 점차 1~2cm의 미세한 차이가 손끝에서 느껴지기 시작했습니다.

한 번의 실패도 있었지만, 포기하지 않고 가발을 쌓아가며 연습한 결과 두 번째 도전에서 당당히 합격했습니다. 기준에 충실한 반복만이 완벽한 감각을 만듭니다. 저는 이제 이 자신감으로 예비 창업을 준비하고 있습니다.

[합격 후기] 수치로 시작해 감각으로 완성하는 '이용사 커트'

- 커트의 본질: 부드러운 면 처리와 연결, 자연스러운 그라데이션 등 감각적 완성도에 집중.
- 훈련의 기준: 교재에 안내된 각도와 기장 등 수치를 표준으로 삼아 흔들림 없이 연습.
- 성장의 기록: 실패를 두려워하지 않고 연습한 가발의 양만큼 비례하여 성장한 실력.
- 새로운 도약: 두 번째 도전 끝에 합격, 현재는 예비 창업자로서 새로운 시작을 준비 중.
- 합격자 한마디: "1~2cm의 차이를 익히는 힘, 교재에 답이 있습니다!"

[예비창업자 이선화 님의 후기]

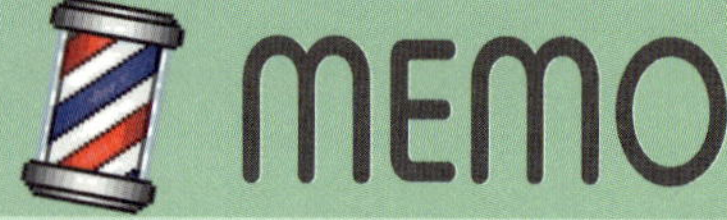

MEMO

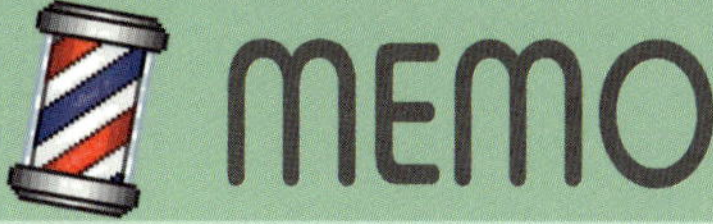
MEMO

지금까지의 노력으로 끝까지 완주하길 바라며....

1. 자신감이 떨어졌을 때

- "할 수 있다고 믿는 사람은 결국 그렇게 된다." (마하트마 간디)
- "당신이 할 수 있다고 믿든 할 수 없다고 믿든, 믿는 대로 될 것이다." (헨리 포드)
- "자신을 믿어라. 당신은 당신이 생각하는 것보다 더 많은 것을 알고 있으며, 더 많은
  일을 해낼 능력이 있다." (벤저민 스포크)

2. 노력의 결실이 보이지 않을 때

- "성공은 매일 반복되는 작은 노력의 합계이다." (로버트 콜리어)
- "천천히 가는 것을 두려워 말고, 중도에 멈추는 것을 두려워하라." (고사성어)
- "가장 어두운 밤도 끝날 것이며 태양은 떠오를 것이다." (빅토르 위고)

3. 실수를 두려워하는 마음이 들 때

- "실패는 더 현명하게 다시 시작할 수 있는 기회일 뿐이다." (헨리 포드)
- "시도했다가 실패하는 것은 죄가 아니다. 유일한 죄는 시도하지 않는 것이다." (수잔 제퍼스)

4. 시험 직전 마인드 컨트롤

- "어제와 똑같이 살면서 다른 미래를 기대하는 것은 정신병 초기 증세이다." (알베르트
  아인슈타인) - 현재의 집중이 미래를 바꾼다는 자극
- "승리는 가장 끈기 있는 자에게 돌아간다." (나폴레옹 보나파르트)